普通高等教育一流本科专业建设成果教材

U0202918

环境影响评价与排污管理

黄满红　宋新山　主编　　钱雅洁　副主编

化学工业出版社

·北京·

内容简介

《环境影响评价与排污管理》根据国家环境影响评价和排污许可管理的全新要求，系统介绍了环境影响评价和排污许可的基本理论、基本程序和方法技术。全书共分为十三章，主要内容包括环境影响评价和排污许可管理的法律法规、工程分析、地表水和地下水环境影响评价、大气环境影响评价、环境噪声影响评价、土壤环境影响评价、固体废物环境影响评价、生态环境影响评价、碳排放影响评价和管理、规划环境影响评价、排污许可管理等。

本书可作为高等学校环境类专业本科生和研究生的教材，也可供从事环境影响评价和排污许可相关工作的技术人员参考。

图书在版编目（CIP）数据

环境影响评价与排污管理/黄满红，宋新山主编；
钱雅洁副主编. —北京：化学工业出版社，2024.3
普通高等教育一流本科专业建设成果教材
ISBN 978-7-122-44641-1

Ⅰ.①环… Ⅱ.①黄… ②宋… ③钱… Ⅲ.①环境影响-
评价-高等学校-教材②排污-环境管理-高等学校-教材
Ⅳ.①X820.3②X196

中国国家版本馆 CIP 数据核字(2024) 第 000648 号

责任编辑：满悦芝　　　　　　　文字编辑：杨振美
责任校对：刘　一　　　　　　　装帧设计：张　辉

出版发行：化学工业出版社
　　　　　（北京市东城区青年湖南街 13 号　邮政编码 100011）
印　　装：三河市航远印刷有限公司
装　　订：三河市宇新装订厂
787mm×1092mm　1/16　印张 16¼　字数 403 千字
2024 年 5 月北京第 1 版第 1 次印刷

购书咨询：010-64518888　　　　售后服务：010-64518899
网　　址：http://www.cip.com.cn
凡购买本书，如有缺损质量问题，本社销售中心负责调换。

定　　价：58.00 元　　　　　　　版权所有　违者必究

前 言

　　环境影响评价是我国环境保护法律制度中的一项重要制度，在推动我国生态环境保护中发挥着重要的作用。近年来环境影响评价相关的法规、标准、技术导则等也随着新的环境保护要求而不断更新，并增加了土壤、地下水、碳排放等环境影响评价内容。

　　随着我国生态文明建设的不断推进，生态环境保护管理方法及要求也在不断发展与革新。为了健全以环境影响评价制度为主体的源头预防体系，构建以排污许可制为核心的固定污染源监管制度体系，协同推进经济高质量发展和生态环境高水平保护，生态环境部于2022年4月印发了《"十四五"环境影响评价与排污许可工作实施方案》，进一步明确了环评与排污许可工作的指导思想、基本原则和主要目标。新的方案在原有方案基础上强化了对排污许可工作的指导性意见，既一脉相承又进一步深化了环评与排污许可工作的延续性。为了适应当前环境影响评价管理新的发展要求，落实排污许可在环评上的深化与延续，我们组织编写了《环境影响评价与排污管理》教材，将排污管理有关内容融入本教材，并纳入土壤环境影响评价与碳排放影响评价和管理等内容。

　　本书在编写过程中力求与时俱进，结合学科发展前沿和环境影响评价相关管理要求丰富教材内涵。全书共分为十三章，主要内容包括绪论、环境影响评价的依据和管理要求、工程分析、地表水和地下水环境影响评价、大气环境影响评价、环境噪声影响评价、土壤环境影响评价、固体废物环境影响评价、生态环境影响评价、碳排放影响评价和管理、规划环境影响评价、排污许可管理等。其中，第一、二、三、四、十一、十三章由黄满红编写，第五、七、九、十章由钱雅洁编写，第六章由秦艳编写，第八章由宋新山编写，第十二章由陆志波编写。本书编写过程中，王皇瀛子、蒋楠、燕梦莹、包丽婧、唐冯尘、王睿哲、沈芸、李倩、商伟伟、赵世荣等参与了资料收集和文字处理等工作。教材编写过程中参考了环境影响评价技术导则及环境影响评价和排污许可管理的相关书籍和文献，在此向相关作者深表感谢。

　　由于时间和水平有限，书中不妥之处在所难免，敬请各位读者批评指正。

编者

2024 年 3 月

目录

第十二章　规划环境影响评价

第十三章　排污许可管理

第一章

绪 论

 学习内容

本章主要介绍环境影响评价的基本概念、基本内容、工作程序以及原则，我国环境影响评价的特点和发展。

学习目标

要求掌握环境影响评价的工作内容和工作程序；理解环境影响评价的原则；了解我国环境影响评价的特点和发展。

第一节　基本概念

一、环境和环境系统

（一）环境

环境是以人类社会为主体的外部世界的全体。根据《中华人民共和国环境保护法》，所谓环境是指影响人类生存和发展的各种天然的和经过人工改造的自然因素的总体，包括大气、水、海洋、土地、矿藏、森林、草原、湿地、野生生物、自然遗迹、人文遗迹、自然保护区、风景名胜区、城市和乡村等。

环境是一个巨大的、开放的复杂系统，提供人类社会生存与发展所必需的物质和能量。环境有如下基本特性。

① 整体性。环境是各种天然的和经过人工改造的自然因素组成的有机整体，环境的最基本特性就是整体性。

② 区域性。环境在不同区域存在差异。不同地理位置和空间位置的环境差异有可能较大，也带来差异性。

③ 变动性与稳定性。环境具有一定的自我调控和自主恢复的能力，从这个意义上说它是稳定的。环境的结构和状态处于不断变化当中，因此环境既是绝对变化的，又是相对稳定的。

④ 资源性和价值性。环境是环境资源的总和，它提供了人类生存与发展所必需的物质

和能量。环境具有价值属性。

（二）环境系统

环境系统由环境要素组成。环境要素是指构成环境系统的具有相对独立功能的基本单元，是环境中相互联系又相互独立的基本组成部分。环境要素可以分为自然环境要素和人工环境要素。

环境要素由环境因子组成，环境因子可分为化学、生物、物理、地质和气候因子等，具体包括气温、雨量、气压、湿度、二氧化硫、氮氧化物、酸碱度、声、光、电磁、热、振动、核辐射等。

二、环境质量及环境质量参数

环境影响评价的对象是环境，评价的内容是环境质量。环境质量是环境系统客观存在的一种本质属性，可以用定性和定量的方法对环境所处的状态加以描述。环境质量也分为自然环境质量和社会环境质量。

自然环境质量可分为物理环境质量、化学环境质量及生物环境质量。

环境质量参数可以表述环境要素的质量状况，由环境参数或因子加以表述。其中地表水环境质量基本参数有水温、溶解氧（DO）、化学需氧量（COD）、五日生化需氧量（BOD_5）、氨氮、总氮、总磷等，地下水环境质量参数有总硬度、溶解性总固体、硫酸盐、氯化物、硝酸盐等，大气环境质量指数包括二氧化硫、二氧化氮、一氧化碳、臭氧、可吸入颗粒物（PM_{10}）、细颗粒物（$PM_{2.5}$）等，土壤环境质量参数有铬、汞、砷、铜、铅以及多环芳烃类有机物、石油烃总量等，声环境质量参数主要有 A 声级、等效 A 声级、昼夜等效声级等。

三、环境污染、环境容量和环境承载力

环境污染是指环境中有害物质对大气、水体、土壤和生物体造成污染，并达到了致害的程度。环境污染可分为化学污染、物理污染、生物污染以及生态系统失调。

环境容量是指对一定区域，根据其自然净化能力，在特定的污染源布局和结构条件下，为达到环境目标值所允许的污染物最大排放量。

某区域环境容量的大小与该区域本身的组成、结构及功能有关。通过人为调节，控制环境的物理、化学及生物学过程，改变物质的循环转化方式，可以提高环境容量，从而改变环境的污染状况。

环境容量按环境要素可细分为大气环境容量、水环境容量、土壤环境容量和生物环境容量等。

承载力的具体含义首先出现在统计学领域。英国经济学家马尔萨斯（Malthus）早在1798 年就提出了资源与环境和人口数量相互作用的观点，随后研究者利用数学形式表达了该理论，并使用 K 来表示特定资源空间中可以承载的最大种群，这是承载力概念最初的表达方式。种群数量在初始阶段缓慢增加，处在较好的环境中时，增长速度变快，但按这样的速度增长下去，种群将超过环境承载力，从那时起由于环境整体容量对生物发展扩张的大幅度限制，有大量的生物种群灭亡，生物种群呈剧烈下降趋势，但是当生物数量重新降低至环

境承载力水平以下时又重新恢复稳定。在这种条件下，环境抵抗使得任何物种的生长都不会超过相应的环境承载力。承载力初期仅用于生态领域，但由于环境污染、土地退化和人口膨胀，承载力逐渐与生态破坏、环境退化、经济发展、资源减少和人口增加相关联，承载力的应用也逐步延伸到可持续发展的环境领域。区域环境承载力是指具体区域在一定时期内的环境条件、资源状况等环境因素对该区域的经济发展和人类生命活动的反馈能力。作为区域内环境资源表达的一种特殊形式与内容，环境承载力能够反映出具体区域在发展经济和提高人口数量时与环境条件的适应性关系。

四、环境影响和环境影响评价

环境影响是指人类活动（经济活动、政治和社会活动）对环境的作用和导致的环境变化以及由此引起的对人类社会和经济的效应。

根据影响的来源，环境影响分为直接影响、间接影响和累积影响；根据影响效果，环境影响可分为有利影响和不利影响；根据影响性质，环境影响可分为可恢复影响和不可恢复影响。另外，环境影响还可分为短期影响和长期影响，地方影响、区域影响、国家和全球影响，建设阶段影响和运行阶段影响，等等。

根据《中华人民共和国环境影响评价法》，环境影响评价是指对规划和建设项目实施后可能造成的环境影响进行分析、预测和评估，提出预防或者减轻不良环境影响的对策和措施，进行跟踪监测的方法与制度。通俗地说，环境影响评价就是分析项目建成投产后或规划实施后可能对环境产生的影响，并提出污染防治对策和措施。

按照评价对象，环境影响评价可以分为规划环境影响评价和建设项目环境影响评价；按照环境要素，可以分为大气环境影响评价、地表水环境影响评价、土壤环境影响评价、声环境影响评价、固体废物环境影响评价、生态环境影响评价。

环境影响评价根据一个地区的环境、社会、资源的综合能力，把人类活动对环境的不利影响限制到最小，其作用和意义表现在以下几个方面。

一是保证建设项目选址和布局的合理性。合理的经济布局是保证环境与经济持续发展的前提条件，不合理的布局则是环境污染的重要原因。环境影响评价从建设项目所在地区的整体出发，考察建设项目的不同选址和布局对区域整体的不同影响，并进行比较和取舍，选择最有利的方案，保证选址和布局的合理性。

二是指导环境保护设计，强化环境管理。一般来说，开发建设活动和生产活动都要消耗一定的资源，对环境造成一定的污染与破坏，因此必须采取相应的环境保护措施。环境影响评价针对具体的开发建设活动或生产活动，综合考虑开发活动特征和环境特征，通过对污染治理设施的技术、经济和环境论证，可以得到相对合理的环境保护对策和措施，把因人类活动而产生的环境污染或生态破坏限制在最小范围内。

三是为区域的社会经济发展提供导向。环境影响评价可以通过对区域的自然条件、资源条件、社会条件和经济发展等进行综合分析，掌握该地区的资源、环境和社会等状况，从而对该地区的发展方向、发展规模、产业结构和产业布局等作出科学的决策和规划，以指导区域活动，实现可持续发展。

四是促进相关环境科学技术的发展。环境影响评价涉及自然科学和社会科学的众多领域，包括基础理论研究和应用技术开发。环境影响评价工作中遇到的问题必然会对相关环境科学技术提出挑战，进而推动相关环境科学技术的发展。

第二节　环境影响评价的内容和程序

环境影响评价包括建设项目环境影响评价和规划环境影响评价。下面主要对建设项目环境影响评价的工作程序和内容进行说明。

一、建设项目环境影响评价工作程序

开展环境影响评价工作的前提和基础主要如下。

分析判定建设项目选址选线、规模、性质和工艺路线等与国家和地方有关环境保护法律法规、标准、政策、规范、相关规划、规划环境影响评价结论及审查意见的符合性，并与生态保护红线、环境质量底线、资源利用上线和环境准入负面清单进行对照，作为开展环境影响评价工作的前提和依据。

建设项目环境影响评价的工作程序大体上分为三个阶段：调查分析和工作方案制定阶段，分析论证和预测评价阶段，环境影响报告书（表）编制阶段。建设项目环境影响评价的工作程序详见图 1-1。

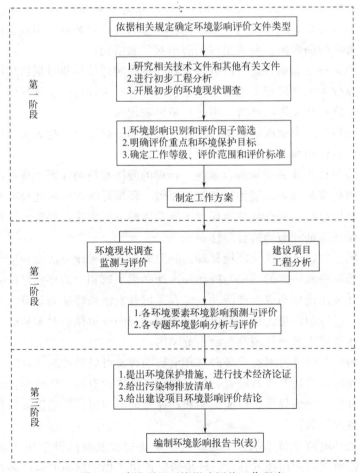

图 1-1　建设项目环境影响评价工作程序

（一）准备阶段的主要工作内容

① 研究有关文件：包括国家和地方的法律法规、发展规划和环境功能区划、技术导则和相关标准，建设项目的依据、可行性研究资料及其他有关技术资料。

② 进行初步的工程分析和环境现状调查：明确建设项目的工程组成，根据工艺流程确定排污环节和主要污染物，同时对建设项目影响区域的环境现状进行调查。

③ 识别建设项目的环境影响因素：筛选主要的环境影响因子，明确评价重点。

④ 确定各单项环境影响评价的范围和评价工作等级：如果是编制环境影响报告书的建设项目，该阶段的主要成果是编制完成环境影响评价大纲，将以上工作的内容和成果全部融入其中；如果是要编制环境影响报告表的建设项目，则无须编制环境影响评价大纲。

（二）正式工作阶段的主要工作内容

① 进一步进行工程分析，在充分做好环境现状调查、监测的基础上，开展环境质量现状评价。

② 根据建设项目污染源源强和环境现状资料进行环境影响预测，评价建设项目的环境影响，同时在可能受到建设项目影响的区域开展公众意见调查。

③ 提出防治环境污染和生态影响的具体工程措施和环境管理措施。如果建设项目需要进行多方案的比选，则需要对各方案分别进行预测和评价，并从环境保护角度推荐最佳方案，如果对原方案得出了否定的结论，则需要对新方案重新进行环境影响评价。

（三）报告书编制阶段的主要工作内容

汇总、分析第二阶段得到的各种资料、数据和结论，从环境保护角度确定建设项目的可行性，给出评价结论，提出环境保护的建议，最终完成环境影响报告书（表）的编制。

二、环境影响评价的基本内容

（一）第一阶段工作内容

1. 环境影响因素识别与评价因子筛选

在了解和分析建设项目所在区域发展规划、环境保护规划、环境功能区划、生态功能区划及环境现状的基础上，分析和列出建设项目的直接和间接行为，以及可能受上述行为影响的环境要素及相关参数。

环境影响因素识别应明确建设项目在施工过程、生产运行、服务期满后等不同阶段的行为与可能受其影响的环境要素间的作用效应关系、影响性质、影响范围、影响程度等，定向分析建设项目对各环境要素可能产生的污染影响与生态影响，包括有利与不利影响、长期与短期影响、可逆与不可逆影响、直接与间接影响、累积与非累积影响等。对建设项目实施形成制约的关键环境因素或条件，应作为环境影响评价的重点内容。

环境影响因素识别方法包括矩阵法、网络法、地理信息系统（GIS）支持下的叠加图法等。根据建设项目的特点、环境影响的主要特征，结合区域环境功能要求、环境保护目标、评价标准和环境制约因素，筛选确定评价因子。

2. 环境影响评价等级的划分

按建设项目的特点、所在地区的环境特征、相关法律法规和标准、规划和环境功能区划等划分各环境要素、各专题评价工作等级。具体由环境要素或专题环境影响评价技术导则规定。

3. 环境影响评价范围的确定

环境影响评价范围指建设项目整体实施后可能对环境造成的影响范围，具体根据环境要素和专题环境影响评价技术导则的要求确定。环境影响评价技术导则中未明确具体评价范围的，根据建设项目可能影响范围确定。

4. 环境保护目标的确定

依据环境影响因素识别结果，附图并列表说明评价范围内各环境要素涉及的环境敏感区、需要特殊保护对象的名称、功能、与建设项目的位置关系以及环境保护要求等。

5. 环境影响评价标准的确定

根据环境影响评价范围内各环境要素的环境功能区划确定各评价因子适用的环境质量标准及相应的污染物排放标准。尚未划定环境功能区的区域，由地方人民政府生态环境主管部门确认各环境要素应执行的环境质量标准和相应的污染物排放标准。

6. 环境影响评价方法的选取

环境影响评价应采用定量评价与定性评价相结合的方法，以量化评价为主。环境影响评价技术导则规定了评价方法的，应采用规定的方法。选用非环境影响评价技术导则规定方法的，应根据建设项目环境影响特征、影响性质和评价范围等分析其适用性。

7. 建设方案的环境比选

建设项目有多个建设方案、涉及环境敏感区或环境影响显著时，应重点从环境制约因素、环境影响程度等方面进行建设方案环境比选。

(二) 第二阶段工作内容

1. 工程分析

对项目概况、影响因素以及污染源源强进行核算。

2. 环境现状调查与评价

根据环境影响因素识别结果，开展相应的现状调查与评价。主要包括自然环境现状调查与评价、环境保护目标调查、环境质量现状调查与评价以及区域污染源调查。

3. 环境影响预测与评价

应重点预测建设项目生产运行阶段正常工况和非正常工况等情况的环境影响。当建设阶段的大气、地表水、地下水、噪声、振动、生态以及土壤等方面的影响程度较重、影响时间较长时，应进行建设阶段的环境影响预测和评价。可根据工程特点和规模、环境敏感程度、影响特征等选择开展建设项目服务期满后的环境影响预测和评价。当建设项目排放的污染物对环境存在累积影响时，应明确累积影响的影响源，分析项目实施可能发生累积影响的条件、方式和途径，预测项目实施在时间和空间上的累积环境影响。对于以生态影响为主的建设项目，应预测生态系统组成和服务功能的变化趋势，重点分析项目建设和生产运行对环境保护目标的影响。对于存在环境风险的建设项目，应分析环境风险源项，计算环境风险后果，开展环境风险评价。对于存在较大潜在人群健康风险的建设项目，应分析人群主要暴露途径。

(三) 第三阶段工作内容

1. 环境保护措施及其可行性论证

明确提出建设项目建设阶段、生产运行阶段和服务期满后（可根据项目情况选择）拟采取的具体污染防治、生态保护、环境风险防范等环境保护措施；分析论证拟采取措施的技术可行性、经济合理性、长期稳定运行和达标排放的可靠性、满足环境质量改善和排污许可要求的可行性、生态保护和恢复效果的可达性。各类措施的有效性判定应以同类或相同措施的实际运行效果为依据，没有实际运行经验的，可提供工程化实验数据。环境质量不达标的区域，应采取国内外先进可行的环境保护措施，结合区域限期达标规划及实施情况，分析建设项目实施对区域环境质量改善目标的贡献和影响。给出各项污染防治、生态保护等环境保护措施和环境风险防范措施的具体内容、责任主体、实施时段，估算环境保护投入，明确资金来源。环境保护投入应包括为预防和减缓建设项目不利环境影响而采取的各项环境保护措施和设施的建设费用、运行维护费用，直接为建设项目服务的环境管理与监测费用以及相关科研费用。

2. 环境影响经济损益分析

对建设项目实施后的环境影响预测与环境质量现状进行比较，从环境影响的正负两方面，以定性与定量相结合的方式，对建设项目的环境影响后果（包括直接和间接影响、不利和有利影响）进行货币化经济损益核算，估算建设项目环境影响的经济价值。

3. 环境管理与监测计划

按建设项目建设阶段、生产运行阶段、服务期满后（可根据项目情况选择）等不同阶段，针对不同工况、不同环境影响和环境风险特征，提出具体环境管理要求。给出污染物排放清单，明确污染物排放的管理要求，包括：工程组成及原辅材料组分要求，建设项目拟采取的环境保护措施及主要运行参数，排放的污染物种类、排放浓度和总量指标，污染物排放的分时段要求，排污口信息，执行的环境标准，环境风险防范措施以及环境监测要求，等等。提出应向社会公开的信息内容。提出建立日常环境管理制度、组织机构和环境管理台账相关要求，明确各项环境保护设施和措施的建设、运行及维护费用保障计划。环境监测计划应包括污染源监测计划和环境质量监测计划，内容包括监测因子、监测网点布设、监测频次、监测数据采集与处理、采样分析方法等，明确自行监测计划内容。

4. 环境影响评价结论

对建设项目的建设概况、环境质量现状、污染物排放情况、主要环境影响、公众意见采纳情况、环境保护措施、环境影响经济损益分析、环境管理与监测计划等内容进行概括总结，结合环境质量目标要求，明确给出建设项目的环境影响可行性结论。对存在重大环境制约因素、环境影响不可接受或环境风险不可控、环境保护措施经济技术不满足长期稳定达标及生态保护要求、区域环境问题突出且整治计划不落实或不能满足环境质量改善目标的建设项目，提出环境影响不可行的结论。

三、环境影响评价的分类和基本原则

按照评价对象，环境影响评价可以分为规划环境影响评价和建设项目环境影响评价；按照环境要素，环境影响评价可以分为大气环境影响评价、地表水环境影响评价、声环境影响评价、生态环境影响评价和固体废物环境影响评价等；按照时间顺序，环境影响评价一般分为环境质量现状评价、环境影响预测评价及环境影响后评价。

建设项目环境影响评价应突出环境影响评价的源头预防作用，坚持保护和改善环境质量，具体应遵循以下原则。

① 依法评价。根据我国相关法律法规、标准、政策和规划等，优化项目建设，服务环境管理。

② 科学评价。采用规范的环境影响评价方法，对项目环境影响作出科学分析。

③ 突出重点。根据建设项目的工程内容及其特点、规划要求，对建设项目主要影响作重点分析和预测。

规划环境影响评价在依法评价和科学评价原则的基础上，还应遵循以下原则。

① 早期介入、过程互动。规划环境影响评价应在规划编制的早期阶段介入，在规划过程中充分互动，不断优化规划方案，提高环境合理性。

② 统筹衔接、分类指导。规划环境影响评价应突出不同类型、不同层级规划及其环境影响特点，充分衔接"三线一单"成果，分类指导规划所包含建设项目的布局和生态环境准入。

第三节　我国环境影响评价制度的发展

为了减轻工程建设、规划或其他活动对环境造成的负面影响，1969 年美国的《国家环境政策法》首次提出环境影响评价制度。欧盟、日本等在 20 世纪 70 年代建立了环境影响评价制度。环境影响评价这一概念最早出现在我国的时间是 1973 年，其法律地位在 1979 年的《中华人民共和国环境保护法（试行）》中得到了确认。

1980 年到 1995 年是环评制度的规范建设期，环评制度经历了从一张白纸到初具雏形的成长期。1981 年颁布的《基本建设项目环境保护管理办法》将环境影响评价纳入基本建设管理程序，并规定了环境影响报告书的具体要求和编制内容，我国环境管理由"组织'三废'治理"向"以防为主"转变。1989 年颁布的《中华人民共和国环境保护法》进一步明确了环评制度的法律地位。在这期间环评技术体系逐步形成，90 年代相继出台了一系列环评技术导则，从技术上规范环境影响评价的工作，明确了环评的技术思路、工作内容以及工作方法。

1998 年颁布的《建设项目环境保护管理条例》极大地提高了环评制度的操作性，是我国环评制度得以推广和实施的重要原因。2003 年我国颁布了《中华人民共和国环境影响评价法》，标志着我国环境影响评价由项目环评时期进入规划环评时期，确立了环境影响评价制度的法律地位。2004 年的《环境影响评价工程师职业资格制度暂行规定》和《环境影响评价工程师职业资格考试实施办法》构建了我国的环评工程师制度。

自 2010 年起，环境保护部开始启动对环评机构的体制改革，推进环评技术服务机构与行政主管部门之间的脱钩。2015 年环境保护部发布《全国环保系统环评机构脱钩工作方案》，深入推进环评审批制度改革，推动建设项目环评技术服务市场健康发展。2016 年环境保护部印发《"十三五"环境影响评价改革实施方案》，推进环境影响评价形成规范刚性的体制机制，强化环境影响评价制度的落实执行。2018 年 8—12 月生态环境部发布了《中华人民共和国土壤污染防治法》，修订了《中华人民共和国大气污染防治法》和《中华人民共和国环境噪声污染防治法》（2021 年 12 月公布了《中华人民共和国噪声污染防治法》，自 2022 年 6 月 5 日起施行，该法同时废止）。2018 年 12 月第十三届全国人民代表大会常务委员会第七次会议通过《中华人民共和国环境影响评价法》，环评资质正式取消。2019 年 1 月生态环境部发布《关于取消建设项目环境影响评价资质行政许可事项后续相关工作要求的公告（暂行）》，自此编制环评报告不再需要环评资质，建设单位具备相应技术能力的可自行编制环境影响报告书（表）。

　　我国环境影响评价制度发展历程见图 1-2。

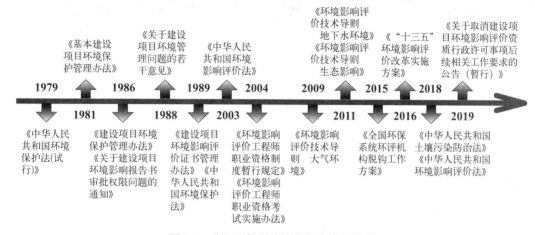

图 1-2　我国环境影响评价制度发展历程

习　题

一、填空题

1. 环境的基本特性分别是：_____、_____、_____、_____。
2. 环境污染可分为：_____、_____、_____、_____。

二、简答题

1. 简述环境、环境影响评价、环境污染的基本概念。
2. 简述环境影响评价的工作内容和工作程序。
3. 简述我国环境影响评价制度的发展历史和特点。

参考文献

[1] 环境保护部. 建设项目环境影响评价技术导则　总纲：HJ 2.1—2016.［S］.2016.
[2] 章丽萍, 张春晖. 环境影响评价［M］. 北京：化学工业出版社, 2019.
[3] 钱瑜. 环境影响评价［M］.2 版. 南京：南京大学出版社, 2012.
[4] 吴春山, 成岳. 环境影响评价［M］. 武汉：华中科技大学出版社, 2020.
[5] 沈洪艳. 环境影响评价教程［M］. 北京：化学工业出版社, 2016.

第二章

环境影响评价的依据和管理要求

📖 **学习内容**

本章主要介绍环境影响评价的标准体系和法律法规、建设项目和规划环评的管理和审批要求、环境影响评价制度和排污许可管理制度的特点。

📚 **学习目标**

要求掌握环境影响评价的标准体系和法律法规；理解环境影响评价和排污许可管理制度之间的关系；了解建设项目和规划环评的管理和审批要求。

第一节　环境影响评价的依据

环境影响评价的依据包括环境保护法律法规和环境标准。环境保护法律法规和标准反映的是一个地区、国家和国际组织的环境政策，是强化环境管理的基本保证。

一、环境保护法律法规

我国目前的环境保护法律法规体系是由宪法中有关环境保护的规定、法律、国务院行政法规、政府部门规章、地方性法规和地方政府规章、环境保护国际条约组成的较为完整的体系。

具体包括以下内容。

①《中华人民共和国宪法》，2018 年 3 月 11 日通过修订，第二十六条规定：国家保护和改善生活环境和生态环境，防治污染和其他公害。

②《中华人民共和国环境保护法》，2015 年 1 月 1 日实施，第十九条规定：编制有关开发利用规划，建设对环境有影响的项目，应当依法进行环境影响评价。

③《中华人民共和国环境影响评价法》，2002 年 10 月 28 日第九届全国人民代表大会常务委员会第三十次会议通过，根据 2016 年 7 月 2 日第十二届全国人民代表大会常务委员会第二十一次会议《关于修改〈中华人民共和国节约能源法〉等六部法律的决定》第一次修正，根据 2018 年 12 月 29 日第十三届全国人民代表大会常务委员会第七次会议《关于修改

《中华人民共和国劳动法》等七部法律的决定》第二次修正。根据第一条规定，制定本法的目的是实施可持续发展战略，预防因规划和建设项目实施后对环境造成不良影响，促进经济、社会和环境的协调发展。

④ 针对特定的污染防治对象或资源保护对象而制定的环境保护单行法，包括《中华人民共和国森林法》《中华人民共和国大气污染防治法》等。

⑤ 由国务院制定并公布的环境保护行政法规，如《大气污染防治行动计划》《建设项目环境保护管理条例》等。

⑥ 国务院生态环境主管部门单独发布的或者与国务院有关部门联合发布的环境保护部门规章，如生态环境部颁布的《建设项目环境影响评价分类管理名录》等。

⑦ 环境保护地方性法规、地方政府规章。

⑧ 环境保护国际公约。

二、环境标准

环境标准是为保护人群健康、社会财富和促进生态良性循环，对环境中的污染物（或有害因素）水平及其排放源规定的限量阈值或技术规范。维持人群健康、生态系统和社会财富不受损害的适宜环境条件是环境质量标准的任务，控制人类生产、生活活动对环境的影响和干扰的限度和数量是排放标准的任务。

环境标准在控制污染、保护环境方面具有重要作用，主要包括以下三个方面。

① 环境标准是环境政策目标的具体体现，是制定环境规划时提出环境目标的依据，它给出一系列环境保护指标，便于把环境保护工作纳入国民经济计划管理的轨道。

② 环境标准是制定国家和地方各级环保法规的技术依据，是环保立法和执法时的具体尺度，它用条文和数量规定了环境质量及污染物的最高容许限度，且具有法律效力。

③ 环境标准是现代环境管理的技术基础。现代环境管理包括环境政策与立法、规划与目标、监测与调研以及环境工程技术等许多环节，甚至环境法规的执法尺度、环境方案的比较和选择、环境质量评价，无不以环境标准为基础，它是人类对环境实行科学管理的技术基础。

我国环境标准体系分为三级和五类，具体构成见图 2-1。

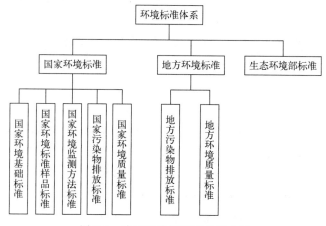

图 2-1　我国环境标准体系构成图

1. 三级标准

国家环境标准、地方环境标准、生态环境部标准。

(1) 国家环境标准

① 含义。国家环境标准是指由国务院有关部门依法制定和颁布的在全国范围内或者在特定区域、特定行业内适用的环境标准。

② 类型。全国通用环境标准：在全国范围内普遍适用的环境标准叫全国通用环境标准，如《环境空气质量标准》(GB 3095—2012)；区域环境标准：在全国某一类特定区域内适用的环境标准叫区域环境标准，如《海水水质标准》(GB 3097—1997)；行业环境标准：在全国特定行业适用的环境标准叫行业环境标准，如《火电厂大气污染物排放标准》(GB 13223—2011)。

(2) 地方环境标准

含义：指由省、自治区、直辖市人民政府制定和颁布的在其行政区域内适用的环境标准。

地方环境标准只有省、自治区、直辖市人民政府有权制定，其他地方人民政府均无权制定环境标准。地方标准编号由四部分组成，DB（地方标准代号）省、自治区、直辖市行政区代码前两位/顺序号—年号，如北京市《水污染物综合排放标准》(DB 11/307—2013)。

国家标准和地方标准的关系如下。

① 适用范围：国家环境标准适用于全国。地方环境标准只适用于制定该标准的机构所辖的或其下级行政机构所辖的地区。

② 类型：国家环境标准可以有各类环境标准；地方环境标准只有环境质量标准和污染物排放标准，而没有环境基础标准、环境方法标准和环境标准样品标准。

③ 执行顺序：当地方污染物排放标准与国家污染物排放标准并存，且地方标准严于国家标准时，地方污染物排放标准优于国家污染物排放标准实施。国家污染物排放标准又分为跨行业综合性排放标准（如《污水综合排放标准》《大气污染物综合排放标准》《锅炉大气污染物排放标准》）和行业性排放标准（如《火电厂大气污染物排放标准》《合成氨工业水污染物排放标准》《制浆造纸工业水污染物排放标准》）。跨行业综合性排放标准与行业性排放标准不交叉执行，即有行业性排放标准的执行行业性排放标准，没有行业性排放标准的执行跨行业综合性排放标准。

总之，国家环境标准对全局性、普遍性的事物作出统一的规定，是制定地方环境标准的依据和指南；地方环境标准对局部性、特殊性的事物作出规定，是国家环境标准的补充和完善。

(3) 生态环境部标准

生态环境部标准在环境标准体系中是一类比较特殊的标准，是指需要在全国生态环境保护工作范围内统一的技术要求而又没有国家环境标准时由生态环境部制定的管理规范类标准、环境监测类标准、环境基础标准等，这类标准不属于国家标准，将此类标准命名为生态环境部标准。生态环境部标准统一编号为 HJ 或 HJ/T。

我国从 1993 年开始制定生态环境部标准，以使环境管理标准化。此类标准主要包括：环境管理工作中执行环保法律法规和管理制度的技术规定、规范；有关环境污染治理设施、工程设施的技术性规定；环保监测仪器、设备的质量管理以及环境信息分类与编码等；规划和建设项目环境影响评价技术导则等。

2. 五类标准

环境标准可分为环境质量标准、污染物排放标准、环境基础标准、环境监测方法标准、环境标准样品标准五类。

（1）环境质量标准

环境质量标准以保护人群健康、促进生态良性循环为目标，规定环境中各类有害物质在一定时间和空间范围内的容许浓度或其他污染因素的容许水平。环境质量标准是国家环境政策目标的具体体现，是制定污染物排放标准的依据，同时也是生态环境主管部门和有关部门对环境进行科学管理的重要手段。

（2）污染物排放标准

污染物排放标准是为了实现环境质量标准目标，结合技术经济条件和环境特点，对排入环境的污染物或有害因素规定的允许排放水平。

（3）环境基础标准

环境基础标准是指在环境保护工作范围内，对有指导意义的符号、代号、指南、程序、规范、导则等所作的规定。它在环境标准体系中处于指导地位，是制定其他环境标准的基础。环境基础标准只有国家标准。

（4）环境监测方法标准

环境监测方法标准指在环境保护工作范围内，以抽样、分析、试验等方法为对象而制定的标准。环境监测方法标准具有规范性、强制性、严格的制定程序、显著的技术性和时限性，是制定环境保护规则的重要依据，是实施环境保护法律、法规的基本保证，是强化环境监督管理的要点，也是提高环境质量、推动环境科学技术进步的动力。

（5）环境标准样品标准

为了在环境保护工作和环境标准实施过程中标定仪器、检验测试方法，由国家法定机关制作的能够确定一个或多个特性值的物质和材料。

三、我国环境标准举例

各类环境质量标准均具有按功能区分类的特点，例如《环境空气质量标准》（GB 3095—2012）将环境空气质量功能区分为两类，具体见表 2-1。

表 2-1　环境空气功能区分类

分类	定义范围
一类区	指自然保护区、风景名胜区和其他需要特殊保护的区域
二类区	指居住区、商业交通居民混合区、文化区、工业区和农村地区

该标准将空气污染物浓度限值分为二级，一类区适用一级浓度限值，二类区适用二级浓度限值，见表 2-2。

表 2-2 环境空气污染物基本项目浓度限值

污染物名称	平均时间	浓度限值		浓度单位
		一级	二级	
二氧化硫 (SO$_2$)	年平均	20	60	$\mu g/m^3$
	24 小时平均	50	150	
	1 小时平均	150	500	
二氧化氮 (NO$_2$)	年平均	40	40	
	24 小时平均	80	80	
	1 小时平均	200	200	
一氧化碳(CO)	24 小时平均	4	4	mg/m^3
	1 小时平均	10	10	
臭氧(O$_3$)	日最大 8 小时平均	100	160	
	1 小时平均	160	200	
颗粒物 (粒径小于等于 10μm)	年平均	40	70	$\mu g/m^3$
	24 小时平均	50	150	
颗粒物 (粒径小于等于 2.5μm)	年平均	15	35	
	24 小时平均	35	75	

第二节 环境影响评价的管理和审批要求

一、我国环境影响评价制度的特点

（1）具有法律强制性

我国环境影响评价制度具有完整的法律体系，是由《中华人民共和国环境保护法》《中华人民共和国环境影响评价法》《建设项目环境保护管理条例》等法规体系明令规定的一项法律制度，具有法律强制性。

（2）评价对象拓宽

我国环评制度最初的适用范围是对环境有影响的建设项目，近年来环评的范围扩展到了对环境有影响的规划。

（3）建设项目环境影响评价纳入基本建设程序

目前建设项目环境管理纳入了项目的基本建设管理体系中，对未按规定取得项目审批、规划许可、环评审批、用地管理等相关文件的建筑工程项目，建设行政主管部门不得发放施工许可证。对于未按程序和规定办理审批和许可手续的，要撤销有关审批和许可文件，并依法追究相关人员的责任。

二、建设项目环境影响评价管理和审批要求

根据建设项目特征和所在区域的环境敏感程度，综合考虑建设项目可能对环境产生的影响，对建设项目的环境影响评价实行分类管理。可能造成重大环境影响的，应当编制环境影

响报告书，对产生的环境影响进行全面评价；可能造成轻度环境影响的，应当编制环境影响报告表，对产生的环境影响进行分析或者专项评价；对环境影响很小，不需要进行环境影响评价的，应当填报环境影响登记表。现行的项目分类办法是《建设项目环境影响评价分类管理名录（2021年版）》，该名录明确了建设项目的分类管理要求。名录中所指环境敏感区是指依法设立的各级各类保护区域和对建设项目产生的环境影响特别敏感的区域，主要包括下列区域：

① 国家公园、自然保护区、风景名胜区、世界文化和自然遗产地、海洋特别保护区、饮用水水源保护区；

② 除①外的生态保护红线管控范围，永久基本农田、基本草原、自然公园（森林公园、地质公园、海洋公园等）、重要湿地、天然林，重点保护野生动物栖息地，重点保护野生植物生长繁殖地，重要水生生物的自然产卵场、索饵场、越冬场和洄游通道，天然渔场，水土流失重点预防区和重点治理区、沙化土地封禁保护区、封闭及半封闭海域；

③ 以居住、医疗卫生、文化教育、科研、行政办公为主要功能的区域，以及文物保护单位。

环境影响报告书、环境影响报告表应当就建设项目对环境敏感区的影响做重点分析。

建设内容涉及名录中两个及以上项目类别的建设项目，其环境影响评价类别按照其中单项等级最高的确定。

建设内容不涉及主体工程的改建、扩建项目，其环境影响评价类别按照改建、扩建的工程内容确定。

名录未作规定的建设项目，不纳入建设项目环境影响评价管理；省级生态环境主管部门对名录未作规定的建设项目，认为确有必要纳入建设项目环境影响评价管理的，可以根据建设项目的污染因子、生态影响因子特征及其所处环境的敏感性质和敏感程度等，提出环境影响评价分类管理的建议，报生态环境部认定后实施。

随着水、大气、土壤、固废、噪声等污染防治法及《建设项目环境保护管理条例》等法律法规陆续制定、修订，生态环境分区管控、"两高"（高耗能、高排放）项目源头防控、重点行业建设项目区域削减等环境管理政策相继出台，对行业建设项目环评管理提出了新的要求。2022年生态环境部发布了《关于印发钢铁/焦化、现代煤化工、石化、火电四个行业建设项目环境影响评价文件审批原则的通知》。这四项审批原则从适用范围、总体要求、选址布局、清洁生产、减污降碳、环境风险防范、以新带老、区域削减、环境管理及监测、信息公开与公众参与、环评文件质量等方面，就四个行业建设项目环评文件审批工作给予指导。在具体内容上，增加了区域削减、温室气体排放影响评价等内容，根据行业特点完善了污染防治具体要求，按照最新管理要求调整了有关内容。总的来说，项目应符合生态环境保护相关法律法规、法定规划以及相关产业结构调整、区域及行业碳达峰碳中和目标、重点污染物排放总量控制等政策要求，项目选址应符合生态环境分区管控以及相关规划及规划环境影响评价要求。项目不得位于法律法规明令禁止建设的区域，应避开生态保护红线。在清洁生产方面，总体增加了项目应采用先进适用的工艺技术和装备、达到行业标杆水平，物耗、能耗、水耗和污染物排放等应达到行业先进水平等要求。

近年来，持久性有机污染物、内分泌干扰物、抗生素等新污染物备受关注。2022年国务院办公厅印发了《新污染物治理行动方案》，要求强化环境影响评价管理，严格涉新污染物建设项目准入管理，对不符合禁止生产或限制使用化学物质管理要求的建设项目，如涉及有机氯杀虫剂等持久性有机物生产的建设项目，依法不予审批环评。目前出台的部分标准中已将新污染物纳入环评体系。二噁英已被纳入 15 项国家行业污染物排放标准管控，在开展这 15 个行业建设项目环境影响评价工作时，要对二噁英从产生过程控制到达标排放进行充分论证，对周边环境的现状、项目建成后该污染物对周边环境的影响进行评价，包括相关环境风险分析，并提出可靠的污染防治措施，确保排放满足相关标准要求，环境影响可接受。

三、规划环境影响评价管理和审批要求

编制区域、流域、海域的建设、开发利用规划等综合性规划，以及工业、农业、畜牧业、林业、能源、水利、交通、城市建设、旅游、自然资源开发等专项规划，应在编制过程中依法开展环境影响评价。应当进行环境影响评价的规划的具体范围，由生态环境部会同国务院有关部门拟定，报国务院批准后执行。规划编制机关在报送审批综合性规划草案和专项规划中的指导性规划草案时，应当将环境影响篇章或者说明作为规划草案的组成部分一并报送规划审批机关。未编写环境影响篇章或者说明的，规划审批机关应当要求其补充；未补充的，规划审批机关不予审批。规划编制机关在报送审批专项规划草案时，应当将环境影响报告书和其审查意见一并附送规划审批机关。未附送环境影响报告书和审查意见的，规划审批机关应当要求其补充；未补充的，规划审批机关不予审批。

发展改革部门在审批相关规划时，对于依法应开展环境影响评价而未开展的规划，应当要求规划编制机关补充环境影响评价；未补充的，不予审批其规划草案。在审批专项规划草案时，将环境影响报告书结论和审查意见作为规划审批决策的重要依据。对可能造成重大不良环境影响的规划方案，应根据环境影响评价的建议和结论及时进行优化调整。对规划实施后可能产生的重大不良环境影响，应根据编制机关的报告及时组织论证研究，提出改进的对策措施。

生态环境部门应当加强规划环境影响评价的技术指导，依法推进规划环境影响报告书的审查，为规划审批决策提供科学依据。已经开展环境影响评价的规划中包含具体建设项目的，规划环境影响评价结论作为审批项目环境影响评价的重要依据。建设项目环境影响评价的内容可以根据规划环评的分析论证情况适当简化，具体简化的内容应在审查意见中明确。对规划实施过程中产生重大不良环境影响的，应当及时进行核查，并向规划审批机关提出采取改进措施或者修订规划的建议。

四、排污许可管理制度

环境影响评价制度主要评价人类活动对生态环境的影响，排污许可制度则侧重对污染源进行管理。环境影响评价是建设项目的环境准入门槛，也是排污许可证申报的重要依据。环境影响评价制度与排污许可制度都是环境管理的重要准则，在生态环境保护及环境管理过程中发挥着重要的作用，但是固定源环境管理的核心内容由原来的环境影响评价制度改为排污许可制度。国务院办公厅于 2016 年 11 月印发的《控制污染物排放许可制实施方案》明确了排污许可制有机衔接环境影响评价管理制度。为了有效衔接环境影响评价制度与排污许可制度，排污许可制实施后，环境影响评价管理和技术体系在更新时考虑了排污许可技术要求，如《建设项目环境影响评价分类管理名录（2021 年版）》强化了与《固定污染源排污许可分类管理名录》的衔接。今后还将进一步加强环境影响评价制度与排污许可制度相关技术和管理体系的有效衔接。

习 题

一、选择题

1. 《中华人民共和国大气污染防治法》属于（ ）。

A. 环境保护单行法   B. 环境保护行政法规

C. 环境保护部门规章   D. 环境保护地方性法规

2. 环境标准体系不包括（ ）。

A. 地方环境标准   B. 环境保护法

C. 国家环境标准   D. 生态环境部标准

二、简答题

查阅我国环境保护相关标准，熟悉各项环境质量标准、污染物排放标准，简述环境标准的构成和分类。

参考文献

[1] 生态环境部. 建设项目环境影响评价分类管理名录：2021 年版. [Z].2011.

[2] 环境保护部. 关于进一步加强规划环境影响评价工作的通知：环发〔2011〕99 号 [Z].2011.

[3] 钱瑜. 环境影响评价 [M].2 版. 南京：南京大学出版社，2012.

[4] 生态环境部. 关于印发钢铁/焦化、现代煤化工、石化、火电四个行业建设项目环境影响评价文件审批原则的通知 [Z].2022.

[5] 吴春山，成岳. 环境影响评价 [M].3 版. 武汉：华中科技大学出版社，2020.

第三章

工程分析

 学习内容

　　本章主要介绍污染物的分类、工程分析的主要内容、各类污染物排放源强的计算方法、清洁生产。

学习目标

　　要求掌握工程分析的基本要求、分类和方法以及各类污染物排放源强的计算方法；理解源强的计算程序和原理；了解污染物的分类、工程分析的目的和作用、清洁生产的概念。

第一节　污染物分类

　　污染物是指以不适当的浓度、数量、速度、形态和途径进入环境系统并对环境产生污染或破坏的物质或能量。

　　根据产生过程可以将污染物分为一次污染物和二次污染物。一次污染物是由污染源释放的直接危害人体健康或导致环境质量下降的污染物。二次污染物是一次污染物在物理化学因素或生物作用下发生变化，或与环境中的其他物质发生反应，所形成的物化特征与一次污染物不同的新污染物。

　　根据物理、化学、生物学特征，可将污染物分为物理污染物、化学污染物、生物污染物和综合污染物。

　　根据环境要素，可将污染物分为水污染物、大气污染物、土壤污染物等。环境要素污染物可以相互转化。

第二节　工程分析概述

　　工程分析是环境影响评价的基础，只有准确地分析工程组成、污染特征，才能为环境影响评价和项目建设运行提供必要的数据支撑。

一、工程分析的主要目的和作用

工程分析的主要目的是查清建设项目生产工艺产生的污染物的种类、数量、处理或处置方法、排放方式和排放种类，定量地给出污染物的排放量，估计其环境影响，提出减少其环境污染的措施。

工程分析的主要作用：为项目决策提供重要依据；为各专题预测评价提供基础数据；为环保设计提供优化建议；为环境管理提供参考依据。

二、工程分析的基本要求和阶段划分

工程分析的基本要求如下。

① 工程分析应突出重点。根据各类型建设项目的工程内容及其特征，对可能产生较大环境影响的主要因素要进行深入分析。

② 应用的数据资料要真实、准确、可信。对建设项目的规划、可行性研究和初步设计等技术文件中提供的资料、数据、图件等，应分析后引用；引用现有资料进行环境影响评价时，应分析其时效性；类比分析数据、资料时，应分析其相同性或相似性。

③ 结合建设项目工程组成、规模、工艺路线，对建设项目环境影响因素、方式、强度等进行详细分析与说明。

工程分析应以工艺过程为重点，核算、确定污染源源强，同时不能忽略污染物的不正常排放情况。对资源、能源的储运和交通运输及土地开发利用是否进行工程分析及分析的深度，应根据工程、环境的特点及评价工作等级决定。

根据实施过程的不同阶段，可将建设项目分为建设期、生产运行期、服务期满后三个阶段进行工程分析。

① 所有建设项目均应分析生产运行阶段带来的环境影响，包括正常工况和非正常工况两种情况。非正常工况是指生产运行阶段的开车停车、检修、操作不正常等，不包括事故。对非正常工况要进行污染分析，确定非正常排放污染物的来源、种类及排放量，分析发生的可能性及频率。对随着时间的推移，环境影响有可能增加较大的建设项目，其评价工作等级、环境保护要求均较高，此时可将生产运行阶段分为运行初期和运行中后期，并分别按正常排放和不正常排放进行分析，运行初期和运行中后期的划分应视具体工程特性而定。

② 部分建设项目建设周期长，影响因素复杂且影响区域广，需要进行项目建设期的工程分析。

③ 个别建设项目在建设阶段和服务期满后的影响不容忽视，如核设施退役或矿山退役、垃圾填埋场项目，应对这类项目进行服务期满后的工程分析。

三、工程分析的方法

当建设项目的规划、可行性研究和初步设计等技术文件不能满足评价要求时，应根据具体情况选用适当的方法进行工程分析。目前采用较多的工程分析方法有类比分析法、实测法、实验法、物料平衡法、查阅参考资料分析法等。

（一）类比分析法

类比分析法是利用与拟建项目类型相同的现有项目设计资料或实测数据进行工程分析的

常用方法。采用此法要求时间长，工作量大，但所得结果准确。当评价时间允许，评价工作等级较高，又有可参考的相同或相似的现有工程时，应采用此法。采用此法时，应充分注意分析对象与类比对象之间的相似性。

① 工程一般特征的相似性：建设项目的性质，建设规模，车间组成，产品结构，工艺路线，生产方法，原料、燃料成分与消耗量，用水量和设备类型等有相似性。

② 污染物排放特征的相似性：污染物排放类型、浓度、强度与数量，排放方式与去向，以及污染方式与途径等有相似性。

③ 环境特征的相似性：气象条件、地貌状况、生态特点、环境功能及区域污染情况等方面有相似性。

类比分析法也常用单位产品的经验排污系数来计算污染物排放量。但是采用此法必须根据生产规模等工程特征和生产管理等实际情况进行必要的修正。

（二）实测法

实测法是通过实际测量废水或废气的排放量及所含污染物的浓度，计算出其中某污染物排放量的方法。

（三）实验法

实验法是在实验室内利用一定的设施，控制一定的条件并借助专门的实验仪器，探索和研究废水或废气的排放量及所含污染物的浓度，计算出某污染物排放量的一种方法。

采用实验法时，如果便于严格控制各种因素，并通过专门仪器测试和记录实验数据，一般具有较高的可信度。

（四）物料平衡法

物料平衡法以理论计算为基础，比较简单。此法在基本原则上遵守质量守恒定律。

采用物料平衡法计算污染物排放量时，必须对生产工艺、化学反应副反应和管理等情况进行全面了解，掌握原料、辅助材料和燃料的成分和消耗定额。

（五）查阅参考资料分析法

查阅参考资料分析法是利用同类工程已有的环境影响报告书或可行性研究报告等资料进行工程分析的方法。此法虽然较为简便，但所得数据的准确性很难保证。当评价时间短，且评价工作等级较低时，或在无法采用其他方法的情况下，可采用此法。此法还可以作为其他方法的补充。

四、工程分析的分类

根据建设项目环境影响的表现，工程分析可分为以污染影响为主的污染型建设项目工程分析和以生态破坏为主的生态影响型建设项目工程分析。

五、工程分析的主要工作内容

（一）建设项目概况

对建设项目概况进行说明，包括主体工程、辅助工程、公用工程、环保工程、储运工程以及依托工程等。

以污染影响为主的建设项目应明确项目组成、建设地点、原辅料、生产工艺、主要生产设备、产品（包括主产品和副产品）方案、平面布置、建设周期、总投资及环境保护投资等。改扩建及异地搬迁建设项目还应包括现有工程的基本情况、污染物排放及达标情况、存在的环境保护问题及拟采取的整改方案等内容。

以生态影响为主的建设项目应明确项目组成、建设地点、占地规模、总平面及现场布置、施工方式、施工时序、建设周期和运行方式、总投资及环境保护投资等。改扩建及异地搬迁建设项目还应包括现有工程的基本情况、污染物排放及达标情况、存在的环境保护问题及拟采取的整改方案等内容。

（二）污染影响因素分析

遵循清洁生产理念，从工艺的环境友好性、工艺过程的主要产污节点以及末端治理措施的协同性等方面，选择可能对环境产生较大影响的主要因素进行深入分析。

绘制包含产污环节的生产工艺流程图；按照生产、装卸、储存、运输等环节分析包括常规污染物、特征污染物在内的污染物的产生、排放情况（包括正常工况和开停工及维修等非正常工况），存在具有致癌、致畸、致突变作用的物质，持久性有机污染物或重金属的，应明确其来源、转移途径和流向；给出噪声、振动、放射性及电磁辐射等污染的来源、特性及强度等。

说明各种源头防控、过程控制、末端治理、回收利用等环境影响减缓措施状况。

明确项目消耗的原料、辅料、燃料、水资源等的种类、构成和数量，给出主要原辅材料及其他物料的理化性质、毒理特征，产品及中间体的性质、数量等。

对建设阶段和生产运行期间可能发生突发性事件或事故，引起有毒有害、易燃易爆等物质泄漏，对环境及人身造成影响和损害的建设项目，应开展建设和生产运行过程的风险因素识别。存在较大潜在人群健康风险的建设项目，应开展影响人群健康的潜在环境风险因素识别。

（三）生态影响因素分析

结合建设项目特点和区域环境特征，分析建设项目建设和运行过程（包括施工方式、施工时序、运行方式、调度调节方式等）对生态环境的作用因素与影响源、影响方式、影响范围和影响程度。重点分析影响程度大、范围广、历时长或涉及环境敏感区的作用因素和影响源，关注间接性影响、区域性影响、长期性影响以及累积性影响等特有生态影响因素的分析。

（四）污染源源强核算

根据污染物产生环节（包括生产、装卸、储存、运输）、产生方式和治理措施，核算建设项目有组织与无组织、正常工况与非正常工况下的污染物产生和排放强度，给出污染因子及其产生和排放的方式、浓度、数量等。

对改扩建项目的污染物排放量（包括有组织与无组织、正常工况与非正常工况）的统计，应分别按现有、在建、改扩建项目实施后等几种情形汇总污染物产生量、排放量及其变化量，核算改扩建项目建成后最终的污染物排放量。

第三节　污染源源强核算分析

污染源源强核算方法由污染源源强核算技术指南具体规定。例如《污染源源强核算技术指南　纺织印染工业》（HJ 990—2018）列出了纺织印染工业的污染源源强核算的程序、内容、方法及要求等。

一、源强核算程序

（一）一般原则

污染源源强核算程序包括污染源识别与污染物确定、核算方法及参数选定、源强核算、核算结果汇总等。

（二）污染源识别

污染源识别应符合 HJ 2.1、HJ 2.2、HJ 2.3、HJ 2.4 等环境影响评价技术导则要求，并涵盖所有可能产生废气、废水、噪声、固体废物污染物的场所、设备或装置。

（三）污染物确定

应包含 GB 4287、GB 8978、GB 14554、GB 16297、GB 28936、GB 28937、GB 28938 等国家及地方排放标准中包括的污染物。对生产过程可能产生但国家或地方排放标准中尚未列入的污染物，可依据环境质量标准、其他行业标准、其他国家排放标准、地方人民政府或生态环境主管部门环境质量改善需求，根据原辅材料及燃料使用和生产工艺情况进行分析确定。

（四）核算方法选取

污染源源强核算方法包括物料衡算法、类比法、实测法和产污系数法等。

1. 物料平衡法

投入的某物质的量 T 等于产品所含这种物质的量 P 与该物质流失量 Q 的总和，即

$$T = P + Q \tag{3-1}$$

2. 产污系数法

产污系数法是根据经验排污系数进行计算的方法。计算公式为

$$Q = KW \tag{3-2}$$

式中　Q——废气或废水中某污染物的单位时间排放量，kg/h；

　　　K——单位产品的经验排污系数，kg/t；

　　　W——某种产品的单位时间产量，t/h。

经验排污系数在选择时应根据实际进行修正。例如，根据纺织行业的系数手册，毛条和毛纱线加工行业的部分经验排污系数见表 3-1。

表 3-1　毛条和毛纱线加工行业的经验排污系数

工段名称	产品名称	原料名称	工艺名称	规模等级	污染物类别	污染物指标	系数单位（以产品质量计）	产污系数
毛纺加工	洗净毛	原毛	洗毛	所有规模	废水	工业废水量	m^3/t	18.62
						化学需氧量	g/t	181330.94
						氨氮	g/t	2208.12
						总氮	g/t	4078.56
						总磷	g/t	148.27
	炭化净毛	洗净毛	炭化	所有规模	废水	工业废水量	m^3/t	9.40
						化学需氧量	g/t	7304.00
						氨氮	g/t	216.00
						总氮	g/t	485.00
						总磷	g/t	40.00
	毛条毛线类	洗净毛、毛条毛线类	丝光防缩	所有规模	废水	工业废水量	m^3/t	15.00
						化学需氧量	g/t	138510.00
						氨氮	g/t	365.25
						总氮	g/t	5610.00
						总磷	g/t	64.42
一般工业固废							kg/t	167.00
危险废物							kg/t	0.14

3. 实测法

实测法是对污染源进行现场测定，得到污染物的排放浓度和流量，然后计算出污染物排放量的方法。计算公式为

$$Q = KCL \tag{3-3}$$

式中　Q——废气或废水中某污染物的单位时间排放量，t/h；

　　　C——实测的污染物算术平均浓度，废气的单位为 mg/m^3，废水的单位为 mg/L；

　　　L——烟气或废水的流量，m^3/h；

　　　K——单位换算系数，废气取 10^{-9}，废水取 10^{-6}。

这种方法只适用于已投产的污染源，并且容易受到采样频数的限制。

此外，对于燃料燃烧过程中主要污染物排放量的估算有以下计算方法。

煤中的硫有三种存在状态：有机硫、硫铁矿和硫酸盐。煤燃烧时只有有机硫和硫铁矿中的硫可以转化为 SO_2，硫酸盐则以灰分的形式进入灰渣中。一般情况下，可燃硫占全硫量的 80% 左右，石油中的硫可全部燃烧并转化为 SO_2。

从硫燃烧的化学反应方程式 $S+O_2 \longrightarrow SO_2$ 可知，32g 硫经氧化可生成 64g 的 SO_2，即 1g 硫可产生 2g 的 SO_2。因此燃煤产生的 SO_2 排放量的计算公式如下。

$$G = BS \times 80\% \times 2(1-\eta) = 1.6BS(1-\eta) \tag{3-4}$$

式中　G——SO_2 的排放量，kg/h；

　　　B——燃煤量，kg/h；

　　　S——煤的含硫量，%；

η——脱硫设施的 SO_2 去除率。

燃油产生的 SO_2 排放量为

$$G = 2BS(1-\eta) \tag{3-5}$$

式中　G——SO_2 的排放量，kg/h；

B——耗油量，kg/h；

S——油的含硫量，%；

η——脱硫设施的 SO_2 去除率。

燃煤烟尘包括黑烟和飞灰两部分，黑烟是未完全燃烧的炭粒，飞灰是烟气中不可燃烧的矿物微粒，二者是煤的灰分的一部分。烟尘的排放量与炉型和燃烧状况有关，燃烧越不完全，烟气中的黑烟浓度越大，飞灰的量则与煤的灰分和炉型有关。一般根据燃煤量、煤的灰分含量和除尘效率来计算燃烧产生的烟尘量，即

$$Y = BAD(1-\eta) \tag{3-6}$$

式中　Y——烟尘排放量，kg/h；

B——燃煤量，kg/h；

A——煤的灰分含量，%；

D——烟气中的烟尘占灰分的比例，%，其值与燃烧方式有关，几种燃烧方式的烟尘占灰分比见表 3-2；

η——除尘器的总效率，%。

表 3-2　几种燃烧方式的烟尘占灰分比

燃烧方式	手烧炉	链条炉	抛煤机炉（机械风动）	沸腾炉	煤粉炉
烟尘占灰分比/%	15～20	15～20	24～40	40～60	75～85

各种除尘器的效率不同，可参照有关除尘器的说明书。若安装了二级除尘器，则除尘器系统的总效率为

$$\eta = 1-(1-\eta_1)(1-\eta_2) \tag{3-7}$$

式中　η_1——一级除尘器的除尘效率，%；

η_2——二级除尘器的除尘效率，%。

（五）参数选取

新（改、扩）建工程生产装置或设施污染源源强核算参数可取工程设计数据。现有工程生产装置或设施污染源源强核算参数可取核算时段内有效的监测数据。

（六）源强汇总

废气、废水和固体废物等污染物产生或排放量为所有污染源产生或排放量之和，其中废气污染源源强的核算应包括正常和非正常两种情况的产生或排放量，正常排放的污染物排放量为有组织排放量和无组织排放量之和。采用式（3-8）计算。

$$D = \sum_{i=1}^{n}(D_i + D_i') \tag{3-8}$$

式中　D——核算时段内某污染物产生或排放量，t；

D_i——核算时段内某污染源正常排放的某污染物产生或排放量，t；

D_i'——核算时段内某污染源非正常排放的某污染物产生或排放量，t；

n——污染源个数，量纲为一的量。

二、行业污染源源强核算具体计算方法

1. 废水污染源源强核算方法

（1）物料衡算法

① 核算时段废水产生量。纺织印染生产装置废水产生量计算公式如下：

$$d_水 = d_y + d_x - d_c - d_z - d_g \tag{3-9}$$

式中　$d_水$——核算时段内废水产生量，t；

d_y——核算时段内原辅材料带入的水量，t；

d_x——核算时段内补充的新鲜水量，t；

d_c——核算时段内产品带出的水量，t；

d_z——核算时段内烘干过程损失的水量，t；

d_g——核算时段内固体废物带出的水量，t。

全厂综合废水产生量为进入综合废水处理设施废水的总水量，计算公式如下：

$$d_总 = \sum d_水 + d_1 + d_2 + d_3 \tag{3-10}$$

式中　$d_总$——核算时段内进入综合废水处理设施的废水量，t；

$d_水$——核算时段内生产装置废水产生量，t；

d_1——其他进入综合废水处理设施的废水量，t；

d_2——生活污水量，t，核算方法可参考 GB 50015；

d_3——污染雨水量，t，计算公式如下。

$$d_3 = \frac{F_s}{1000} \times \sum_{i=1}^{n} (H_s)_i \tag{3-11}$$

式中　F_s——生产装置或设施污染区面积，m^2；

H_s——核算时段内第 i 次降雨深度，mm，宜取 15～30mm；

n——降雨次数。

② 核算时段废水排放量。纺织印染企业废水排放量计算公式如下：

$$D_水 = d_总(1 - \eta_{回用}) \tag{3-12}$$

式中　$D_水$——核算时段内综合废水处理设施废水排放量，t；

$d_总$——核算时段内进入综合废水处理设施的废水量，t；

$\eta_{回用}$——核算时段内废水回用率，％。

③ 核算时段锑产生量。涤纶印染过程中，原料中部分锑进入废水。污染物锑的产生量计算公式如下：

$$d_{Sb} = \sum_{i=1}^{n} (\alpha_i \beta_i M_i \mu_i \times 10^{-6}) \tag{3-13}$$

式中　d_{Sb}——核算时段内废水中锑产生量，t；

n——核算时段内使用的涤纶原料种类数，量纲一的量；

α_i——核算时段内第 i 种原料中的涤纶含量，％；

β_i——核算时段内第 i 种原料涤纶中锑含量，％，通过实验测得；

M_i——核算时段内第 i 种原料加工量，t；

μ_i——第 i 种原料涤纶丝的减量率，%。

④ 核算时段锑排放量。废水中污染物锑的排放量的计算公式如下：

$$D_{Sb} = d_{Sb} \times (1 - \eta_{去除}) \tag{3-14}$$

式中 D_{Sb}——核算时段内废水中锑排放量，t；

d_{Sb}——核算时段内废水中锑产生量，t；

$\eta_{去除}$——核算时段内污水处理设施对锑的去除效率，%。

（2）类比法

类比法适用于核算新（改、扩）建项目车间排放口或废水处理设施进口废水中的各污染物。现有工程污染源源强核算过程中，同一企业有多个同类型污染源时，其他污染源可类比本企业同类型污染源实测污染源数据核算源强。

新（改、扩）建项目车间排放口或废水处理设施进口的废水污染物产生量，可类比现有项目车间排放口或废水处理设施进口的废水污染物有效实测浓度和废水量进行核算。类比时需要满足以下条件：①原料相同或相似，且原料中与污染物产生的相关的成分相似；②辅料和产品类型相同；③生产规模差异不超过30%且生产工序相同。

核算时段污染物排放量，具体计算公式如下：

$$D = d(1 - \eta_{去除})(1 - \eta_{回用}) \tag{3-15}$$

式中 D——核算时段内某种污染物排放量，t；

d——核算时段内某种污染物产生量，t；

$\eta_{去除}$——核算时段内污水处理设施对某种污染物的去除效率，%；

$\eta_{回用}$——核算时段内废水回用率，%。

（3）实测法

实测法通过实际废水量及其所对应污染物浓度核算污染物产生量和排放量，适用于具有有效连续自动监测数据或有效手工监测数据的现有污染源。

采用自动监测数据进行污染物排放量核算时，污染源自动监测系统及数据须符合 HJ/T 353、HJ 354、HJ/T 355、HJ/T 356、HJ/T 373、HJ 879、排污许可证等要求。

某排放口某种污染物核算时段内排放量为企业正常排水期间各连续自动监测周期内污染物排放量之和，计算公式如下：

$$D = \sum_{i=1}^{n} (\overline{\rho}_i Q_i \times 10^{-6}) \tag{3-16}$$

式中 D——核算时段内某种污染物排放量，t；

n——核算时段内连续自动监测周期数；

$\overline{\rho}_i$——废水中某种污染物第 i 次监测周期的质量浓度，mg/L；

Q_i——第 i 次监测周期废水排放量，m^3。

采用监督性监测、排污单位自行监测等手工监测数据进行污染物排放量核算时，监测频次、监测期间生产工况、数据有效性等须符合 HJ/T 91、HJ/T 92、HJ/T 373、HJ 630、HJ 879、排污许可证等要求。除监督性监测外，其他所有手工监测时段的生产负荷应不低于本次监测与上一次监测周期内的平均生产负荷（即企业该时段内实际生产量/该时段内设计生产量），并给出生产负荷对比结果。

核算时段内废水中某种污染物产生量的计算公式如下：

$$d = \sum_{i=1}^{n} (\bar{\rho}_{di} q_i \times 10^{-6}) \qquad (3\text{-}17)$$

式中 d——核算时段内废水中某种污染物产生量，t；

$\quad n$——核算时段内废水中某种污染物产生浓度监测对应时段数，量纲一的量；

$\quad \bar{\rho}_{di}$——第 i 次监测废水中某种污染物产生日均质量浓度，mg/L；

$\quad q_i$——第 i 次监测对应时段内废水产生量，m^3。

核算时段内某排放口废水中某种污染物排放量计算公式如下：

$$D = \sum_{i=1}^{n} (\bar{\rho}_{di} Q_i \times 10^{-6}) \qquad (3\text{-}18)$$

式中 D——核算时段内某排放口废水中某种污染物排放量，t；

$\quad n$——核算时段内排水期间监测排放浓度对应时段数，量纲一的量；

$\quad \bar{\rho}_{di}$——第 i 次监测某排放口废水中某种污染物排放日均质量浓度，mg/L；

$\quad Q_i$——第 i 次监测对应时段内该排放口废水排放量，m^3。

（4）产污系数法

核算时段内生产废水产生量计算公式如下：

$$d_水 = c_水 W \qquad (3\text{-}19)$$

式中 $d_水$——核算时段内生产废水产生量，t；

$\quad c_水$——单位产品工业废水量产污系数，t/t；

$\quad W$——核算时段内产品产量，t。

核算时段内废水中某种污染物产生量计算公式如下：

$$d = cW \times 10^{-6} \qquad (3\text{-}20)$$

式中 d——核算时段内废水中某种污染物产生量，t；

$\quad c$——单位产品废水中某种污染物产污系数，g/t；

$\quad W$——核算时段内产品产量，t。

核算时段内废水中某种污染物排放量计算公式如下：

$$D = d(1 - \eta_{去除})(1 - \eta_{回用}) \qquad (3\text{-}21)$$

式中 D——核算时段内废水中某种污染物排放量，t；

$\quad d$——核算时段内废水中某种污染物产生量，t；

$\quad \eta_{去除}$——核算时段内污水处理设施对某种污染物的去除效率，%；

$\quad \eta_{回用}$——核算时段内废水回用率，%。

2. 废气污染源源强核算方法

（1）物料衡算法

物料衡算法适用于纺织印染过程中溶剂挥发产生的污染物的核算。

纺织印染加工通常为间歇性加工，可以一批染色工艺为基准（或者连续染色的一段时间为基准）进行物料衡算，重点考虑印染工艺（涂层、复合、静电植绒等）中使用的沸点小于或接近涂层工艺温度的溶剂等挥发性污染（如甲苯、二甲苯等）。

核算时段内某种污染物产生量的计算公式如下：

$$d = U \qquad (3\text{-}22)$$

式中 d——核算时段内印染生产过程排放的废气中某种污染物的产生量，t；

U——核算时段该种挥发性溶剂的使用量，t。

核算时段内废气中某种污染物的有组织排放量的计算公式如下：

$$D_{有组织}=d\eta_{收集}\times(1-\eta_{去除}) \tag{3-23}$$

式中　$D_{有组织}$——核算时段内废气中某种污染物的有组织排放量，t；

d——核算时段内废气中某种污染物的产生量，t；

$\eta_{收集}$——核算时段内某种污染物进入废气治理设施的收集率，%。

$\eta_{去除}$——废气治理设施对某种污染物的去除效率，%。

核算时段内废气中某种污染物的无组织排放量的计算公式如下：

$$D_{无组织}=d(1-\eta_{收集}) \tag{3-24}$$

式中　$D_{无组织}$——核算时段内废气中某种污染物的无组织排放量，t；

d——核算时段内废气中某种污染物的产生量，t；

$\eta_{收集}$——核算时段内某种污染物进入废气治理设施的收集率，%。

（2）类比法

类比法适用于核算新（改、扩）建生产装置或者公用辅助设施的废气污染源源强。现有工程污染源源强核算过程中，同一企业有多个同类型污染源时，其他污染源可类比本企业同类型污染源实测污染源数据核算源强。

新（改、扩）建项目废气污染源的污染物产生情况，可类比同时符合下列条件的现有生产装置同类型污染源废气污染物浓度、废气量等有效实测数据进行核算。类比条件包括：①原料相同或相似，且原料中与污染物产生的相关的成分相似；②辅料和产品类型相同；③生产工艺、设备类型和废气收集措施相同；④原料或产品规模差异不超过30%。

核算时段内某种污染物排放量的具体计算公式如下：

$$D=d_i(1-\eta_{去除}) \tag{3-25}$$

式中　D——核算时段内某种污染物排放量，t；

d_i——核算时段内某种污染物产生量，t；

$\eta_{去除}$——核算时段内废气治理设施对某种污染物的去除效率，%。

（3）实测法

实测法适用于具有有效自动监测或手工监测数据的现有工程污染源。

采用自动监测数据进行污染物排放量核算时，污染源自动监测系统及数据须符合 HJ 75、HJ 76、HJ/T 373、HJ/T 397、HJ 630 及排污许可证等要求。

某排放口某种污染物核算时段内排放量为企业正常排放期间有效正常小时排放量之和，计算公式如下：

$$D=\sum_{i=1}^{n}(\rho_i Q_i \times 10^{-9}) \tag{3-26}$$

式中　D——某排放口某污染物核算时段内排放量，t；

ρ_i——某排放口废气中某污染物第 i 小时排放质量浓度，mg/m³；

Q_i——某排放口废气中第 i 小时废气排放量，m³。

n——排放小时数，量纲为1。

采用监督性监测、排污单位自行监测等手工监测数据进行污染物排放量核算时，监测频次、监测期间生产工况、数据有效性等须符合 GB/T 16157、HJ/T 397、HJ/T 373、HJ 630、HJ 879、排污许可证等要求。除监督性监测外，其他所有手工监测时段的生产负荷应不低于本次监测与上一次监测周期内的平均生产负荷，并给出生产负荷对比结果。

某排放口废气中某种污染物核算时段内排放量具体计算公式如下：

$$D = \frac{\sum\limits_{i=1}^{n}(\rho_i Q_i)}{n} \times h \times 10^{-9} \qquad (3-27)$$

式中　D——某排放口废气中某污染物核算时段排放量，t；

$\quad\quad\rho_i$——某核算时段内第 i 次监测的小时质量浓度，mg/m^3；

$\quad\quad Q_i$——核算时段内第 i 次监测的标准状态下小时排气量，m^3/h；

$\quad\quad n$——核算时段内取样监测次数，量纲一的量；

$\quad\quad h$——核算时段内某主要排放口的大气污染物排放时间，h。

（4）产污系数法

污染物产生量的计算公式如下：

$$d = cW \times 10^{-3} \qquad (3-28)$$

式中　d——核算时段内废气中某种污染物的产生量，t；

$\quad\quad c$——单位产品某种废气污染物的产污系数，kg/t；

$\quad\quad W$——核算时段内产品产量，t。

有组织排放污染物排放量的计算公式如下：

$$D_{有组织} = d\eta_{收集}(1-\eta_{去除}) \qquad (3-29)$$

式中　$D_{有组织}$——核算时段内废气中某种污染物的有组织排放量，t；

$\quad\quad d$——核算时段内废气中某种污染物的产生量，t；

$\quad\quad\eta_{收集}$——核算时段内某种污染物进入废气治理设施的收集率，%；

$\quad\quad\eta_{去除}$——核算时段内废气治理设施对某种污染物的去除效率，%。

无组织排放污染物排放量的计算公式如下：

$$D_{无组织} = d(1-\eta_{收集}) \qquad (3-30)$$

式中　$D_{无组织}$——核算时段内废气中某种污染物的有组织排放量，t；

$\quad\quad d$——核算时段内废气中某种污染物的产生量，t；

$\quad\quad\eta_{收集}$——核算时段内某种污染物进入废气治理设施的收集率，%。

第四节　清洁生产分析

一、清洁生产分析概念和评价指标

《中华人民共和国清洁生产促进法》指出，"本法所称清洁生产，是指不断采取改进设计、使用清洁的能源和原料、采用先进的工艺技术与设备、改善管理、综合利用等措施，从源头削减污染，提高资源利用效率，减少或者避免生产、服务和产品使用过程中污染物的产生和排放，以减轻或者消除对人类健康和环境的危害"。

建设项目环境影响评价是通过对工程建设后对环境导致的可能影响实施预测与估计，从而拟定有效的防治对策，降低环境影响。清洁生产是对产品从摇篮到坟墓的全过程污染控制。二者在防治环境污染、推动环境和经济和谐发展的目标上是相同的。在环境影响的评价系统中纳入清洁生产观念，可以让环境影响评价的内容更加深化。

环境影响评价中的清洁生产评价指标主要包括以下几个方面。

（1）生产工艺与装备要求

选用先进的、清洁的生产工艺和设备，淘汰落后的工艺和设备。

（2）资源能源利用指标

① 新用水量指标。即企业生产单位产品需要从各种水源取用的新用水量，不包括重复用水量。

② 单位产品的能耗。即生产单位产品消耗的电、煤、石油、天然气和蒸汽等能源，通常用单位产品综合能耗指标反映。

③ 单位产品的物耗。即生产单位产品消耗的主要原（辅）材料，也可用产品回收率、转化率等工艺指标反映。

④ 原（辅）材料的选取（原材料指标）。

（3）产品指标

首先，产品应是我国产业政策鼓励发展的产品；其次，从清洁生产要求的角度还要考虑产品的包装和使用；最后，还要考虑产品使用安全，报废后不对环境产生影响等。

（4）污染物产生指标

① 废水产生指标：可细分为单位产品废水产生量指标和单位产品主要水污染物产生量指标。此外，通常还要考虑污水的回用率。

② 废气产生指标：可细分为单位产品废气产生量指标和单位产品主要大气污染物产生量指标。

③ 固体废物产生指标：可简单地定为单位产品主要固体废物产生量和单位产品固体废物综合利用率。

（5）废物回收利用指标

主要涉及废水、废料、废渣、废气（废汽）、废热。废物回收利用主要指标可分为废物综合利用量和废物综合利用率。

（6）环境管理指标

即环境法律法规标准、环境审核、废物处理处置、生产过程管理和相关方环境管理。

二、清洁生产分析的方法和程序

清洁生产分析的方法主要包括以下两种。

① 指标对比法：根据我国已颁布的清洁生产标准，或参照国内外同类装置的清洁生产指标，对比分析建设项目的清洁生产水平。

② 分值评定法：将各项清洁生产指标连项制定分值标准，再由专家按百分制打分，然后乘以各自权重值得到总分，最后按清洁生产等级分值对比分析项目的清洁生产水平。

用指标对比法进行清洁生产分析的程序如下。

① 收集相关行业清洁生产标准，如果没有标准，可与国内外同类装置清洁生产指标做比较；

② 确定环境影响评价项目的清洁生产指标值；

③ 将环境影响评价项目的预测值与清洁生产标准值对比；

④ 得出清洁生产评价结论；

⑤ 提出清洁生产改进方案和建议。

第五节 工程分析案例

某企业主要从事不锈钢制品的生产，具体产品工艺流程如下。首先用金属圆锯机和切割机等对原材料进行剪切，锯、剪、切割工序中会产生不锈钢边角料，再使用折弯机按生产要求对剪切后的不锈钢板进行折弯操作，然后对折弯后的板材进行拼接，拼接后使用氩弧焊机进行焊接，焊接过程中会产生少量焊接烟尘，焊接工序完成后经磨光后组装得到成品。

项目运营后全厂产污环节汇总详见表 3-3。

表 3-3 产污工序汇总表

污染源类别	产污工序	污染物类型	主要污染物
废气	焊接	焊接烟尘	焊接烟尘
废水	日常办公	生活污水	COD_{Cr}、BOD_5、SS、NH_3-N
固体废物	剪切	边角料	边角料
	日常办公	生活垃圾	生活垃圾
噪声	切割机、焊机等生产设备运行	噪声	噪声

项目的焊接工艺采用氩弧焊，使用实芯焊丝作为焊接材料，年用量较少，为 115kg，焊接烟尘总产生量为 575g/a。项目焊接工位年工作时间均为 300d、每天 8h，则焊接烟尘总产生速率为 0.00024kg/h。

焊接烟尘由集气罩收集处理后，经袋式除尘器和静电式油尘处理器处理，然后经排风机于 1 根 15m 高排气筒排放至外环境，收集效率取 75%。其中设计风量为 2000m³/h。袋式除尘器及风机均安装在车间外，风机设钢制减震台座。袋式除尘器的除尘效率约为 85%。

综上，项目焊接烟尘产生及排放情况计算见表 3-4。

表 3-4 正常工况下污染物产生及排放情况

评价因子	产生量 /(t/a)	收集效率 /%	去除效率 /%	有组织排放情况		
				排放量 /(t/a)	排放速率 /(kg/h)	排放浓度 /(mg/m³)
焊接烟尘	5.75×10^{-4}	75	85	0.65×10^{-4}	0.27×10^{-4}	0.0103

习 题

一、填空题

1. 根据产生过程可以将污染物分为 _____、_____。

2. 根据环境要素，可将污染物分为 _____、_____、_____ 等。

3. 列举三种目前采用较多的工程分析方法： _____、_____、_____
_____。

4. 若安装了二级除尘器，则除尘器系统的总效率计算公式为：＿＿＿＿＿＿＿＿＿＿。

二、选择题

1. 工程分析的主要作用不包括（　　）。

A. 为项目决策提供重要依据　　　　B. 为各专题预测评价提供基础数据

C. 为环保设计提供优化建议　　　　D. 减少环境污染

2. 对污染源进行现场测定，得到污染物的排放浓度和流量，然后计算出污染物排放量，这种方法是（　　）。

A. 物料平衡法　　　B. 实验法　　　C. 排污系数法　　　D. 实测法

3. （　　）不属于生产运行阶段的非正常工况。

A. 开车停车　　　B. 事故　　　C. 检修　　　D. 操作不正常

4. 物料衡算法能进行工程分析的原理是（　　）。

A. 自然要素循环定律　　　　B. 市场经济规律

C. 质量守恒定律　　　　D. 能量守恒定律

5. 对于最终排入环境的污染物，需确定其是否达标排放，达标排放必须以建设项目的（　　）负荷核算。

A. 最小　　　B. 最大　　　C. 平均　　　D. 中等

6. 通过全厂物料的投入产出分析，核算无组织排放量，此法为（　　）。

A. 实测法　　　B. 物料衡算法　　　C. 模拟法　　　D. 反推法

三、简答题

1. 简述一次污染物和二次污染物的概念。

2. 污染物源强核算的计算方法有哪些？

3. 污染型建设项目工程分析的主要内容包括哪些？

四、计算题

某印染企业年排废水 3.0×10^6 t，废水中 COD 为 800mg/L，采用的废水处理方法 COD 去除率为 80%，要求达到的排放标准为 60mg/L。请提出该厂 COD 排放总量控制建议指标，并说明理由。

参考文献

[1] 环境保护部. 建设项目环境影响评价技术导则　总纲：HJ 2.1—2016 [S]. 2016.

[2] 生态环境部. 污染源源强核算技术指南　纺织印染工业：HJ 990—2018 [S]. 2018.

[3] 钱瑜. 环境影响评价 [M]. 2版. 南京：南京大学出版社, 2012.

[4] 金腊华. 环境影响评价 [M]. 北京：化学工业出版社, 2018.

[5] 吴春山, 成岳. 环境影响评价 [M]. 3版. 武汉：华中科技大学出版社, 2020.

第四章

地表水环境影响评价

 学习内容

本章主要介绍地表水体污染和自净的过程、地表水环境影响评价的工作程序、地表水质量现状调查与评价、地表水环境影响预测与评价以及地表水污染防治对策措施等内容。

学习目标

要求掌握地表水环境评价标准、评价等级及评价范围的确定方法，掌握地表水环境影响预测模型及其适用性；理解地表水质量现状调查与评价、地表水环境影响预测与评价的程序和方法；了解地表水体污染和自净的过程、地表水污染防治对策措施。

第一节　地表水环境影响评价基本概念

地表水是指存在于陆地表面的河流（江河、运河及渠道）、湖泊、水库等地表水体以及入海河口和近岸海域。地表水的天然水质，常称为"背景值"或"本底值"。污染物进入地表水中，在物理、化学、生物等作用下会发生一系列变化。污染物在水体中的迁移转化规律关系到污染物在水体中的浓度以及对环境的影响，了解其迁移转化过程对环境影响评价具有重要作用。

一、水体污染物和水体污染源

水体中污染物种类较多，按理化性质可分为物理污染物、化学污染物、生物污染物等。按污染物在水环境中的迁移、衰减特点，污染物可分为四类：持久性污染物、非持久性污染物、酸碱及废热。不同类型的污染物在环境水体中表现出不同的环境行为特性。

向水体排放或释放污染物的来源或场所称为水体污染源。水体污染源按造成水体污染的自然属性可分为自然污染源和人为污染源，按污染源几何形状特征可分为点污染源、线污染源和面污染源。不同污染源种类带来不同的水体污染，污染物在水体中的迁移转化规律也不同。

二、水体中污染物的迁移、转化和降解

污染物排入环境水体后，在不超过一定限度的情况下，通过迁移和转化，最后达到一种正常的生态平衡，自动保持水体清洁，这就是水体的自净能力。

污染物进入环境水体后，会发生迁移、转化和生物降解等一系列过程。

（一）迁移过程

迁移是指污染物在环境水体中的空间位置移动及其引起的污染物浓度变化过程。迁移方式主要包括推流迁移和分散稀释两种。迁移过程改变水中污染物的空间位置，降低水中污染物的浓度，但不能减少其总量。

1. 推流迁移

推流迁移是指污染物在水流作用下在 x、y、z 三个方向上产生的转移作用。在推流作用下污染物的迁移通量可以表示为

$$\Delta m_{1x}=u_x C,\Delta m_{1y}=u_y C,\Delta m_{1z}=u_z C \tag{4-1}$$

式中　Δm_{1x}、Δm_{1y}、Δm_{1z}——x、y、z 方向上的污染物推流迁移通量；

　　　　u_x、u_y、u_z——水流在 x、y、z 方向上的流速分量；

　　　　C——污染物在水中的浓度。

2. 分散稀释

污染物在水环境中通过分散作用得到稀释，分散机理包括分子扩散、湍流扩散和弥散作用三种。

（二）转化和降解过程

1. 转化过程

转化过程是指污染物在水体中通过物理、化学作用改变其形态或转变成另一种物质的过程。物理转化主要是指通过蒸发、渗透、凝聚、吸附等物理作用发生的变化，化学转化则是指通过氧化还原等化学反应发生的转化。

2. 生物降解过程

生物降解过程是指污染物被水体中的微生物、植物或动物分解转化的过程。水体中的微生物种类较多，包括硝化细菌、反硝化细菌、聚磷菌等，通常用于降解 COD、氨氮和磷酸盐等。生物降解污染物的效率通常与污染物的性质、浓度以及环境条件有关。

（三）水体的耗氧与复氧过程

碳氧化、含氮化合物硝化、水生植物呼吸、水体底泥耗氧等过程均消耗氧气。耗氧过程所导致的溶解氧变化大部分可用一级反应方程式表达。复氧过程主要包括大气复氧和水生植物的光合作用。

1. 大气复氧

氧气由大气进入水体的传质速率与水体中的氧亏量 D 成正比。氧亏量是指水体中的溶解氧 C（O）与当时水温下水体的饱和溶解氧 C（O_S）间的差距，即 $D=C$（O_S）$-C$（O）。设 k_2 为大气复氧速率系数，则

$$\frac{\mathrm{d}D}{\mathrm{d}t}=-k_2 D \tag{4-2}$$

k_2 为河流流态及温度的函数。如以 20℃ 的 $k_{2,20}$ 为基准，温度为 T 时的 k_2 按下式计算：

$$k_{2,T} = k_{2,20}\theta_r^{T-20} \tag{4-3}$$

式中 θ_r——大气复氧速率系数的温度系数，通常 $\theta_r = 1.024$。

饱和溶解氧 $C(O_S)$ 是温度、盐度和大气压力的函数。101kPa 压力下，温度为 T（℃）时，淡水中的饱和溶解氧可以用下式计算：

$$C(O_s) = \frac{468}{31.6 + T} \tag{4-4}$$

2. 光合作用

水体复氧的另一重要来源是水生植物的光合作用。一般认为光合作用的速率随着光照强弱的变化而变化：中午光照最强时，产氧速率最快；夜晚没有光照时，产氧速率为零。如果将产氧速率取为一天中的平均值，则有

$$\left[\frac{\partial C(O)}{\partial t}\right]_P = P \tag{4-5}$$

式中 P——一天中产氧速率的平均值；

$C(O)$——光合作用产氧量。

第二节 地表水环境现状调查与评价

水环境现状调查与监测的目的是查清楚评价区域内水体污染源、水质、水文和水体功能利用等方面的环境背景状况，为地表水环境现状和预测评价提供基础资料。环境现状调查与评价应遵循问题导向与管理目标导向统筹、流域（区域）与评价水域兼顾、水质水量协调、常规监测数据利用与补充监测互补、水环境现状与变化分析结合的原则。

现状调查包括资料收集、现场调查及必要的环境监测。

一、水环境现状调查范围

水环境调查范围应包括受建设项目影响较显著的地表水域。在此区域内进行的调查能够说明地表水环境的基本状况，并能充分满足环境影响预测的要求。

对于水污染影响型建设项目，除覆盖评价范围外，受纳水体为河流时，在不受回水影响的河段，排放口上游调查范围宜不小于 500m，受回水影响河段的上游调查范围原则上与下游调查的河段长度相等；受纳水体为湖库时，以排放口为圆心，调查半径在评价范围基础上外延 20%~50%。

对于水文要素影响型建设项目，受影响水体为河流、湖库时，除覆盖评价范围外，一级、二级评价时，还应包括库区及支流回水影响区、坝下至下一个梯级或河口、受水区、退水影响区。

对于水污染影响型建设项目，建设项目排放污染物中包括氮、磷或有毒污染物且受纳水体为湖泊、水库时，一级评价的调查范围应包括整个湖泊、水库，二级、三级 A 评价时，调查范围应包括排放口所在水环境功能区、水功能区或湖（库）湾区。受纳或受影响水体为入海河口及近岸海域时，调查范围依据 GB/T 19485 要求执行。

二、调查因子和评价时期

地表水水质因子一般包括三类：第一类是常规水质因子，反映水域水质的一般状况；第二类是特征水质因子，代表建设项目将来排水的水质；第三类是其他方面因子。

（一）常规水质因子

以 GB 3838 中所列的 pH 值、溶解氧、高锰酸盐指数或化学需氧量、五日生化需氧量、总氮或氨氮、酚、氰化物、砷、汞、铬（六价）、总磷及水温为基础，根据水域类别、评价等级及污染源状况适当增减。

（二）特征水质因子

根据建设项目特点、水域类别及评价等级，在建设项目所属行业的特征水质参数表中进行选择，可以适当删减。

（三）其他方面因子

如果被调查水域的环境质量要求较高（如自然保护区、饮用水水源地、珍贵水生生物保护区、经济鱼类养殖区等），且评价等级为一、二级，则应考虑调查水生生物和底质。水生生物方面主要调查浮游动植物、藻类、底栖无脊椎动物的种类和数量，水生生物群落结构，等等；底质方面主要调查与建设项目排污水质有关的易积累的污染物。

地表水环境现状调查因子根据评价范围水环境质量管理要求、建设项目水污染物排放特点与水环境影响预测评价要求等综合分析确定。调查因子应不少于评价因子。

调查时期和评价时期一致。

三、调查内容与方法

地表水环境现状调查内容包括建设项目及区域水污染源调查、受纳或受影响水体水环境质量现状调查、区域水资源与开发利用状况调查、水文情势与相关水文特征值调查，以及水环境保护目标、水环境功能区或水功能区、近岸海域环境功能区及其相关的水环境质量管理要求等调查。涉及涉水工程的，还应调查涉水工程运行规则和调度情况。

调查主要采用资料收集、现场监测、无人机或卫星遥感遥测等方法。

四、调查要求

建设项目污染源调查应在工程分析基础上，确定水污染物的排放量及进入受纳水体的污染负荷量。

（一）区域水污染源调查

① 应详细调查与建设项目排放污染物同类的或有关联关系的已建项目、在建项目、拟建项目（已批复环境影响评价文件，下同）等污染源；一级评价，以收集利用排污许可证登记数据、环评及环保验收数据及既有实测数据为主，并辅以现场调查及现场监测；二级评价，主要收集利用排污许可证登记数据、环评及环保验收数据及既有实测数据，必要时补充现场监测；水污染影响型三级 A 评价与水文要素影响型三级评价，主要收集利用与建设项目排放口的空间位置和所排污染物的性质关系密切的污染源资料，可不进行现场调查及现场监测；水污染影响型三级 B 评价，可不开展区域污染源调查，主要调查依托污水处理设施的日处理能力、处理工艺、设计进水水质、处理后的废水稳定达标排放情况，同时应调查依

托污水处理设施执行的排放标准是否涵盖建设项目排放的有毒有害的特征水污染物。

② 一级、二级评价，建设项目直接导致受纳水体内源污染变化，或存在与建设项目排放污染物同类的且内源污染影响受纳水体水环境质量的，应开展内源污染调查，必要时应开展底泥污染补充监测。

③ 具有已审批入河排放口的主要污染物种类及其排放浓度和总量数据，以及国家或地方发布的入河排放口数据的，可不对入河排放口汇水区域的污染源开展调查。

④ 面污染源调查主要采用收集利用既有数据资料的调查方法，可不进行实测。

⑤ 建设项目的污染物排放指标需要等量替代或减量替代时，还应对替代项目开展污染源调查。

（二）水环境质量现状调查

应根据不同评价等级对应的评价时期要求开展水环境质量现状调查。

应优先采用国务院生态环境主管部门统一发布的水环境状况信息。

当现有资料不能满足要求时，应按照不同等级对应的评价时期要求开展现状监测。

水污染影响型建设项目一级、二级评价时，应调查受纳水体近3年的水环境质量数据，分析其变化趋势。

（三）水环境保护目标调查

应主要采用国家及地方人民政府颁布的各相关名录中的统计资料。

（四）水资源与开发利用状况调查

水文要素影响型建设项目一级、二级评价时，应开展建设项目所在流域、区域的水资源与开发利用状况调查。

（五）水文情势调查

应尽量收集邻近水文站既有水文年鉴资料和其他相关的有效水文观测资料。当上述资料不足时，应进行现场水文调查与水文测量，水文调查与水文测量宜与水质调查同步进行。

水文调查与水文测量宜在枯水期进行。必要时，可根据水环境影响预测需要、生态环境保护要求，在其他时期（丰水期、平水期、冰封期等）进行。

水文测量的内容应满足拟采用的水环境影响预测模型对水文参数的要求。在采用水环境数学模型时，应根据所选用的预测模型需输入的水文特征值及环境水力学参数决定水文测量内容；在采用物理模型法模拟水环境影响时，水文测量应提供模型制作及模型试验所需的水文特征值及环境水力学参数。

水污染影响型建设项目开展与水质调查同步进行的水文测量，原则上只可在一个时期（水期）内进行。在水文测量的时间、频次和断面与水质调查不完全相同时，应保证满足水环境影响预测所需的水文特征值及环境水力学参数的要求。

五、补充监测

（一）补充监测要求

应对收集资料进行复核整理，分析资料的可靠性、一致性和代表性，针对资料的不足，制订必要的补充监测方案，确定补充监测的时期、内容、范围。

需要开展多个断面或点位补充监测的，应在大致相同的时段内开展同步监测。需要同时开展水质与水文补充监测的，应按照水质水量协调统一的要求开展同步监测，测量的时间、频次和断面应保证满足水环境影响预测的要求。

应选择符合监测项目对应环境质量标准或参考标准所推荐的监测方法，并在监测报告中注明。水质采样与水质分析应遵循相关的环境监测技术规范。水文调查与水文测量的方法可参照 GB 50179、GB/T 12763.1～12763.11、GB/T 14914.1～14914.6 的相关规定执行。河流及湖库底泥调查参照 HJ/T 91 执行，入海河口、近岸海域沉积物调查参照 GB 17378.1～17378.7、HJ 442 执行。

（二）监测内容

应在常规监测断面的基础上，重点针对对照断面、控制断面以及环境保护目标所在水域的监测断面开展水质补充监测。

建设项目需要确定生态流量时，应结合主要生态保护对象敏感用水时段进行调查分析，有针对性地开展必要的生态流量与径流过程监测等。

当调查的水下地形数据不能满足水环境影响预测要求时，应开展水下地形补充测绘。

（三）监测布点与采样频次

河流监测点位设置与采样频次：应布设对照断面、控制断面。水污染影响型建设项目在拟建排污口上游应布置对照断面（宜在 500m 以内），根据受纳水域水环境质量控制管理要求设定控制断面。控制断面可结合水环境功能区或水功能区、水环境控制单元区划情况，直接采用国家及地方确定的水质控制断面。评价范围内不同水质类别区、水环境功能区或水功能区、水环境敏感区及需要进行水质预测的水域，应布设水质监测断面。评价范围以外的调查或预测范围，可以根据预测工作需要增设相应的水质监测断面。水质取样断面上取样垂线的布设按照 HJ/T 91 的规定执行。每个水期可监测一次，每次同步连续调查取样 3～4d，每个水质取样点每天至少取一组水样，在水质变化较大时，每间隔一定时间取样一次。应每间隔 6h 观测一次水温，统计计算日平均水温。

湖库监测点位设置与采样频次：对于水污染影响型建设项目，水质取样垂线的设置可采用以排放口为中心、沿放射线布设或网格布设的方法，一级评价在评价范围内布设的水质取样垂线数宜不少于 20 条，二级评价在评价范围内布设的水质取样垂线数宜不少于 16 条。评价范围内不同水质类别区、水环境功能区或水功能区、水环境敏感区、排放口和需要进行水质预测的水域，应布设取样垂线。对于水文要素影响型建设项目，在取水口、主要入湖（库）断面、坝前、湖（库）中心水域、不同水质类别区、水环境敏感区和需要进行水质预测的水域，应布设取样垂线。对于复合影响型建设项目，应兼顾进行取样垂线的布设。水质取样垂线上取样点的布设按照 HJ/T 91 的规定执行。每个水期可监测一次，每次同步连续取样 2～4d，每个水质取样点每天至少取一组水样，但在水质变化较大时，每间隔一定时间取样一次。溶解氧和水温，每间隔 6h 取样监测一次，在调查取样期内适当监测藻类。

入海河口、近岸海域监测点位设置与采样频次：一级评价可布设 5～7 个取样断面，二级评价可布设 3～5 个取样断面。水质取样点根据垂向水质分布特点，参照 GB/T 12763.1～12763.11 和 HJ 442 执行。排放口位于感潮河段内的，其上游设置的水质取样断面，应根据实际情况参照河流决定，其下游断面的布设与近岸海域相同。原则上一个水期在一个潮周期内采集水样，明确所采样品所处潮时，必要时对潮周日内的高潮和低潮采样。当上、下层水质变幅较大时，应分层取样。入海河口上游水质取样频次参照感潮河段相关要求执行，下游水质取样频次参照近岸海域相关要求执行。对于近岸海域，一个水期宜在半个太阴月内的大潮期或小潮期分别采样，明确所采样品所处潮时；对所有选取的水质监测因子，在同一潮次取样。

底泥污染调查与评价的监测点位布设应能够反映底泥污染物空间分布特征的要求，根据底泥分布区域、分布深度、扰动区域、扰动深度、扰动时间等设置。

六、环境现状评价内容与要求

根据建设项目水环境影响特点与水环境质量管理要求，选择以下全部或部分内容开展评价。

水环境功能区或水功能区、近岸海域环境功能区水质达标状况。评价建设项目评价范围内水环境功能区或水功能区、近岸海域环境功能区各评价时期的水质状况与变化特征，给出水环境功能区或水功能区、近岸海域环境功能区达标评价结论，明确水环境功能区或水功能区、近岸海域环境功能区水质超标因子、超标程度，分析超标原因。

水环境控制单元或断面水质达标状况。评价建设项目所在控制单元或断面各评价时期的水质现状与时空变化特征，评价控制单元或断面的水质达标状况，明确控制单元或断面的水质超标因子、超标程度，分析超标原因。

水环境保护目标质量状况。评价涉及水环境保护目标水域各评价时期的水质状况与变化特征，明确水质超标因子、超标程度，分析超标原因。

对照断面、控制断面等代表性断面的水质状况。评价对照断面水质状况，分析对照断面水质水量变化特征，给出水环境影响预测的设计水文条件。评价控制断面水质现状、达标状况，分析控制断面来水水质水量状况，识别上游来水不利组合状况，分析不利条件下的水质达标问题。评价其他监测断面的水质状况，根据断面所在水域的水环境保护目标水质要求，评价水质达标状况与超标因子。

底泥污染评价。评价底泥污染项目及污染程度，识别超标因子，结合底泥处置排放去向，评价退水水质与超标情况。

水资源与开发利用程度及其水文情势评价。根据建设项目水文要素影响特点，评价所在流域（区域）水资源与开发利用程度、生态流量满足程度、水域岸线空间占用状况等。

水环境质量回顾评价。结合历史监测数据与国家及地方生态环境主管部门公开发布的环境状况信息，评价建设项目所在水环境控制单元或断面、水环境功能区或水功能区、近岸海域环境功能区的水质变化趋势，评价主要超标因子变化状况，分析建设项目所在区域或水域的水质问题，从水污染、水文要素等方面，综合分析水环境质量现状问题的原因，明确与建设项目排污影响的关系。

评价流域（区域）水资源（包括水能资源）与开发利用总体状况、生态流量管理要求与现状满足程度、建设项目占用水域空间的水流状况与河湖演变状况。

依托污水处理设施稳定达标排放评价。评价建设项目依托的污水处理设施稳定达标状况，分析建设项目依托污水处理设施环境可行性。

七、评价方法

水环境功能区或水功能区、近岸海域环境功能区及水环境控制单元或断面水质达标状况评价方法，参考国家或地方政府相关部门制定的水环境质量评价技术规范、水体达标方案编制指南、水功能区水质达标评价技术规范等。监测断面或点位水环境质量现状评价，采用水质指数法；底泥污染状况评价，采用底泥污染指数法。评价方法如下。

（一）水质指数法

单因子指数评价就是对每个水质因子进行评价，计算各水质因子是否超标。单因子指数评价能客观地反映评价水体的水质状况，可清晰地判断出评价水体的主要污染因子、主要污染时段和主要污染区域。推荐采用单因子标准指数进行评价。

1. 单因子标准指数

$$I_i = \frac{C_i}{S_i} \tag{4-6}$$

式中　C_i——评价因子 i 实测浓度统计代表值；

　　　S_i——评价因子 i 的评价标准限值；

　　　I_i——标准指数。

由于 DO 和 pH 与其他水质参数性质不同，须采用不同的标准指数。

2. DO 的标准指数

$$I_{DO,j} = \frac{|DO_f - DO_j|}{DO_f - DO_s}, DO_f \geqslant DO_s \tag{4-7}$$

$$I_{DO,j} = 10 - 9\frac{DO_j}{DO_s}, DO_j < DO_s \tag{4-8}$$

式中　$I_{DO,j}$——点 j 的 DO 标准指数；

　　　DO_j——点 j 的 DO 浓度，mg/L；

　　　DO_s——DO 的评价标准，mg/L；

　　　DO_f——DO 饱和浓度，mg/L，其计算公式为 $DO_f = 468/(31.6 + T)$，T 为水温（℃）。

3. pH 的标准指数

$$I_{pH,j} = \frac{7.0 - pH_j}{7.0 - pH_{sd}}, pH_j \leqslant 7.0 \tag{4-9}$$

$$I_{pH,j} = \frac{pH_j - 7.0}{pH_{su} - 7.0}, pH_j > 7.0 \tag{4-10}$$

式中　$I_{pH,j}$——点 j 的 pH 标准指数；

　　　pH_j——点 j 的 pH 监测值；

　　　pH_{sd}——评价标准中 pH 的下限值；

　　　pH_{su}——评价标准中 pH 的上限值。

当水质参数的标准指数 ≥1 时，表明该水质参数超过了规定的水质标准，已经不能满足使用功能的要求了。

（二）底泥污染指数法

底泥污染指数计算公式如下：

$$P_{i,j} = \frac{C_{i,j}}{C_{si}} \tag{4-11}$$

式中　$P_{i,j}$——底泥污染因子 i 的单项污染指数，大于 1 表明该污染因子超标；

　　　$C_{i,j}$——调查点位污染因子 i 的实测值，mg/L；

C_{si}——污染因子 i 的评价标准值或参考值，mg/L。

底泥污染评价标准值或参考值可以根据土壤环境质量标准或所在水域底泥的背景值确定。

第三节 地表水环境影响评价程序与等级

一、基本任务

地表水环境影响评价的基本任务是在调查和分析评价范围地表水环境质量现状与水环境保护目标的基础上，预测和评价建设项目对地表水环境质量、水环境功能区、水功能区或水环境保护目标及水环境控制单元的影响范围与影响程度，提出相应的环境保护措施、环境管理要求与监测计划，明确给出地表水环境影响是否可接受的结论。

建设项目的地表水环境影响主要包括水污染影响与水文要素影响。根据其主要影响，建设项目的地表水环境影响评价划分为水污染影响型、水文要素影响型以及两者兼有的复合影响型。

二、评价工作程序

地表水环境影响评价的工作程序见图 4-1，一般分为三个阶段。

第一阶段，研究有关文件，进行工程方案和环境影响的初步分析，开展区域环境状况初步调查，明确水环境功能区或水功能区管理要求，识别主要环境影响，确定评价类别。根据不同评价类别，进一步筛选评价因子，确定评价等级与评价范围，明确评价标准、评价重点和水环境保护目标。水环境保护目标包括饮用水水源保护区、饮用水取水口，涉水的自然保护区、风景名胜区，重要湿地，重点保护与珍稀水生生物的栖息地，重要水生生物的自然产卵场及索饵场、越冬场和洄游通道，天然渔场等渔业水体，以及水产种质资源保护区等。

第二阶段，根据评价类别、评价等级及评价范围等，开展与地表水环境影响评价相关的污染源、水环境质量现状、水文水资源与水环境保护目标调查与评价，必要时开展补充监测；选择适合的预测模型，开展地表水环境影响预测评价，分析与评价建设项目对地表水环境质量、水文要素及水环境保护目标的影响范围与程度，在此基础上核算建设项目的污染源排放量、生态流量等。

第三阶段，根据建设项目地表水环境影响预测与评价的结果，制定地表水环境保护措施，开展地表水环境保护措施的有效性评价，编制地表水环境监测计划，给出建设项目污染物排放清单和地表水环境影响评价的结论，完成环境影响评价文件的编写。

三、评价工作等级

1. 环境影响识别

地表水环境影响因素识别应分析建设项目建设阶段、生产运行阶段和服务期满后（可根据项目情况选择，下同）各阶段对地表水环境质量、水文要素的影响行为。

水污染影响型建设项目评价因子的筛选应符合以下要求：

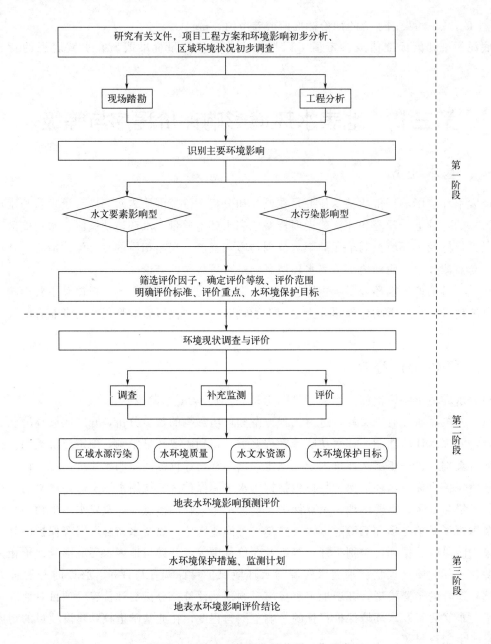

图 4-1 地表水环境影响评价的工作程序

① 按照污染源源强核算技术指南，开展建设项目污染源与水污染因子识别，结合建设项目所在水环境控制单元或区域水环境质量现状，筛选水环境现状调查评价与影响预测评价的因子；

② 行业污染物排放标准中涉及的水污染物应作为评价因子；

③ 在车间或车间处理设施排放口排放的第一类污染物应作为评价因子；

④ 水温应作为评价因子；

⑤ 面源污染所含的主要污染物应作为评价因子；

⑥ 建设项目排放的，且为建设项目所在控制单元的水质超标因子或潜在污染因子（指近 3 年来水质浓度值呈上升趋势的水质因子），应作为评价因子。

水文要素影响型建设项目评价因子，应根据建设项目对地表水体水文要素影响的特征确定。河流、湖泊及水库主要评价水面面积、水量、水温、径流过程、水位、水深、流速、水面宽、冲淤变化等因子，湖泊和水库需要重点关注水域面积、蓄水量及水力停留时间等因子。感潮河段、入海河口及近岸海域主要评价流量、流向、潮区界、潮流界、纳潮量、水位、流速、水面宽、水深、冲淤变化等因子。

建设项目可能导致受纳水体富营养化的，评价因子还应包括与富营养化有关的因子（如总磷、总氮、叶绿素a、高锰酸盐指数和透明度等）。其中，叶绿素a为必须评价的因子）。

2. 环境影响评价等级确定

建设项目地表水环境影响评价等级按照影响类型、排放方式、排放量或影响情况、受纳水体环境质量现状、水环境保护目标等综合确定。

水污染影响型建设项目主要根据废水排放方式和排放量划分评价等级，见表4-1。

表 4-1　水污染影响型建设项目评价等级判定表

评价等级	判定依据	
	排放方式	废水排放量 Q/(m³/d)；水污染物当量数 W（量纲一）
一级	直接排放	$Q \geqslant 20000$ 或 $W \geqslant 600000$
二级	直接排放	其他
三级A	直接排放	$Q < 200$ 且 $W < 6000$
三级B	间接排放	—

注：1. 水污染物当量数等于该污染物的年排放量除以该污染物的污染当量值（见HJ 2.3附录A），计算排放污染物的污染当量数，应区分第一类水污染物和其他类水污染物，统计第一类污染物当量数总和，然后与其他类污染物按照污染物当量数从大到小排序，取最大当量数作为建设项目评价等级确定的依据。

2. 废水排放量按行业排放标准中规定的废水种类统计，没有相关行业排放标准要求的通过工程分析合理确定，应统计含热量大的冷却水的排放量，可不统计间接冷却水、循环水及其他含污染物极少的清净下水的排放量。

3. 厂区存在堆积物（露天堆放的原料、燃料、废渣等以及垃圾堆放场）、降尘污染的，应将初期雨污水纳入废水排放量，相应的主要污染物纳入水污染当量计算。

4. 建设项目直接排放第一类污染物的，其评价等级为一级；建设项目直接排放的污染物为受纳水体超标因子的，评价等级不低于二级。

5. 直接排放受纳水体影响范围涉及饮用水水源保护区、饮用水取水口、重点保护与珍稀水生生物的栖息地、重要水生生物的自然产卵场等保护目标时，评价等级不低于二级。

6. 建设项目向河流、湖库排放温排水引起受纳水体水温变化超过水环境质量标准要求，且评价范围有水温敏感目标时，评价等级为一级。

7. 建设项目利用海水作为调节温度介质，排水量≥500万 m³/d，评价等级为一级；排水量<500万 m³/d，评价等级为二级。

8. 仅涉及清净下水排放的，如其排放水质满足受纳水体水环境质量标准要求，评价等级为三级A。

9. 依托现有排放口，且对外环境未新增排放污染物的直接排放建设项目，评价等级参照间接排放，定为三级B。

10. 建设项目生产工艺中有废水产生，但作为回水利用，不排放到外环境的，按三级B评价。

直接排放建设项目评价等级分为一级、二级和三级A，根据废水排放量、水污染物污染当量数确定。

间接排放建设项目评价等级为三级B。

水文要素影响型建设项目评价等级划分主要根据水温、径流与受影响地表水域等三类水文要素的影响程度进行判定，见表4-2。

表4-2 水文要素影响型建设项目评价等级判定表

评价等级	水温	径流		受影响地表水域		
	年径流量与总库容之比 α	兴利库容占年径流量百分比 β/%	取水量占多年平均径流量百分比 γ/%	工程垂直投影面积及外扩范围 A_1/km²；工程扰动水底面积 A_2/km²；过水断面宽度占用比例或占用水域面积比例 R/%		工程垂直投影面积及外扩范围 A_1/km²；工程扰动水底面积 A_2/km²
				河流	湖库	入海河口、近岸海域
一级	$\alpha \leqslant 10$；或稳定分层	$\beta \geqslant 20$；或完全年调节与多年调节	$\gamma \geqslant 30$	$A_1 \geqslant 0.3$；或 $A_2 \geqslant 1.5$；或 $R \geqslant 10$	$A_1 \geqslant 0.3$；或 $A_2 \geqslant 1.5$；或 $R \geqslant 20$	$A_1 \geqslant 0.5$；或 $A_2 \geqslant 3$
二级	$20 > \alpha > 10$；或不稳定分层	$20 > \beta > 2$；或季调节与不完全年调节	$30 > \gamma > 10$	$0.3 > A_1 > 0.05$；或 $1.5 > A_2 > 0.2$；或 $10 > R > 5$	$0.3 > A_1 > 0.05$；或 $1.5 > A_2 > 0.2$；或 $20 > R > 5$	$0.5 > A_1 > 0.15$；或 $3 > A_2 > 0.5$
三级	$\alpha \geqslant 20$；或混合型	$\beta \leqslant 2$；或无调节	$\gamma \leqslant 10$	$A_1 \leqslant 0.05$；或 $A_2 \leqslant 0.2$；或 $R \leqslant 5$	$A_1 \leqslant 0.05$；或 $A_2 \leqslant 0.2$；或 $R \leqslant 5$	$A_1 \leqslant 0.15$；或 $A_2 \leqslant 0.5$

注：1. 影响范围涉及饮用水水源保护区、重点保护与珍稀水生生物的栖息地、重要水生生物的自然产卵场、自然保护区等保护目标，评价等级应不低于二级。

2. 跨流域调水、引水式电站、可能受到大型河流感潮河段咸潮影响的建设项目，评价等级不低于二级。

3. 造成入海河口（湾口）宽度束窄（束窄尺度达到原宽度的5%以上），评价等级应不低于二级。

4. 对不透水的单方向建筑尺度较长的水工建筑物（如防波堤、导流堤等），其与潮流或水流主流向切线垂直方向投影长度大于2km时，评价等级应不低于二级。

5. 允许在一类海域建设的项目，评价等级为一级。

6. 同时存在多个水文要素影响的建设项目，分别判定各水文要素影响评价等级，并取其中最高等级作为水文要素影响型建设项目评价等级。

3. 环境影响评价范围确定

建设项目地表水环境影响评价范围指建设项目整体实施后可能对地表水环境造成的影响范围。

水污染影响型建设项目评价范围，根据评价等级、工程特点、影响方式及程度、地表水环境质量管理要求等确定。评价范围应以平面图的方式表示，并明确起、止位置等控制点坐标。

一级、二级及三级 A，其评价范围应符合以下要求：

① 应根据主要污染物迁移转化状况，至少需覆盖建设项目污染影响所及水域。

② 受纳水体为河流时，应满足覆盖对照断面、控制断面与削减断面等关心断面的要求。

③ 受纳水体为湖泊、水库时，一级评价，评价范围宜不小于以入湖（库）排放口为中心、半径为5km的扇形区域；二级评价，评价范围宜不小于以入湖（库）排放口为中心、半径为3km的扇形区域；三级 A 评价，评价范围宜不小于以入湖（库）排放口为中心、半径为1km的扇形区域。

④ 受纳水体为入海河口和近岸海域时，评价范围按照 GB/T 19485 执行。

⑤ 影响范围涉及水环境保护目标的，评价范围至少应扩大到水环境保护目标内受到影响的水域。

⑥ 同一建设项目有两个及两个以上废水排放口，或排入不同地表水体时，按各排放口及所排入地表水体分别确定评价范围；有叠加影响的，叠加影响水域应作为重点评价范围。

三级 B，其评价范围应符合以下要求：

① 应满足其依托污水处理设施环境可行性分析的要求；

② 涉及地表水环境风险的，应覆盖环境风险影响范围所及的水环境保护目标水域。

水文要素影响型建设项目评价范围，根据评价等级、水文要素影响类别、影响及恢复程度确定，评价范围应符合以下要求：

① 水温要素影响评价范围为建设项目形成水温分层水域，以及下游未恢复到天然（或建设项目建设前）水温的水域；

② 径流要素影响评价范围为水体天然性状发生变化的水域，以及下游增减水影响水域；

③ 地表水域影响评价范围为相对建设项目建设前日均或潮均流速及水深或高（累积频率5%）低（累积频率90%）水位（潮位）变化幅度超过5%的水域；

④ 建设项目影响范围涉及水环境保护目标的，评价范围至少应扩大到水环境保护目标内受影响的水域；

⑤ 存在多类水文要素影响的建设项目，应分别确定各水文要素影响评价范围，取各水文要素评价范围的外包线作为水文要素的评价范围。

4. 环境影响评价时期确定

建设项目地表水环境影响评价时期根据受影响地表水体类型、评价等级等确定，见表4-3。

表 4-3 评价时期确定表

受影响地表水体类型	评价等级		
	一级	二级	水污染影响型(三级 A)/水文要素影响型(三级)
河流、湖库	丰水期、平水期、枯水期；至少丰水期和枯水期	丰水期和枯水期；至少枯水期	至少枯水期
入海河口（感潮河段）	河流：丰水期、平水期和枯水期；河口：春季、夏季和秋季；至少丰水期和枯水期，春季和秋季	河流：丰水期和枯水期；河口：春季、秋季2个季节；至少枯水期或1个季节	至少枯水期或1个季节
近岸海域	春季、夏季和秋季；至少春季、秋季2个季节	春季或秋季；至少1个季节	至少1次调查

注：1. 感潮河段、入海河口、近岸海域在丰、枯水期（或春夏秋冬四季）均应选择大潮期或小潮期中一个潮期开展评价（无特殊要求时，可不考虑一个潮期内高潮期、低潮期的差别）。选择原则为：依据调查监测海域的环境特征以影响范围较大或影响程度较重为目标，定性判别和选择大潮期或小潮期作为调查潮期。

2. 冰封期较长且作为生活饮用水与食品加工用水的水源或有渔业用水需求的水域，应将冰封期纳入评价时期。

3. 具有季节性排水特点的建设项目，根据建设项目排水期对应的水期或季节确定评价时期。

4. 水文要素影响型建设项目对评价范围内的水生生物生长、繁殖与洄游有明显影响的时期，需将对应的时期作为评价时期。

5. 复合影响型建设项目分别确定评价时期，按照覆盖所有评价时期的原则综合确定。

三级 B 评价，可不考虑评价时期。

5. 水环境保护目标确定

依据环境影响因素识别结果，调查评价范围内水环境保护目标，确定主要水环境保护目标。

应在地图中标注各水环境保护目标的地理位置、四至范围，并列表给出水环境保护目标内主要保护对象和保护要求，以及与建设项目占地区域的相对距离、坐标、高差，与排放口的相对距离、坐标等信息，同时说明与建设项目的水力联系。

6. 环境影响评价标准确定

建设项目地表水环境影响评价标准，应根据评价范围内水环境质量管理要求和相关污染物排放标准的规定，确定各评价因子适用的水环境质量标准与相应的污染物排放标准。

根据 GB 3097、GB 3838、GB 5084、GB 11607、GB 18421、GB 18668 及相应的地方标准，结合受纳水体水环境功能区或水功能区、近岸海域环境功能区、水环境保护目标、生态流量等水环境质量管理要求，确定地表水环境质量评价标准。

《地表水环境质量标准》（GB 3838—2002）将标准项目分为地表水环境质量标准基本项目、集中式生活饮用水地表水源地补充项目和特定项目，按照地表水环境功能分类和保护目标，规定了水环境质量应控制的项目、限值及水质评价、水质项目的分析方法和标准的实施与监督。依据地表水水域环境功能和保护目标，按功能高低依次分为 5 类，见表 4-4。

表 4-4　地表水环境功能标准

类别	功能
Ⅰ类	主要适用于源头水、国家自然保护区
Ⅱ类	主要适用于集中式生活饮用水水源地一级保护区、珍稀水生生物栖息地、鱼虾类产卵场、仔稚幼鱼的索饵场等
Ⅲ类	主要适用于集中式生活饮用水水源地二级保护区，鱼虾类越冬场、洄游通道、水产养殖等渔业水域及游泳区
Ⅳ类	主要适用于一般工业用水区及人体非直接接触的娱乐用水区
Ⅴ类	主要适用于农业用水区及一般景观要求水域

对应地表水 5 类功能区，将地表水环境质量基本项目标准分为 5 类，不同功能类别分别执行相应类别的标准。水域功能类别高的区域执行的标准值严于水域功能类别低的区域。

地表水环境质量标准基本项目中常用项目标准限值见表 4-5。

表 4-5　地表水环境质量标准基本项目中常用项目标准限值

序号	标准项目	分类				
		Ⅰ类	Ⅱ类	Ⅲ类	Ⅳ类	Ⅴ类
1	水温/℃	人为造成的环境水温变化应限制在：周平均最大温升≤1℃，周平均最大温降≤2℃				
2	pH(量纲为1)	6～9				
3	溶解氧(≥)/(mg/L)	饱和率90% (或7.5)	6	5	3	2
4	高锰酸盐指数(≤) /(mg/L)	2	4	6	10	15
5	化学需氧量(COD)(≤) /(mg/L)	15	15	20	30	40
6	五日生化需氧量(BOD$_5$) (≤)/(mg/L)	3	3	4	6	10
7	氨氮(NH$_3$-N)(≤) /(mg/L)	0.15	0.5	1.0	1.5	2.0
8	总磷(以 P 计)(≤) /(mg/L)	0.02 (湖、库0.01)	0.1 (湖、库0.025)	0.2 (湖、库0.05)	0.3 (湖、库0.1)	0.4 (湖、库0.2)
9	总氮(湖、库，以 N 计) (≤)/(mg/L)	0.2	0.5	1.0	1.5	2.0

第四节 地表水环境影响预测要求和模型

一、水环境影响预测总体要求

地表水环境影响预测应遵循《建设项目环境影响评价技术导则 总纲》（HJ 2.1—2016）中规定的原则。

一级、二级、水污染影响型三级 A 与水文要素影响型三级评价应定量预测建设项目水环境影响，水污染影响型三级 B 评价可不进行水环境影响预测。影响预测应考虑评价范围内已建、在建和拟建项目中，与建设项目排放同类（种）污染物、对相同水文要素产生的叠加影响。建设项目分期规划实施的，应估算规划水平年进入评价范围的污染负荷，预测分析规划水平年评价范围内地表水环境质量变化趋势。

二、预测因子、范围、时期、情景与内容

（一）预测因子

预测因子应根据评价因子确定，重点选择与建设项目水环境影响关系密切的因子。

（二）预测范围

预测范围应覆盖评价范围，并根据受影响地表水体水文要素与水质特点合理拓展。水污染影响型建设项目评价范围，根据评价等级、工程特点、影响方式及程度、地表水环境质量管理要求等确定。

（三）预测时期

水环境影响预测的时期应满足不同评价等级的评价时期要求。水污染影响型建设项目，水体自净能力最不利以及水质状况相对较差的不利时期、水环境现状补充监测时期应作为重点预测时期；水文要素影响型建设项目，以水质状况相对较差或对评价范围内水生生物影响最大的不利时期为重点预测时期。

（四）预测情景

根据建设项目特点分别选择建设期、生产运行期和服务期满后三个阶段进行预测。生产运行期应预测正常排放、非正常排放两种工况对水环境的影响，如建设项目具有充足的调节容量，可只预测正常排放对水环境的影响。应对建设项目污染控制和减缓措施方案进行水环境影响模拟预测。对受纳水体环境质量不达标区域，应考虑区（流）域环境质量改善目标要求情景下的模拟预测。

（五）预测内容

预测分析内容根据影响类型、预测因子、预测情景、预测范围地表水体类别、所选用的预测模型及评价要求确定。

1. 水污染影响型建设项目

① 各关心断面（控制断面、取水口、污染源排放核算断面等）水质预测因子的浓度及

变化；

② 到达水环境保护目标处的污染物浓度；

③ 各污染物最大影响范围；

④ 湖泊、水库及半封闭海湾等，还需关注富营养化状况与水华、赤潮等；

⑤ 排放口混合区范围。

2. 水文要素影响型建设项目

① 河流、湖泊及水库的水文情势预测分析主要包括水域形态、径流条件、水力条件以及冲淤变化等内容，具体包括水面面积、水量、水温、径流过程、水位、水深、流速、水面宽、冲淤变化等，湖泊和水库需要重点关注湖库水域面积、蓄水量及水力停留时间等因子；

② 感潮河段、入海河口及近岸海域水动力条件预测分析主要包括流量、流向、潮区界、潮流界、纳潮量、水位、流速、水面宽、水深、冲淤变化等因子。

三、预测模型

地表水环境影响预测模型包括数学模型、物理模型。地表水环境影响预测宜选用数学模型。评价等级为一级且有特殊要求时选用物理模型，物理模型应遵循水工模型实验技术规程等要求。数学模型包括面源污染负荷估算模型、水动力模型、水质（包括水温及富营养化）模型等，可根据地表水环境影响预测的需要选择。地表水环境影响预测模型，应优先选用国家生态环境主管部门发布的推荐模型。

（一）模型选择

1. 面源污染负荷估算模型

根据污染源类型分别选择适用的污染源负荷估算或模拟方法，预测污染源排放量与入河量。面源污染负荷预测可根据评价要求与数据条件，采用源强系数法、水文分析法以及面源模型法等，有条件的地方可以综合采用多种方法进行比对分析确定，各方法适用条件如下。

① 源强系数法。当评价区域有可采用的源强产生、流失及入河系数等面源污染负荷估算参数时，可采用源强系数法。

② 水文分析法。当评价区域具备一定数量的同步水质水量监测资料时，可基于基流分割确定暴雨径流污染物浓度、基流污染物浓度，采用通量法估算面源的负荷量。

③ 面源模型法。面源模型选择应结合污染特点、模型适用条件、基础资料等综合确定。

2. 水动力模型及水质模型

按照时间分为稳态模型与非稳态模型，按照空间分为零维、一维（包括纵向一维及垂向一维，纵向一维包括河网模型）、二维（包括平面二维及立面二维）以及三维模型，按照是否需要采用数值离散方法分为解析解模型与数值解模型。水动力模型及水质模型的选取根据建设项目的污染源特性、受纳水体类型、水力学特征、水环境特点及评价等级等要求，选取适宜的预测模型。各地表水体适用的数学模型选择要求如下。

① 河流数学模型。河流数学模型选择要求见表 4-6。在模拟河流顺直、水流均匀且排污稳定时可以采用解析解模型。

表 4-6　河流数学模型适用条件

模型分类	模型空间分类						模型时间分类	
	零维模型	纵向一维模型	河网模型	平面二维模型	立面二维模型	三维模型	稳态模型	非稳态模型
适用条件	水域基本均匀混合	沿程横断面均匀混合	多条河道相互连通,使得水流运动和污染物交换相互影响的河网地区	垂向均匀混合	垂向分层特征明显	垂向及平面分布差异明显	水流恒定、排污稳定	水流不恒定,或排污不稳定

② 湖库数学模型。湖库数学模型选择要求见表 4-7。在模拟湖库水域形态规则、水流均匀且排污稳定时可以采用解析解模型。

表 4-7　湖库数学模型适用条件

模型分类	模型空间分类						模型时间分类	
	零维模型	纵向一维模型	平面二维模型	垂向一维模型	立面二维模型	三维模型	稳态模型	非稳态模型
适用条件	水流交换作用较充分、污染物分布基本均匀	污染物在断面上均匀混合的河道型水库	浅水湖库,垂向分层不明显	深水湖库,水平分布差异不明显,存在垂向分层	深水湖库,横向分布差异不明显,存在垂向分层	垂向及平面分布差异明显	流场恒定、源强稳定	流场不恒定或源强不稳定

③ 感潮河段、入海河口数学模型。污染物在断面上均匀混合的感潮河段、入海河口,可采用纵向一维非恒定数学模型,感潮河网区宜采用一维河网数学模型。浅水感潮河段和入海河口宜采用平面二维非恒定数学模型。如感潮河段、入海河口的下边界难以确定,宜采用一维、二维连接数学模型。

④ 近岸海域数学模型。近岸海域宜采用平面二维非恒定模型。如果评价海域的水流和水质分布在垂向上存在较大的差异 (如排放口附近水域),宜采用三维数学模型。

(二) 常用数学模型

河流、湖库、感潮河段、入海河口和近岸海域常用数学模型如下。

1. 混合过程段长度估算公式

$$L_m = \left\{ 0.11 + 0.7 \left[0.5 - \frac{a}{B} - 1.1 \left(0.5 - \frac{a}{B} \right)^2 \right]^{\frac{1}{2}} \right\} \frac{uB^2}{E_y} \qquad (4-12)$$

式中　L_m——混合段长度，m;

　　　B——水面宽度，m;

　　　a——排放口到岸边的距离，m;

　　　u——断面流速，m/s;

　　　E_y——污染物横向扩散系数，m^2/s。

2. 零维数学模型

(1) 河流均匀混合模型

$$C = (C_p Q_p + C_h Q_h)/(Q_p + Q_h) \qquad (4-13)$$

式中 C——污染物浓度，mg/L；

$\quad C_p$——污染物排放浓度，mg/L；

$\quad Q_p$——污水排放量，m^3/s；

$\quad C_h$——河流上游污染物浓度，mg/L；

$\quad Q_h$——河流流量，m^3/s。

（2）湖库均匀混合模型

基本方程为：

$$V\frac{dC}{dt}=W-QC+f(C)V \tag{4-14}$$

式中 V——水体体积，m^3；

$\quad t$——时间，s；

$\quad W$——单位时间污染物排放量，g/s；

$\quad Q$——水量平衡时流入与流出湖（库）的流量，m^3/s；

$f(C)$——生化反应项，$g/(m^3 \cdot s)$。

如果生化过程可以用一级动力学反应表示，$f(C)=-kC$，上式存在解析解，当稳定时：

$$C=\frac{W}{Q+kV} \tag{4-15}$$

式中 k——污染物综合衰减系数，s^{-1}。

（3）狄龙模型

描述营养物平衡的狄龙模型：

$$[P]=\frac{I_p(1-R_p)}{rV}=\frac{L_p(1-R_p)}{rH} \tag{4-16}$$

$$R_p=1-\frac{\sum q_a[P]_a}{\sum q_i[P]_i} \tag{4-17}$$

$$r=Q/V \tag{4-18}$$

式中 $[P]$——湖（库）中氮、磷的平均浓度，mg/L；

$\quad I_p$——单位时间进入湖（库）的氮（磷）质量，g/a；

$\quad L_p$——单位时间、单位面积进入湖（库）的氮、磷负荷量，$g/(m^2 \cdot a)$；

$\quad H$——平均水深，m；

$\quad R_p$——氮、磷在湖（库）中的滞留率，量纲一；

$\quad q_a$——年出流的水量，m^3/a；

$\quad q_i$——年入流的水量，m^3/a；

$\quad [P]_a$——年出流的氮（磷）平均浓度，mg/L；

$\quad [P]_i$——年入流的氮（磷）平均浓度，mg/L；

$\quad Q$——湖（库）年出流水量，m^3/a。

3. 纵向一维数学模型

水动力数学模型的基本方程为：

$$\frac{\partial A}{\partial t}+\frac{\partial Q}{\partial x}=q \tag{4-19}$$

$$\frac{\partial Q}{\partial t} + \frac{\partial}{\partial x}\left(\frac{Q^2}{A}\right) - q\,\frac{Q}{A} = -g\left(A\,\frac{\partial Z}{\partial x} + \frac{n^2 Q|Q|}{Ah^{4/3}}\right) \tag{4-20}$$

式中　Q——断面流量，$\mathrm{m^3/s}$；

　　q——单位河长的旁侧入流，$\mathrm{m^2/s}$；

　　A——断面面积，$\mathrm{m^2}$；

　　Z——断面水位，m；

　　n——河道糙率，量纲一；

　　h——断面水深，m；

　　g——重力加速度，$\mathrm{m/s^2}$；

　　x——笛卡尔坐标系 X 向的坐标，m。

水温数学模型的基本方程为：

$$\frac{\partial(AT)}{\partial t} + \frac{\partial(uAT)}{\partial x} = \frac{\partial}{\partial x}\left(AE_{tx}\,\frac{\partial T}{\partial x}\right) + qT_L + \frac{BS}{\rho C_p} \tag{4-21}$$

式中　T——水温，℃；

　E_{tx}——水温纵向扩散系数，$\mathrm{m^2/s}$；

　T_L——旁侧出入流（源汇项）水温，℃；

　　ρ——水体密度，$\mathrm{kg/m^3}$；

　C_p——水的比热容，$\mathrm{J/(kg\cdot℃)}$；

　　S——表面积净热交换通量，$\mathrm{W/m^2}$。

水质数学模型的基本方程为：

$$\frac{\partial(AC)}{\partial t} + \frac{\partial(QC)}{\partial x} = \frac{\partial}{\partial x}\left(AE_x\,\frac{\partial C}{\partial x}\right) + Af(C) + qC_L \tag{4-22}$$

式中　E_x——污染物纵向扩散系数，$\mathrm{m^2/s}$；

　C_L——旁侧出入流（源汇项）污染物浓度，$\mathrm{mg/L}$。

4. 垂向一维数学模型

适用于模拟预测水温在面积较小、水深较大的水库或湖泊水体中，除太阳辐射外没有其他热源交换的状况。

水量平衡的基本方程为：

$$\frac{\partial(wA)}{\partial z} = (u_i - u_o)B \tag{4-23}$$

水温数学模型的基本方程为：

$$\frac{\partial T}{\partial t} + \frac{1}{A}\frac{\partial}{\partial z}(wAT) = \frac{1}{A}\frac{\partial}{\partial z}\left(AE_{tz}\,\frac{\partial T}{\partial z}\right) + \frac{B}{A}(u_i T_i) + \frac{1}{\rho C_p A}\frac{\partial(\varphi A)}{\partial z} \tag{4-24}$$

式中　T——t 时刻、z 高度处的水温，℃；

　　w——垂向流速，$\mathrm{m/s}$；

　E_{tz}——水温垂向扩散系数，$\mathrm{m^2/s}$；

　u_i——入流流速，$\mathrm{m/s}$；

　u_o——出流流速，$\mathrm{m/s}$；

　T_i——入流水温，℃；

　　ρ——水的密度，$\mathrm{kg/m^3}$；

φ——太阳热辐射通量，$J/(m^2 \cdot s)$；

z——笛卡尔坐标系 Z 向的坐标，m。

5. 平面二维数学模型

适用于模拟预测物质在宽浅水体（大河、湖库、入海河口及近岸海域）中，在垂向均匀混合的状况。

水动力数学模型的基本方程为：

$$\frac{\partial h}{\partial t} + \frac{\partial (uh)}{\partial x} + \frac{\partial (vh)}{\partial y} = hS \tag{4-25}$$

$$\frac{\partial u}{\partial t} + u\frac{\partial u}{\partial x} + v\frac{\partial u}{\partial y} = -g\frac{\partial (h+z_b)}{\partial x} + fv - \frac{g}{C_z^2}\frac{\sqrt{u^2+v^2}}{h}u + \frac{\tau_{sx}}{\rho h} + A_m\left(\frac{\partial^2 u}{\partial x^2} + \frac{\partial^2 u}{\partial y^2}\right) \tag{4-26}$$

$$\frac{\partial v}{\partial t} + u\frac{\partial v}{\partial x} + v\frac{\partial v}{\partial y} = -g\frac{\partial (h+z_b)}{\partial y} - fu - \frac{g}{C_z^2}\frac{\sqrt{u^2+v^2}}{h}v + \frac{\tau_{sy}}{\rho h} + A_m\left(\frac{\partial^2 v}{\partial x^2} + \frac{\partial^2 v}{\partial y^2}\right) \tag{4-27}$$

式中 u——对应于 x 轴的平均流速分量，m/s；

v——对应于 y 轴的平均流速分量，m/s；

z_b——河底高程，m；

f——科氏系数，$f=2\Omega\sin\phi$，s^{-1}；

C_z——谢才系数，$m^{1/2}/s$；

τ_{sx}、τ_{sy}——分别为水面上的风应力，$\tau_{sx}=r^2\rho_a w^2\sin\alpha$，$\tau_{sy}=r^2\rho_a w^2\cos\alpha$，$r^2$ 为风应力系数，ρ_a 为空气密度（kg/m^3），w 为风速（m/s），α 为风方向角；

A_m——水平涡动黏滞系数，m^2/s；

x——笛卡尔坐标系 X 向的坐标，m；

y——笛卡尔坐标系 Y 向的坐标，m；

S——源（汇）项，s^{-1}。

水温数学模型的基本方程为：

$$\frac{\partial (hT)}{\partial t} + \frac{\partial (uhT)}{\partial x} + \frac{\partial (vhT)}{\partial y} = \frac{\partial}{\partial x}\left(E_{tx}h\frac{\partial T}{\partial x}\right) + \frac{\partial}{\partial y}\left(E_{ty}h\frac{\partial T}{\partial y}\right) + \frac{S_\varphi}{\rho C_p} + hST_s \tag{4-28}$$

式中 E_{tx}——水温纵向扩散系数，m^2/s；

E_{ty}——水温横向扩散系数，m^2/s；

S_φ——水流边界面净获得的热交换通量，表示水流与外界（太阳、空气、河道边界）之间的热交换量，$J/(m^2 \cdot s)$；

T_s——源（汇）项温度，℃。

水质数学模型的基本方程为：

$$\frac{\partial (hC)}{\partial t} + \frac{\partial (uhC)}{\partial x} + \frac{\partial (vhC)}{\partial y} = \frac{\partial}{\partial x}\left(E_xh\frac{\partial C}{\partial x}\right) + \frac{\partial}{\partial y}\left(E_yh\frac{\partial C}{\partial y}\right) + hf(C) + hSC_s \tag{4-29}$$

式中 C_s——源（汇）项污染物浓度，mg/L。

6. 一维、二维连接数学模型

一维、二维连接数学模型的数值解可适用于一级评价或部分二级评价。

一维、二维连接数学模型基于一维非恒定模型和平面二维非恒定模型，利用一维、二维连接区域的水位连接条件和流量连接条件，结合边界条件进行求解。

一维、二维交接点上的水位、流速、流向和温度应同时满足一维、二维方程，因此必须在交接处补充物理量之间的关系（如水位、流速相等）耦合求解，同时满足一维、二维方程。如果一维和二维处在同一个坐标轴上，水位连续的连接条件为交界面上水体的总势能在一维和二维河段中相等，流量连续的连接条件取流进和流出一二维交界面的水量相等。如果一维和二维有一个夹角，可以根据一维和二维特征线的特征关系式进行求解。

7. 立面二维数学模型

水动力数学模型的基本方程为：

$$\frac{\partial(Bu)}{\partial x}+\frac{\partial(Bw)}{\partial z}=Bq \tag{4-30}$$

$$\frac{\partial(Bu)}{\partial t}+\frac{\partial(Bu^2)}{\partial x}+\frac{\partial(Bwu)}{\partial z}+\frac{B}{\rho}\frac{\partial P}{\partial x}=\frac{\partial}{\partial x}\left(BA_h\frac{\partial u}{\partial x}\right)+\frac{\partial}{\partial z}\left(BA_z\frac{\partial u}{\partial z}\right)-\frac{\tau_{w.x}}{\rho} \tag{4-31}$$

$$\frac{\partial P}{\partial z}+\rho g=0 \tag{4-32}$$

式中　P——压力，Pa；

A_h——水平方向的涡黏性系数，m^2/s；

A_z——垂直方向的涡黏性系数，m^2/s；

$\tau_{w.x}$——边壁阻力，N；

q——旁侧出入流（源汇项），s^{-1}。

水温数学模型的基本方程为：

$$\frac{\partial(BT)}{\partial t}+\frac{\partial}{\partial x}(BuT)+\frac{\partial}{\partial z}(BwT)=\frac{\partial}{\partial x}\left(BE_{tx}\frac{\partial T}{\partial x}\right)+\frac{\partial}{\partial z}\left(BE_{tz}\frac{\partial T}{\partial z}\right)$$
$$+\frac{1}{\rho C_p}\frac{\partial(B\varphi)}{\partial z}+BqT_L \tag{4-33}$$

水质数学模型的基本方程为：

$$\frac{\partial(BC)}{\partial t}+\frac{\partial}{\partial x}(BuC)+\frac{\partial}{\partial z}(BwC)=\frac{\partial}{\partial x}\left(BE_x\frac{\partial C}{\partial x}\right)+\frac{\partial}{\partial z}\left(BE_z\frac{\partial C}{\partial z}\right)$$
$$+BqC_L+Bf(C) \tag{4-34}$$

8. 三维数学模型

水动力数学模型的基本方程为：

$$\frac{\partial u}{\partial x}+\frac{\partial v}{\partial y}+\frac{\partial w}{\partial\sigma}=S \tag{4-35}$$

$$\frac{\partial u}{\partial t}+\frac{\partial(u^2)}{\partial x}+\frac{\partial(uv)}{\partial y}+\frac{\partial(uw)}{\partial z}+\frac{1}{\rho}\frac{\partial P}{\partial x}=\frac{\partial}{\partial x}\left(A_h\frac{\partial u}{\partial x}\right)+\frac{\partial}{\partial y}\left(A_h\frac{\partial u}{\partial y}\right)$$
$$+\frac{\partial}{\partial z}\left(A_z\frac{\partial u}{\partial z}\right)+2\theta v\sin\phi+Su_s \tag{4-36}$$

$$\frac{\partial v}{\partial t}+\frac{\partial(uv)}{\partial x}+\frac{\partial(v^2)}{\partial y}+\frac{\partial(vw)}{\partial z}+\frac{1}{\rho}\frac{\partial P}{\partial y}=\frac{\partial}{\partial x}\left(A_h\frac{\partial v}{\partial x}\right)+\frac{\partial}{\partial y}\left(A_h\frac{\partial v}{\partial y}\right)$$
$$+\frac{\partial}{\partial z}\left(A_z\frac{\partial v}{\partial z}\right)-2\theta u\sin\phi+Sv_s \tag{4-37}$$

$$\frac{\partial P}{\partial z}+\rho g=0 \tag{4-38}$$

式中　θ——地球自转角速度，ω/s；

　　　ϕ——当地纬度，(°)。

水温数学模型的基本方程为：

$$\frac{\partial T}{\partial t}+\frac{\partial(uT)}{\partial x}+\frac{\partial(vT)}{\partial y}+\frac{\partial(wT)}{\partial z}=\frac{\partial}{\partial x}\left(E_{tx}\frac{\partial T}{\partial x}\right)+\frac{\partial}{\partial y}\left(E_{ty}\frac{\partial T}{\partial y}\right)+\frac{\partial}{\partial z}\left(E_{tz}\frac{\partial T}{\partial z}\right)$$
$$+\frac{q_T}{\rho C_p}+ST_s \tag{4-39}$$

水质数学模型的基本方程为：

$$\frac{\partial C}{\partial t}+\frac{\partial(uC)}{\partial x}+\frac{\partial(vC)}{\partial y}+\frac{\partial(wC)}{\partial z}=\frac{\partial}{\partial x}\left(E_x\frac{\partial C}{\partial x}\right)+\frac{\partial}{\partial y}\left(E_y\frac{\partial C}{\partial y}\right)+\frac{\partial}{\partial z}\left(E_z\frac{\partial C}{\partial z}\right)$$
$$+SC_s+f(C) \tag{4-40}$$

（三）模型概化

当选用解析解方法进行水环境影响预测时，可对预测水域进行合理的概化。

1. 河流水域概化要求

① 预测河段及代表性断面的宽深比大于等于 20 时，可视为矩形河段。

② 河段弯曲系数大于 1.3 时，可视为弯曲河段，其余可概化为平直河段。

③ 对于河流水文特征值、水质急剧变化的河段，应分段概化，并分别进行水环境影响预测；河网应分段概化，分别进行水环境影响预测。

2. 湖库水域概化

根据湖库的入流条件、水力停留时间、水质及水温分布等情况，分别概化为稳定分层型、混合型和不稳定分层型。

3. 受人工控制的河流

根据涉水工程（如水利水电工程）的运行调度方案及蓄水、泄流情况，分别视其为水库或河流进行水环境影响预测。

4. 入海河口、近岸海域概化要求

① 可将潮区界作为感潮河段的边界；

② 采用解析解方法进行水环境影响预测时，可按潮周平均、高潮平均和低潮平均三种情况，概化为稳态进行预测；

③ 预测近岸海域可溶性物质水质分布时，可只考虑潮汐作用，预测密度小于海水的不可溶物质时应考虑潮汐、波浪及风的作用；

④ 注入近岸海域的小型河流可视为点源，可忽略其对近岸海域流场的影响。

四、基础数据要求

水文气象、水下地形等基础数据原则上应与工程设计保持一致，采用其他数据时，应说明数据来源、有效性及数据预处理情况。获取的基础数据应能够支持模型参数率定、模型验证的基本需求。

（一）水文数据

水文数据应采用水文站点实测数据或根据站点实测数据进行推算，数据精度应与模拟预测结果精度要求匹配。河流、湖库建设项目水文数据时间精度应根据建设项目调控影响的时空特征，分析典型时段的水文情势与过程变化影响，涉及日调度影响的，时间精度宜不小于1h。感潮河段、入海河口及近岸海域建设项目应考虑盐度对污染物运移扩散的影响，一级评价时间精度不得低于1h。

（二）气象数据

气象数据应根据模拟范围内或附近的常规气象监测站点数据进行合理确定。气象数据应采用多年平均气象资料或典型年实测气象资料数据。气象数据指标应包括气温、相对湿度、日照时数、降雨量、云量、风向、风速等。

（三）水下地形数据

采用数值解模型时，原则上应采用最新的现有或补充测绘成果，水下地形数据精度原则上应与工程设计保持一致。建设项目实施后可能导致河道地形改变的，如疏浚及堤防建设以及水底泥沙淤积造成的库底、河底高程发生的变化，应考虑地形变化的影响。

（四）涉水工程资料

包括预测范围内的已建、在建及拟建涉水工程，其取水量或工程调度情况、运行规则应与国家或地方发布的统计数据、环评及环保验收数据保持一致。

（五）一致性及可靠性分析

对评价范围调查收集的水文资料（流速、流量、水位、蓄水量等）、水质资料、排放口资料（污水排放量与水质浓度）、支流资料（支流水量与水质浓度）、取水口资料（取水量、取水方式、水质数据）、污染源资料（排污量、排污去向与排放方式、污染物种类及排放浓度）等进行数据一致性分析。应明确模型采用基础数据的来源，保证基础数据的可靠性。

建设项目所在水环境控制单元如有国家生态环境主管部门发布的标准化土壤及土地利用数据、地形数据、环境水力学特征参数的，影响预测模拟时应优先使用标准化数据。

五、初始条件

初始条件（水文、水质、水温等）设定应满足所选用数学模型的基本要求，需合理确定初始条件，控制预测结果不受初始条件的影响。

当初始条件对计算结果的影响在短时间内无法有效消除时，应延长模拟计算的初始时间，必要时应开展初始条件敏感性分析。

六、边界条件

（一）设计水文条件确定要求

1. 河流、湖库设计水文条件要求

① 河流不利枯水条件宜采用90%保证率最枯月流量或近10年最枯月平均流量；流向不定的河网地区和潮汐河段，宜采用90%保证率流速为零时的低水位相应水量作为不利枯水水量；湖库不利枯水条件应采用近10年最低月平均水位或90%保证率最枯月平均水位相应的蓄水量，水库也可采用死库容相应的蓄水量。其他水期的设计水量则应根据水环境影响预

测需求确定。

② 受人工调控的河段，可采用最小下泄流量或河道内生态流量作为设计流量。

③ 根据设计流量，采用水力学、水文学等方法，确定水位、流速、河宽、水深等其他水力学数据。

2. 入海河口、近岸海域设计水文条件要求

① 感潮河段、入海河口的上游水文边界条件参照河流、湖库的要求确定，下游水位边界的确定，应选择对应时段潮周期作为基本水文条件进行计算，可取用保证率为10％、50％和90％潮差，或上游计算流量条件下相应的实测潮位过程；

② 近岸海域的潮位边界条件界定，应选择一个潮周期作为基本水文条件，选用历史实测潮位过程或人工构造潮型作为设计水文条件。

（二）污染负荷的确定要求

根据预测情景，确定各情景下建设项目排放的污染负荷量，应包括建设项目所有排放口（涉及一类污染物的车间或车间处理设施排放口、企业总排口、雨水排放口、温排水排放口等）的污染物源强。应覆盖预测范围内的所有与建设项目排放污染物相关的污染源或污染源负荷占预测范围总污染负荷的比例超过95％。

规划水平年污染源负荷预测要求如下。

1. 点源及面源污染源负荷预测要求

应包括已建、在建及拟建项目的污染物排放，综合考虑区域经济社会发展及水污染防治规划、区（流）域环境质量改善目标要求，按照点源、面源分别确定预测范围内的污染源的排放量与入河量。采用面源模型预测规划水平年污染负荷时，面源模型的构建、率定、验证等要求参照相关规定执行。

2. 内源负荷预测要求

内源负荷估算可采用释放系数法，必要时可采用释放动力学模型方法。内源释放系数可采用静水、动水试验进行测定或者参考类似工程资料确定；水环境影响敏感且资料缺乏区域需开展静水试验、动水试验确定释放系数；类比时需结合施工工艺、沉积物类型、水动力等因素进行修正。

七、参数确定与验证要求

水动力及水质模型参数包括水文及水力学参数、水质（包括水温及富营养化）参数等。其中水文及水力学参数包括流量、流速、坡度、糙率等；水质参数包括污染物综合衰减系数、扩散系数、耗氧系数、复氧系数、蒸发散热系数等。

模型参数确定可采用类比、经验公式、实验室测定、物理模型试验、现场实测及模型率定等，可以采用多种方法比对确定模型参数。当采用数值解模型时，宜采用模型率定法核定模型参数。在模型参数确定的基础上，通过模型计算结果与实测数据进行比较分析，验证模型的适用性与误差及精度。

选择模型率定法确定模型参数的，模型验证应采用与模型参数率定不同组实测资料数据进行。应对模型参数确定与模型验证的过程和结果进行分析说明，并以河宽、水深、流速、流量以及主要预测因子的模拟结果作为分析依据，当采用二维或三维模型时，应开展流场分析。模型验证应分析模拟结果与实测结果的拟合情况，阐明模型参数率定取

值的合理性。

八、预测点位设置及结果合理性分析要求

预测点位设置应将常规监测点、补充监测点、水环境保护目标、水质水量突变处及控制断面等作为预测重点。当需要预测排放口所在水域形成的混合区范围时，应适当加密预测点位。

模型计算成果的内容、精度和深度应满足环境影响评价要求。采用数值解模型进行影响预测时，应说明模型时间步长、空间步长设定的合理性，在必要的情况下应对模拟结果开展质量或热量守恒分析。应对模型计算的关键影响区域和重要影响时段的流场、流速分布、水质（水温）等模拟结果进行分析，并给出相关图件。区域水环境影响较大的建设项目，宜采用不同模型进行比对分析。

第五节 地表水环境影响评价方法和污染防治对策

水环境影响评价的目的就是根据水环境预测与评价的结果，分析论证项目在拟采取的水环境保护措施下污水达标排放、满足环境质量要求的可行性，提出避免、消除和减少水体影响的防治措施，并根据国家和地方总量控制要求、区域总量控制的实际情况及建设项目主要污染物排放指标分析情况，提出污染物排放总量控制指标和满足指标要求的环境保护措施。

就污染防治对策而言，从"源头控制"污染物的产生是水污染防治的最根本措施。其次是就项目内部和受纳水体的污染控制方案的改进提出有效建议，加强"末端治理"。一般水环境污染防治对策包括污染削减和环境管理措施两部分。污染削减措施尽量做到具体、可行，以便对建设项目的环境工程设计起到指导作用。环境管理措施则包括环境监测制度设置、环境管理机构设置等。这就需要不仅从项目角度着眼提出工业用水的污染治理措施，还必须从区域高度着眼提出水污染综合防治措施。

一、地表水环境影响评价

（一）评价内容

1. 一级、二级、水污染影响型三级 A 及水文要素影响型三级评价

主要评价内容包括：
① 水污染控制和水环境影响减缓措施有效性评价；
② 水环境影响评价。

2. 水污染影响型三级 B 评价

主要评价内容包括：
① 水污染控制和水环境影响减缓措施有效性评价；
② 依托污水处理设施的环境可行性评价。

（二）评价要求

1. 水污染控制和水环境影响减缓措施有效性评价应满足的要求

① 污染控制措施及各类排放口排放浓度限值等应满足国家和地方相关排放标准及符合

有关标准规定的排水协议关于水污染物排放的条款要求；

② 水动力影响、生态流量、水温影响减缓措施应满足水环境保护目标的要求；

③ 涉及面源污染的，应满足国家和地方有关面源污染控制治理要求；

④ 受纳水体环境质量达标区的建设项目选择废水处理措施或多方案比选时，应满足行业污染防治可行技术指南要求，确保废水稳定达标排放且环境影响可以接受；

⑤ 受纳水体环境质量不达标区的建设项目选择废水处理措施或多方案比选时，应满足区（流）域水环境质量限期达标规划和替代源的削减方案要求、区（流）域环境质量改善目标要求及行业污染防治可行技术指南中最佳可行技术要求，确保废水污染物达到最低排放强度和排放浓度，环境影响可以接受。

2. 水环境影响评价应满足的要求

① 排放口所在水域形成的混合区，应限制在达标控制（考核）断面以外水域，不得与已有排放口形成的混合区叠加，混合区外水域应满足水环境功能区或水功能区的水质目标要求。

② 水环境功能区或水功能区、近岸海域环境功能区水质达标。说明建设项目对评价范围内的水环境功能区或水功能区、近岸海域环境功能区的水质影响特征，分析水环境功能区或水功能区、近岸海域环境功能区水质变化状况，在考虑叠加影响的情况下，评价建设项目建成以后各预测时期水环境功能区或水功能区、近岸海域环境功能区达标状况。涉及富营养化问题的，还应评价水温、水文要素、营养盐等变化特征与趋势，分析判断富营养化演变趋势。

③ 满足水环境保护目标水域水环境质量要求。评价水环境保护目标水域各预测时期的水质（包括水温）变化特征、影响程度与达标状况。

④ 水环境控制单元或断面水质达标。说明建设项目污染排放或水文要素变化对所在控制单元各预测时期的水质影响特征，在考虑叠加影响的情况下，分析水环境控制单元或断面的水质变化状况，评价建设项目建成以后水环境控制单元或断面在各预测时期的水质达标状况。

⑤ 满足重点水污染物排放总量控制指标要求，重点行业建设项目，主要污染物排放满足等量或减量替代要求。

⑥ 满足区（流）域水环境质量改善目标要求。

⑦ 水文要素影响型建设项目同时应包括水文情势变化评价、主要水文特征值影响评价、生态流量符合性评价。

⑧ 对于新设或调整入河（湖库、近岸海域）排放口的建设项目，应包括排放口设置的环境合理性评价。

⑨ 满足"三线一单"（生态保护红线、水环境质量底线、资源利用上线和环境准入清单）管理要求。依托污水处理设施的环境可行性评价，主要从污水处理设施的日处理能力、处理工艺、设计进水水质、处理后的废水稳定达标排放情况及排放标准是否涵盖建设项目排放的有毒有害的特征水污染物等方面开展评价，满足依托的环境可行性要求。

（三）污染源排放量核算

污染源排放量是新（改、扩）建项目申请污染物排放许可的依据。对改建、扩建项目，除应核算新增源的污染物排放量外，还应核算项目建成后全厂的污染物排放量，污染源排放量为污染物的年排放量。建设项目在批复的区域或水环境控制单元达标方案的许可排放量分配方案中有规定的，按规定执行。污染源排放量核算，应在满足水环境影响评价要求的前提下进行。

规划环评污染源排放量核算与分配应遵循水陆统筹、河海兼顾、满足"三线一单"约束要求的原则，综合考虑水环境质量改善目标要求，水环境功能区或水功能区、近岸海域环境功能区管理要求，经济社会发展，行业排污绩效等因素，确保发展不超载，底线不突破。间接排放建设项目污染源排放量，根据依托污水处理设施的控制要求核算确定。直接排放建设项目污染源排放量，根据建设项目达标排放的地表水环境影响、污染源源强核算技术指南及排污许可申请与核发技术规范进行核算，并从严要求。

直接排放建设项目污染源排放量核算应在满足水环境影响评价要求的基础上，遵循以下原则要求。

① 污染源排放量的核算水体为有水环境功能要求的水体。

② 建设项目排放的污染物属于现状水质不达标的，包括本项目在内的区（流）域污染源排放量应调减至满足区（流）域水环境质量改善目标要求。

③ 当受纳水体为河流时，不受回水影响的河段，建设项目污染源排放量核算断面位于排放口下游，与排放口的距离应小于 2km。受回水影响的河段，应在排放口的上下游设置建设项目污染源排放量核算断面，与排放口的距离应小于 1km。建设项目污染源排放量核算断面应根据区间水环境保护目标位置、水环境功能区或水功能区及控制单元断面等情况调整。当排放口污染物进入受纳水体在断面混合不均匀时，应以污染源排放量核算断面污染物最大浓度作为评价依据。

④ 当受纳水体为湖库时，建设项目污染源排放量核算点位应布置在以排放口为中心、半径不超过 50m 的扇形水域内，且扇形面积占湖库面积比例不超过 5%，核算点位应不少于 3 个。建设项目污染源排放量核算点应根据区间水环境保护目标位置、水环境功能区或水功能区及控制单元断面等情况调整。

⑤ 遵循地表水环境质量底线要求，主要污染物（化学需氧量、氨氮、总磷、总氮）需预留必要的安全余量。安全余量可按地表水环境质量标准、受纳水体环境敏感性等确定：受纳水体为 GB 3838 Ⅲ 类水域，以及涉及水环境保护目标的水域，安全余量按照不低于建设项目污染源排放量核算断面（点位）处环境质量标准的 10% 确定（安全余量≥环境质量标准×10%）；受纳水体水环境质量标准为 GB 3838 Ⅳ、Ⅴ 类水域，安全余量按照不低于建设项目污染源排放量核算断面（点位）处环境质量标准的 8% 确定（安全余量≥环境质量标准×8%）；地方如有更严格的环境管理要求，按地方要求执行。

⑥ 当受纳水体为近岸海域时，参照 GB 18486 执行。

按照以上规定要求预测评价范围的水质状况，如预测的水质因子满足地表水环境质量管理及安全余量要求，污染源排放量即为水污染控制措施有效性评价确定的排污量。如果不满足地表水环境质量管理及安全余量要求，则进一步根据水质目标核算污染源排放量。

（四）生态流量确定

根据河流、湖库生态环境保护目标的流量（水位）及过程需求确定生态流量（水位），河流应确定生态流量，湖库应确定生态水位。根据河流和湖库的形态、水文特征及生物重要生境分布，选取代表性的控制断面综合分析评价河流和湖库的生态环境状况、主要生态环境问题等。生态流量控制断面或点位选择应结合重要生境和重要环境保护对象等保护目标的分布、水文站网分布以及重要水利工程位置等统筹考虑。依据评价范围内各水环境保护目标的生态环境需水确定生态流量，生态环境需水的计算方法可参考有关标准规定执行。

1. 河流生态环境需水计算要求

河流生态环境需水包括水生生态需水、水环境需水、湿地需水、景观需水、河口压咸需水等。应根据河流生态环境保护目标要求，选择合适方法计算河流生态环境需水及其过程，符合以下要求。

① 水生生态需水计算中，应采用水力学法、生态水力学法、水文学法等方法计算水生生态流量。水生生态流量最少采用两种方法计算，基于不同计算方法成果对比分析，合理选择水生生态流量成果；鱼类繁殖期的水生生态需水宜采用生境分析法计算，确定繁殖期所需的水文过程，并取外包线作为计算成果，鱼类繁殖期所需水文过程应与天然水文过程相似。水生生态需水应为水生生态流量与鱼类繁殖期所需水文过程的外包线。

② 水环境需水应根据水环境功能区或水功能区确定控制断面水质目标，结合计算范围内的河段特征和控制断面与概化后污染源的位置关系，采用数学模型方法计算。

③ 湿地需水应综合考虑湿地水文特征和生态保护目标需水特征，综合不同方法合理确定。河岸植被需水量采用单位面积用水量法、潜水蒸发法、间接计算法、彭曼公式法等方法计算；河道内湿地补给水量采用水量平衡法计算。保护目标在繁育生长关键期对水文过程有特殊需求时，应计算湿地关键期需水量及过程。

④ 景观需水应综合考虑水文特征和景观保护目标要求确定。

⑤ 河口压咸需水应根据调查成果，确定河口类型，可采用 HJ 2.3 附录 E 中的相关数学模型计算。

⑥ 其他需水应根据评价区域实际情况进行计算，主要包括冲沙需水、河道蒸发和渗漏需水等。对于多泥沙河流，需考虑河流冲沙需水计算。

2. 湖库生态环境需水计算要求

① 湖库生态环境需水包括维持湖库生态水位的生态环境需水及入（出）湖库河流的生态环境需水。湖库生态环境需水可采用最小值、年内不同时段值和全年值表示。

② 湖库生态环境需水计算中，可采用不同频率最枯月平均值法或近 10 年最枯月平均水位法确定湖库生态环境需水最小值。年内不同时段值应根据湖库生态环境保护目标所对应的生态环境功能，分别计算各项生态环境功能敏感水期要求的需水量。维持湖库形态功能的水量，可采用湖库形态分析法计算。维持生物栖息地功能的需水量，可采用生物空间法计算。

③ 入（出）湖库河流的生态环境需水应根据河流生态环境需水计算确定，计算成果应与湖库生态水位计算成果相协调。

3. 河流、湖库生态流量综合分析与确定

① 河流应根据水生生态需水、水环境需水、湿地需水、景观需水、河口压咸需水和其他需水等计算成果，考虑各项需水的外包关系和叠加关系，综合分析需水目标要求，确定生态流量。湖库应根据湖库生态环境需水确定最低生态水位及不同时段内的水位。

② 应根据国家或地方政府批复的综合规划、水资源规划、水环境保护规划等成果中相关的生态流量控制等要求，综合分析生态流量成果的合理性。

二、水环境保护措施与监测计划

在建设项目污染控制治理措施与废水排放满足排放标准与环境管理要求的基础上，针对建设项目实施可能造成地表水环境不利影响的阶段、范围和程度，提出预防、治理、控制、补偿等环保措施或替代方案等内容，并制订监测计划。水环境保护对策措施的论证应包括水环境保护措施的内容、规模及工艺、相应投资、实施计划，所采取措施的预期效果、达标可行性、经济技术可行性及可靠性分析等内容。对水文要素影响型建设项目，应提出减缓水文情势影响、保障生态需水的环保措施。

（一）水环境保护措施

① 对建设项目可能产生的水污染物，需通过优化生产工艺和强化水资源的循环利用，提出减少污水产生量与排放量的环保措施，并对污水处理方案进行技术经济及环保论证比选，明确污水处理设施的位置、规模、处理工艺、主要构筑物或设备、处理效率；采取的污水处理方案要实现达标排放，满足总量控制指标要求，并对排放口设置及排放方式进行环保论证。

② 达标区建设项目选择废水处理措施或多方案比选时，应综合考虑成本和治理效果，选择可行的技术方案。

③ 不达标区建设项目选择废水处理措施或多方案比选时，应优先考虑治理效果，结合区（流）域水环境质量改善目标、替代源的削减方案实施情况，确保废水污染物达到最低排放强度和排放浓度。

④ 对水文要素影响型建设项目，应考虑保护水域生境及水生态系统的水文条件以及生态环境用水的基本需求，提出优化运行调度方案或下泄流量及过程，并明确相应的泄放保障措施与监控方案。

⑤ 对于建设项目引起的水温变化可能对农业、渔业生产或鱼类繁殖与生长等产生不利影响等情况，应提出水温影响减缓措施。对产生低温水影响的建设项目，对其取水与泄水建筑物的工程方案提出环保优化建议，可采取分层取水设施、合理利用水库洪水调度运行方式等。对产生温排水影响的建设项目，可采取优化冷却方式减少排放量，通过余热利用措施降低热污染强度，合理选择温排水口的布置和型式，控制高温区范围等。

（二）监测计划

① 按建设项目建设期、生产运行期、服务期满后等不同阶段，针对不同工况、不同地表水环境影响的特点，根据 HJ 819、HJ/T 92、相应的污染源源强核算技术指南和自行监测技术指南，提出水污染源的监测计划，包括监测点位、监测因子、监测频次、监测数据采集与处理、分析方法等。明确自行监测计划内容，提出应向社会公开的信息内容。

② 提出地表水环境质量监测计划，包括监测断面或点位位置（经纬度）、监测因子、监测频次、监测数据采集与处理、分析方法等。明确自行监测计划内容，提出应向社会公开的信息内容。

③ 监测因子需与评价因子相协调。地表水环境质量监测断面或点位设置需与水环境现状监测、水环境影响预测的断面或点位相协调，并应强化其代表性、合理性。

④ 建设项目排放口应根据污染物排放特点、相关规定设置监测系统，排放口附近有重

要水环境功能区或水功能区及特殊用水需求时，应对排放口下游控制断面进行定期监测。

⑤ 对下泄流量有泄放要求的建设项目，在闸坝下游应设置生态流量监测系统。

三、地表水环境影响评价结论

（一）水环境影响评价结论

① 根据水污染控制和水环境影响减缓措施有效性评价、地表水环境影响评价的结果，明确给出地表水环境影响是否可接受的结论。

② 达标区的建设项目环境影响评价，依据地表水环境影响评价要求，同时满足水污染控制和水环境影响减缓措施有效性评价、水环境影响评价的情况下，认为地表水环境影响可以接受，否则认为地表水环境影响不可接受。

③ 不达标区的建设项目环境影响评价，依据地表水环境影响评价要求，在考虑区（流）域环境质量改善目标要求、削减替代源的基础上，同时满足水污染控制和水环境影响减缓措施有效性评价、水环境影响评价的情况下，认为地表水环境影响可以接受，否则认为地表水环境影响不可接受。

（二）污染源排放量与生态流量

① 明确给出污染源排放量核算结果，填写建设项目污染物排放信息表。

② 新建项目的污染物排放指标需要等量替代或减量替代时，还应明确给出替代项目的基本信息，主要包括项目名称、排污许可证编号、污染物排放量等。

③ 有生态流量控制要求的，根据水环境保护管理要求，明确给出生态流量控制节点及控制目标。

（三）地表水环境影响评价自查

地表水环境影响评价完成后，应对地表水环境影响评价主要内容与结论进行自查。应将影响预测中应用的输入、输出原始资料进行归档，随评价文件一并提交给审查部门。

第六节　地表水环境影响评价案例

某园区污水厂设计规模为 $3000 \mathrm{m}^3/\mathrm{d}$，主要污染物是 COD 和氨氮。经人工湿地深度处理后，排入当地地表河流。本项目污染物排放情况见表 4-8。

一、预测因子和执行标准

根据项目工程特点及纳污水体的功能要求，本次地表水预测选取 COD、NH_3-N 作为预测因子。当地地表河流执行《地表水环境质量标准》（GB 3838—2002）Ⅲ类水体标准。

表 4-8　本项目污染物排放情况

类别	流量/（m³·h）	排入河流水质	
		COD/（mg/L）	NH_3-N/（mg/L）
污水污染物入河情况	0.035	30	1.5

二、预测模型和参数选择

本次地表水预测采用一维模型。水质现状参数见表 4-9。其中，流量为 $5.65\text{m}^3/\text{s}$，COD 为 16.91mg/L，$NH_3\text{-N}$ 为 0.32mg/L。确定的污染物降解系数见表 4-10。

表 4-9 水质现状参数

河流	类别	断面名称	项目	单位	参数
颍河	下游控制断面	断面 1	流量	m^3/s	5.65
			COD	mg/L	16.91
			$NH_3\text{-N}$	mg/L	0.32

表 4-10 污染物降解系数的确定

k_{COD}/d^{-1}	$k_{氨氮}/\text{d}^{-1}$	确定依据
0.2	—	河南省水环境容量研究报告
0.1~0.2	—	河南省水环境承载力研究报告
0.091	0.094	河南省重要河湖水功能区纳污能力核定和分阶段限制排污总量控制方案实施细则
0.11	0.10	两点法
0.10~0.18	0.10~0.15	全国地表水环境容量核定技术复核要点

三、预测结果和评价

本次地表水预测结果如表 4-11 所示。

表 4-11 预测结果

控制断面	污染物	现状值 /(mg/L)	预测值 /(mg/L)	贡献比例 /%	变化量 /(mg/L)	河流水体功能标准限值 /(mg/L)	达标情况
河流控制断面	COD	16.91	16.96	0.3	+0.05	20	达标
	$NH_3\text{-N}$	0.32	0.326	1.9	+0.006	1.0	达标

习 题

一、填空题

1. 水污染物根据其理化性质分为＿＿＿＿、＿＿＿＿、＿＿＿＿，按生产和进入环境的方式分为＿＿＿＿与＿＿＿＿。

2. 地表水水质因子分为三类：＿＿＿＿、＿＿＿＿、＿＿＿＿。

3. 地表水环境现状调查主要采用＿＿＿＿、＿＿＿＿、＿＿＿＿等方法。

4. 地表水环境现状评价方法包括＿＿＿＿和＿＿＿＿。

5. 地表水环境预测方法分为＿＿＿＿和＿＿＿＿两大类。

6. 污染物在环境介质中通过分散作用得到稀释，分散的机理有 _____ 、_____ 和 _____ 三种。

7. 拟建项目排放废水的形式、排污口数量和排放情况是复杂多样的，在应用水质模型进行预测前常需要将 _____ 简化。

二、选择题

1. 水污染影响型建设项目一级、二级评价时，应调查受纳水体近（   ）年的水环境质量数据，分析其变化趋势。

A. 1   B. 2   C. 3   D. 5

2. 地表水环境预测法中，定量分析法通常包括（   ）。

A. 专业判断法   B. 类比调查法   C. 数学模型法   D. 物理模型法

3. 地表水环境预测范围内的河段不包括（   ）。

A. 充分混合段   B. 混合过程段   C. 上游河段   D. 下游河段

4. 小河一般可以简化为（   ）。

A. 矩形平直河流   B. 矩形弯曲河流   C. 非矩形河流   D. 长直河流

5. 河流常用水质模型包括（   ）。

A. 零维水质模型   B. 一维水质模型

C. 二维及三维水质模型   D. S-P 耦合模型

三、简答题

1. 简述水环境影响评价中，污染物在水环境中的迁移、转化和降解。

2. 简述地表水环境影响评价的基本任务。

3. 简述地表水环境影响评价的工作程序。

4. 简述污染源的简化内容。

四、计算题

1. 一条河流可简化为一维均匀的流态。设初始断面的苯酚浓度为 $40\mu g/L$，纵向扩散系数 $E_x = 2.5 m^2/s$，衰减系数 $k = 0.2 d^{-1}$，河流断面平均流速 $u_x = 0.6 m/s$。试求以下三种条件下下游 1000m 处的苯酚浓度：

(1) 一般的解析解；

(2) 忽视弥散作用时的解；

(3) 不考虑污染物衰减（即 $k = 0$）时的解。

2. 某一河段，河水流量 $Q_h = 6.0 m^3/s$，河流 BOD_5 浓度 $C_h = 6.16 mg/L$，河面宽 $B = 50.0m$，平均水深 $h = 1.2m$，河水平均流速 $u_x = 0.1 m/s$，水力坡度 $I = 0.09\%$。河流某一断面处有一岸边污水排放口稳定地向河流排放污水，其污水流量 $Q_p = 19440 m^3/d$，污染物 BOD_5 浓度 $C_p = 81.4 mg/L$，河流的 BOD 衰减系数 $k_1 = 0.3 d^{-1}$。试计算混合过程段（污染带）长度。如果忽略污染物在该段内的弥散和沿程河流水量的变化，在距完全混合断面 10km 的下游某断面处，河水中的 BOD_5 浓度是多少?

参考文献

[1] 生态环境部. 环境影响评价技术导则 地表水环境：HJ 2.3—2018 [S]. 2018.

[2] 环境保护部. 建设项目环境影响评价技术导则 总纲：HJ 2.1—2016 [S]. 2016.

[3] 生态环境部. 污染源源强核算技术指南 纺织印染工业：HJ 990—2018 [S]. 2018.

［4］　章丽萍，张春晖 . 环境影响评价［M］. 北京：化学工业出版社，2019.

［5］　钱瑜 . 环境影响评价［M］. 2 版 . 南京：南京大学出版社，2012.

［6］　金腊华 . 环境影响评价［M］. 北京：化学工业出版社，2018.

［7］　吴春山，成岳 . 环境影响评价［M］. 3 版 . 武汉：华中科技大学出版社，2020.

［8］　沈洪艳 . 环境影响评价教程［M］. 北京：化学工业出版社，2016.

第五章

地下水环境影响评价

 学习内容

本章主要介绍地下水环境影响评价的基本任务、工作程序、工作等级、现状调查与评价、影响预测的方法和模型以及地下水环境保护措施。

学习目标

要求掌握地下水环境影响类型和项目类别的识别、地下水环境影响评价工作等级的判定及地下水环境评价采用的相关标准，理解地下水环境现状调查要求和评价方法、地下水环境影响预测和评价方法，了解地下水环境影响评价报告的编制内容。

第一节　地下水环境影响评价基本概念

在国家标准《水文地质术语》（GB/T 14157—1993）中，地下水是指埋藏于地表以下的各种形式的重力水，包含包气带以下及饱水带中的水。包气带指地面与地下水面之间与大气相通的，含有气体的地带；饱水带指地下水面以下，岩层的空隙全部或几乎全部被水充满的地带。

地下水是水资源的重要组成部分，由于水量稳定、水质好，是农业灌溉、工矿和城市的重要水源之一。但在一定条件下，地下水的变化也会引起沼泽化、盐渍化、滑坡、地面沉降等不利自然现象。地下水污染主要指由于人为原因直接导致地下水化学、物理、生物学性质发生改变，使地下水恶化的现象。

第二节　地下水环境影响评价程序与等级

一、基本任务

地下水环境影响评价的基本任务包括：识别地下水环境影响，确定地下水环境影响评价工作等级；开展地下水环境现状调查，完成地下水环境现状监测与评价；预测和评价建设项

目对地下水水质可能造成的直接影响，提出有针对性的地下水污染防控措施与对策，制定地下水环境影响跟踪监测计划和应急预案。

二、评价工作程序

地下水环境影响评价工作可划分为准备阶段、现状调查与评价阶段、影响预测与评价阶段和结论阶段。地下水环境影响评价工作程序见图5-1。

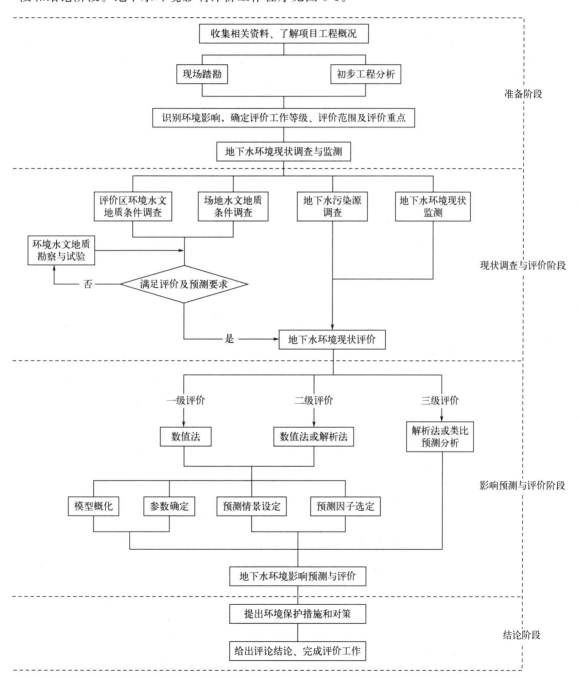

图 5-1 地下水环境影响评价工作程序

准备阶段：搜集和分析国家和地方有关地下水环境保护的法律、法规、政策、标准及相关规划等资料；了解建设项目工程概况，进行初步工程分析，识别建设项目对地下水环境可能造成的直接影响；开展现场踏勘工作，识别地下水环境敏感程度；确定评价工作等级、评价范围以及评价重点。

现状调查与评价阶段：开展现场调查、勘探、地下水监测、取样、分析、室内外试验和室内资料分析等工作，进行现状评价。

影响预测与评价阶段：进行地下水环境影响预测，依据国家、地方有关地下水环境的法规及标准，评价建设项目对地下水环境可能造成的直接影响。

结论阶段：综合分析各阶段成果，提出地下水环境保护措施与防控措施，制定地下水环境影响跟踪监测计划，给出地下水环境影响评价结论。

三、评价工作等级

（一）建设项目分类

根据建设项目对地下水环境影响的程度，结合《建设项目环境影响评价分类管理名录》，将建设项目分为四类：Ⅰ类、Ⅱ类、Ⅲ类建设项目必须进行地下水环境影响评价，Ⅳ类建设项目不开展地下水环境影响评价。

（二）地下水环境敏感程度分级

建设项目的地下水环境敏感程度可分为敏感、较敏感、不敏感三级，分级原则见表5-1。

表 5-1　地下水环境敏感程度分级表

敏感程度	地下水环境敏感特征
敏感	集中式饮用水水源（包括已建成的在用、备用、应急水源，在建和规划的饮用水水源）准保护区；除集中式饮用水水源以外的国家或地方政府设定的与地下水环境相关的其他保护区，如热水、矿泉水、温泉等特殊地下水资源保护区
较敏感	集中式饮用水水源（包括已建成的在用、备用、应急水源，在建和规划的饮用水水源）准保护区以外的补给径流区；未划定准保护区的集中式饮用水水源，其保护区以外的补给径流区；分散式饮用水水源地；特殊地下水资源（如热水、矿泉水、温泉等）保护区以外的分布区等其他未列入上述敏感分级的环境敏感区[①]
不敏感	上述地区之外的其他地区

① 环境敏感区是指《建设项目环境影响评价分类管理名录》中所界定的涉及地下水的环境敏感区。

（三）建设项目评价工作等级

建设项目地下水环境影响评价工作等级划分见表5-2。

表 5-2　评价工作等级分级表

环境敏感程度	Ⅰ类项目	Ⅱ类项目	Ⅲ类项目
敏感	一	一	二
较敏感	一	二	三
不敏感	二	三	三

对于利用废弃盐岩矿井洞穴或人工专制盐岩洞穴、废弃矿井巷道加水幕系统、人工硬岩洞库加水幕系统、地质条件较好的含水层储油和枯竭的油气层储油等形式的地下储油库，危险废物填埋场应进行一级评价，不按表5-2划分评价工作等级。

当同一建设项目涉及两个或两个以上场地时，各场地应分别判定评价工作等级，并按相应等级开展评价工作。

线性工程应根据所涉地下水环境敏感程度和主要站场（如输油站、泵站、加油站、机务段、服务站等）位置分段判定评价工作等级，并按相应等级分别开展评价工作。

第三节 地下水环境现状调查与评价

一、调查与评价原则

地下水环境现状调查与评价工作应遵循资料搜集与现场调查相结合、项目所在场地调查（勘察）与类比考察相结合、现状监测与长期动态资料分析相结合的原则。

地下水环境现状调查与评价工作的深度应满足相应的工作级别要求。当现有资料不能满足要求时，应通过组织现场监测或环境水文地质勘察与试验等方法获取。

对于一级、二级评价的改、扩建类建设项目，应开展现有工业场地的包气带污染现状调查。

对于长输油品、化学品管线等线性工程，调查评价工作应重点针对场站、服务站等可能对地下水产生污染的地区开展。

二、评价范围、内容与要求

（一）基本要求

地下水环境现状调查评价范围应包括与建设项目相关的地下水环境保护目标，以能说明地下水环境的现状，反映调查评价区地下水基本流场特征，满足地下水环境影响预测和评价为基本原则。

（二）调查评价范围确定

建设项目（除线性工程外）地下水环境影响现状调查评价范围可采用公式计算法、查表法和自定义法确定。

当建设项目所在地水文地质条件相对简单，且所掌握的资料能够满足公式计算法的要求时，应采用公式计算法确定；当不满足公式计算法的要求时，可采用查表法确定。当计算或查表范围超出所处水文地质单元边界时，应以所处水文地质单元边界为宜。

1. 公式计算法

$$L = \alpha K I \frac{T}{n_e} \tag{5-1}$$

式中 L——下游迁移距离，m；

α——变化系数，$\alpha \geq 1$，一般取2；

K——渗透系数，m/d；

I——水力坡度，量纲为 1；

T——质点迁移天数，取值不小于 5000d；

n_e——有效孔隙度，量纲为 1。

采用该方法时应包含重要的地下水环境保护目标。所得的调查评价范围如图 5-2 所示。

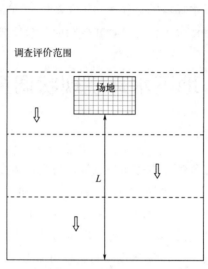

图 5-2　调查评价范围示意图

(虚线表示等水位线；空心箭头表示地下水流向；场地上游距离根据评价需求确定，场地两侧不小于 $L/2$)

2. 查表法

参照表 5-3。

表 5-3　地下水环境现状调查评价范围参照表

评价工作等级	调查评价面积/km²	备注
一级	≥20	应包括重要的地下水环境保护目标，必要时适当扩大范围
二级	6~20	
三级	≤6	

3. 自定义法

可根据建设项目所在地水文地质条件自行确定，须说明理由。

线性工程应以工程边界两侧分别向外延伸 200m 作为调查评价范围；穿越饮用水源准保护区时，调查评价范围应至少包含水源保护区；线性工程站场的调查评价范围确定参照上述三种方法。

(三) 调查内容与要求

1. 水文地质条件调查

① 气象、水文、土壤和植被状况；

② 地层岩性、地质构造、地貌特征与矿产资源；

③ 包气带岩性、结构、厚度、分布及垂向渗透系数等；

④ 含水层岩性、分布、结构、厚度、埋藏条件、渗透性、富水程度等，隔水层（弱透水层）的岩性、厚度、渗透性等；

⑤ 地下水类型、地下水补径排条件；

⑥ 地下水水位、水质、水温、地下水化学类型；

⑦ 泉的成因类型，出露位置、形成条件及泉水流量、水质、水温，开发利用情况；

⑧ 集中供水水源地和水源井的分布情况（包括开采层的成井密度、水井结构、深度以及开采历史）；

⑨ 地下水现状监测井的深度、结构以及成井历史、使用功能；

⑩ 地下水环境现状值（或地下水污染对照值）。

场地范围内应重点调查③。

2. 地下水污染源调查

① 调查评价区内具有与建设项目产生或排放同种特征因子的地下水污染源。

② 对于一级、二级的改、扩建项目，应在可能造成地下水污染的主要装置或设施附近开展包气带污染现状调查，对包气带进行分层取样，一般在 0～20cm 埋深范围内取一个样品，其他取样深度应根据污染源特征和包气带岩性、结构特征等确定，并说明理由。样品进行浸溶试验，测试分析浸出溶液成分。

3. 地下水环境现状监测

建设项目地下水环境现状监测应通过对地下水水质、水位的监测，掌握或了解调查评价区地下水水质现状及地下水流场，为地下水环境现状评价提供基础资料。

（1）现状监测点的布设原则

地下水环境现状监测点采用控制性布点与功能性布点相结合的布设原则。监测点应主要布设在建设项目场地、周围环境敏感点、地下水污染源以及对于确定边界条件有控制意义的地点。当现有监测点不能满足监测位置和监测深度要求时，应布设新的地下水现状监测井，现状监测井的布设应兼顾地下水环境影响跟踪监测计划。

（2）地下水水质现状监测取样要求

① 应根据特征因子在地下水中的迁移特性选取适当的取样方法；

② 一般情况下，只取一个水质样品，取样点深度宜在地下水位以下 1.0m 左右；

③ 建设项目为改、扩建项目，且特征因子为 DNAPL（重质非水相液体）时，应至少在含水层底部取一个样品。

（3）地下水水质现状监测因子

① 检测分析地下水中 K^+、Na^+、Ca^{2+}、Mg^{2+}、CO_3^{2-}、HCO_3^-、Cl^-、SO_4^{2-} 的浓度。

② 地下水水质现状监测因子原则上应包括两类：基本水质因子以 pH、氨氮、硝酸盐、亚硝酸盐、挥发性酚类、氰化物、砷、汞、铬（六价）、总硬度、铅、氟、镉、铁、锰、溶解性总固体、高锰酸盐指数、硫酸盐、氯化物、总大肠菌群、细菌总数等以及背景值超标的水质因子为基础，可根据区域地下水水质状况、污染源状况适当调整；特征因子应根据建设项目污废水成分（可参照 HJ/T 2.3）、液体物料成分、固废浸出液成分等确定，可根据区域

地下水水质状况、污染源状况适当调整。

（4）地下水环境现状监测频率要求

① 水位监测频率要求。评价工作等级为一级的建设项目，若掌握近3年内至少一个连续水文年的枯、平、丰水期地下水水位动态监测资料，评价期内应至少开展一期地下水水位监测；若无上述资料，应依据表5-4开展水位监测。

评价工作等级为二级的建设项目，若掌握近3年内至少一个连续水文年的枯、丰水期地下水水位动态监测资料，评价期可不再开展地下水水位现状监测；若无上述资料，应依据表5-4开展水位监测。

评价工作等级为三级的建设项目，若掌握近3年内至少一期的监测资料，评价期内可不再进行地下水水位现状监测；若无上述资料，应依据表5-4开展水位监测。

② 基本水质因子的水质监测频率应参照表5-4，若掌握近3年至少一期水质监测数据，基本水质因子可在评价期补充开展一期现状监测；特征因子在评价期内应至少开展一期现状监测。

③ 在包气带厚度超过100m的评价区或监测井较难布置的基岩山区，若掌握近3年内至少一期的监测资料，评价期内可不进行地下水水位、水质现状监测；若无上述资料，至少开展一期现状水位、水质监测。

表 5-4   地下水环境现状监测频率参照表

项目	水位监测频率			水质监测频率		
	一级	二级	三级	一级	二级	三级
山前冲(洪)积	枯平丰	枯丰	一期	枯丰	枯	一期
滨海(含填海区)	二期①	一期	一期	一期	一期	一期
其他平原区	枯丰	一期	一期	枯	一期	一期
黄土地区	枯平丰	一期	一期	二期	一期	一期
沙漠地区	枯丰	一期	一期	一期	一期	一期
丘陵山区	枯丰	一期	一期	一期	一期	一期
岩溶裂隙	枯丰	一期	一期	枯丰	一期	一期
岩溶管道	二期	一期	一期	二期	一期	一期

① 二期的间隔有明显水位变化，其变化幅度接近年内变幅。

（5）地下水样品采集与现场测定

① 地下水样品应采用自动式采样泵或人工活塞闭合式与敞口式定深采样器进行采集。

② 样品采集前，应先测量井孔地下水水位（或地下水位埋深）并做好记录，然后采用潜水泵或离心泵对采样井（孔）进行全井孔清洗，抽汲的水量不得小于3倍的井筒水（量）体积。

③ 地下水水质样品的管理、分析化验和质量控制按照《地下水环境监测技术规范》（HJ 164—2020）执行。pH、Eh、DO、水温等不稳定项目应在现场测定。

三、地下水环境现状评价

(一) 地下水水质现状评价

地下水水质现状评价应采用标准指数法。标准指数>1，表明该水质因子已超标，标准指数越大，超标越严重。标准指数计算公式分为以下两种情况。

① 对于评价标准为定值的水质因子，其标准指数计算方法见式（5-2）：

$$P_i = \frac{C_i}{C_{si}} \tag{5-2}$$

式中　P_i——第 i 个水质因子的标准指数，量纲为 1；

　　　C_i——第 i 个水质因子的监测浓度值，mg/L；

　　　C_{si}——第 i 个水质因子的标准浓度值，mg/L。

② 对于评价标准为区间值的水质因子（如 pH），其标准指数计算方法见式（5-3）和式（5-4）：

当 pH≤7 时，　　　　$$P_{pH} = \frac{7.0 - pH}{7.0 - pH_{sd}} \tag{5-3}$$

当 pH>7 时，　　　　$$P_{pH} = \frac{pH - 7.0}{pH_{su} - 7.0} \tag{5-4}$$

式中　P_{pH}——pH 的标准指数，量纲为 1；

　　　pH——pH 的监测值；

　　　pH_{su}——标准中 pH 的上限值；

　　　pH_{sd}——标准中 pH 的下限值。

(二) 包气带环境现状分析

对于污染场地修复工程项目和评价工作等级为一级、二级的改、扩建项目，应开展包气带污染现状调查，分析包气带污染状况。

第四节　地下水环境影响预测

考虑到地下水环境污染的复杂性、隐蔽性和难恢复性，建设项目地下水环境影响预测应遵循保护优先、预防为主的原则，预测应为评价各方案的环境安全和环境保护措施的合理性提供依据。

预测的范围、时段、内容和方法均应根据评价工作等级、工程特征与环境特征，结合当地环境功能和环保要求确定，应预测建设项目对地下水水质产生的直接影响，重点预测对地下水环境保护目标的影响。

在结合地下水污染防控措施的基础上，对工程设计方案或可行性研究报告推荐的选址（选线）方案可能引起的地下水环境影响进行预测。

一、地下水环境影响预测方法概述

建设项目地下水环境影响预测方法包括数学模型法和类比分析法。其中，数学模型法包括数值法、解析法等。

预测方法的选取应根据建设项目工程特征、水文地质条件及资料掌握程度来确定,当数值法不适用时,可用解析法或其他方法预测。一般情况下,一级评价应采用数值法,不宜概化为等效多孔介质的地区除外;二级评价中水文地质条件复杂且适宜采用数值法时,建议优先采用数值法;三级评价可采用解析法或类比分析法。

采用数值法预测前,应先进行参数识别和模型验证。

采用解析模型预测污染物在含水层中的扩散时,一般应满足以下条件:①污染物的排放对地下水流场没有明显的影响;②调查评价区内含水层的基本参数(如渗透系数、有效孔隙度等)不变或变化很小。

采用类比分析法时,应给出类比条件。类比分析对象与拟预测对象之间应满足以下要求:①二者的环境水文地质条件、水动力场条件相似;②二者的工程类型、规模及特征因子对地下水环境的影响具有相似性。

二、预测条件的确定

(一) 预测范围

地下水环境影响预测范围一般与调查评价范围一致。预测层位应以潜水含水层或污染物直接进入的含水层为主,兼顾与其水力联系密切且具有饮用水开发利用价值的含水层。

当建设项目场地天然包气带垂向渗透系数小于 1.0×10^{-6} cm/s 或厚度超过 100m 时,预测范围应扩展至包气带。

(二) 预测时段

地下水环境影响预测时段应选取可能产生地下水污染的关键时段,至少包括污染发生后100d、1000d,服务年限或者能反映特征因子迁移规律的其他重要的时间节点。

(三) 预测因子

预测因子应包括以下几种。

① 影响识别过程中识别的建设项目可能导致地下水污染的特征因子,按照重金属、持久性有机污染物和其他类别进行分类,并对每一类别中的各项因子采用标准指数法进行排序,分别取标准指数最大的因子作为预测因子。

② 现有工程已经产生的且改、扩建后将继续产生的特征因子,改、扩建后新增加的特征因子。

③ 污染场地已查明的主要污染物,按照①筛选预测因子。

④ 国家或地方要求控制的污染物。

(四) 预测源强

地下水环境影响预测源强的确定应充分结合工程分析。

① 正常状况下,预测源强应结合建设项目工程分析和相关设计规范确定。

② 非正常状况下,预测源强可根据地下水环境保护设施或工艺设备的系统老化或腐蚀程度等设定。

三、预测模型概化

(一) 水文地质条件概化

根据调查评价区和场地环境水文地质条件，对边界性质、介质特征、水流特征和补径排等条件进行概化。

(二) 污染源概化

污染源概化包括排放形式与排放规律的概化。根据污染源的具体情况，排放形式可以概化为点源、线源、面源，排放规律可以概化为连续恒定排放或非连续恒定排放以及瞬时排放。

(三) 水文地质参数初始值的确定

包气带垂向渗透系数、含水层渗透系数、给水度等预测所需参数初始值的获取应以收集评价范围内已有水文地质资料为主，不满足预测要求时需通过现场试验获取。

四、预测模型

(一) 地下水溶质运移解析法

求解复杂的水动力弥散方程定解问题非常困难，实际问题中多靠数值方法求解。但可以用解析解对照数值解法进行检验和比较，并用解析解去拟合观测资料以求得水动力弥散系数。

1. 一维稳定流动一维水动力弥散问题

(1) 一维无限长多孔介质柱体，示踪剂瞬时注入

$$C(x,t) = \frac{m/w}{2n_e\sqrt{\pi D_L t}} e^{-\frac{(x-ut)^2}{4D_L t}} \tag{5-5}$$

式中　x——距注入点的距离，m；

　　　t——时间，d；

$C(x,t)$——t 时刻 x 处的示踪剂质量浓度，g/L；

　　　m——注入的示踪剂质量，kg；

　　　w——横截面面积，m^2；

　　　u——水流速度，m/d；

　　　n_e——有效孔隙度，量纲为1；

　　　D_L——纵向弥散系数，m^2/d；

　　　π——圆周率。

(2) 一维半无限长多孔介质柱体，一端为定浓度边界

$$\frac{C}{C_0} = \frac{1}{2}\text{erfc}\left(\frac{x-ut}{2\sqrt{D_L t}}\right) + \frac{1}{2}e^{\frac{ux}{D_L}}\text{erfc}\left(\frac{x+ut}{2\sqrt{D_L t}}\right) \tag{5-6}$$

式中　x——距注入点的距离，m；

　　　t——时间，d；

$C(x,t)$ ——t 时刻 x 处的示踪剂质量浓度，g/L；

　　C_0 ——注入的示踪剂浓度，g/L；

　　u ——水流速度，m/d；

　　D_L ——纵向弥散系数，m²/d；

erfc( ) ——余误差函数。

2. 一维稳定流动二维水动力弥散问题

(1) 瞬时注入示踪剂——平面瞬时点源

$$C(x,y,t)=\frac{m_M/M}{4\pi n_e t\sqrt{D_L D_T}}e^{-\left[\frac{(x-ut)^2}{4D_L t}+\frac{y^2}{4D_T t}\right]}\tag{5-7}$$

式中　x,y ——计算点处的位置坐标；

　　　t ——时间，d；

$C(x,y,t)$ ——t 时刻点 (x,y) 处的示踪剂质量浓度，g/L；

　　　M ——承压含水层的厚度，m；

　　　m_M ——长度为 M 的线源瞬时注入的示踪剂质量，kg；

　　　u ——水流速度，m/d；

　　　n_e ——有效孔隙度，量纲为 1；

　　　D_L ——纵向弥散系数，m²/d；

　　　D_T ——横向 y 方向的弥散系数，m²/d；

　　　π ——圆周率。

(2) 连续注入示踪剂——平面连续点源

$$C(x,y,t)=\frac{m_t}{4\pi M n_e\sqrt{D_L D_T}}e^{\frac{xu}{2D_L}}\left[2K_0(\beta)-W\left(\frac{u^2 t}{4D_L},\beta\right)\right]\tag{5-8}$$

$$\beta=\sqrt{\frac{u^2 x^2}{4D_L^2}+\frac{u^2 y^2}{4D_L D_T}}\tag{5-9}$$

式中　x,y ——计算点处的位置坐标；

　　　t ——时间，d；

$C(x,y,t)$ ——t 时刻点 (x,y) 处的示踪剂质量浓度，g/L；

　　　M ——承压含水层的厚度，m；

　　　m_t ——单位时间注入的示踪剂质量，kg；

　　　u ——水流速度，m/d；

　　　n_e ——有效孔隙度，量纲为 1；

　　　D_L ——纵向弥散系数，m²/d；

　　　D_T ——横向 y 方向的弥散系数，m²/d；

　　　π ——圆周率；

　　$K_0(\beta)$ ——第二类零阶修正贝塞尔函数；

$W\left(\frac{u^2 t}{4D_L},\beta\right)$ ——第一类越流系统井函数。

(二) 地下水数值模型

数值法可以解决许多复杂水文地质条件和地下水开发利用条件下的地下水资源评价问题，并可以预测各种开采方案条件下地下水位的变化，即预报各种条件下的地下水状态。但不适用于管道流（如岩溶暗河系统等）的模拟评价。

1. 地下水水流模型

对于非均质、各向异性、空间三维结构、非稳定地下水流系统，模型如下。

（1）控制方程

$$\mu_s \frac{\partial h}{\partial t} = \frac{\partial}{\partial x}\left[K_x \frac{\partial h}{\partial x}\right] + \frac{\partial}{\partial y}\left[K_y \frac{\partial h}{\partial y}\right] + \frac{\partial}{\partial z}\left[K_z \frac{\partial h}{\partial z}\right] + W \tag{5-10}$$

式中　　μ_s——贮水率，m^{-1}；

$\quad\quad h$——水位，m；

K_x, K_y, K_z——各向异性含水层 x，y，z 方向上的渗透系数，m/d；

$\quad\quad t$——时间，d；

$\quad\quad W$——源汇向，m^3/d。

（2）初始条件

$$h(x,y,z,t) = h_0(x,y,z) \quad\quad (x,y,z) \in \Omega;, t=0 \tag{5-11}$$

式中　$h_0(x,y,z)$——已知水位分布；

$\quad\quad \Omega$——模型模拟区。

（3）边界条件

① 第一类边界

$$h(x,y,z,t)|_{\Gamma_1} = h(x,y,z,t) \quad\quad (x,y,z) \in \Gamma_1, t \geq 0 \tag{5-12}$$

式中　　Γ_1——一类边界；

$h(x,y,z,t)$——一类边界上的已知水位函数。

② 第二类边界

$$k \frac{\partial h}{\partial \vec{n}}\bigg|_{\Gamma_2} = q(x,y,z,t) \quad\quad (x,y,z) \in \Gamma_2, t > 0 \tag{5-13}$$

式中　　Γ_2——二类边界；

$\quad\quad k$——三维空间上的渗透系数张量；

$\quad\quad \vec{n}$——边界 Γ_2 的外法线方向；

$q(x,y,z,t)$——二类边界上的已知流量函数。

③ 第三类边界

$$\left[k(h-z)\frac{\partial h}{\partial \vec{n}} + \alpha h\right]\bigg|_{\Gamma_3} = q(x,y,z) \tag{5-14}$$

式中　　α——已知函数；

$\quad\quad \Gamma_3$——三类边界；

$\quad\quad k$——三维空间上的渗透系数张量；

$\quad\quad \vec{n}$——边界 Γ_3 的外法线方向；

$q(x,y,z)$——三类边界上的已知流量函数。

2. 地下水水质模型

水是溶质运移的载体，地下水溶质运移数值模拟应在地下水流场模拟基础上进行。因此，地下水溶质运移数值模型包括水流模型和溶质运移模型两部分。

(1) 控制方程

$$R\theta \frac{\partial C}{\partial t} = \frac{\partial}{\partial x_i}\left(\theta D_{ij} \frac{\partial C}{\partial x_j}\right) - \frac{\partial}{\partial x_i}(\theta v_i C) - WC_s - WC - \lambda_1 \theta C - \lambda_2 \rho_b \overline{C} \tag{5-15}$$

式中　R——迟滞系数，量纲为 1，$R = 1 + \dfrac{\rho_b}{\theta}\dfrac{\partial \overline{C}}{\partial C}$；

$\qquad \rho_b$——介质密度，kg/dm^3；

$\qquad \theta$——介质孔隙度，量纲为 1；

$\qquad C$——组分的质量浓度，g/L；

$\qquad \overline{C}$——介质骨架吸附的溶质质量分数，g/kg；

$\qquad t$——时间，d；

$\quad x,y,z$——空间位置坐标，m；

$\qquad D_{ij}$——水动力弥散系数张量，m^2/d；

$\qquad v_i$——地下水渗流速度张量，m/d；

$\qquad W$——水流的源和汇，d^{-1}；

$\qquad C_s$——组分的浓度，g/L；

$\qquad \lambda_1$——溶解相一级反应速率，d^{-1}；

$\qquad \lambda_2$——吸附相反应速率，d^{-1}。

(2) 初始条件

$$C(x,y,z,t) = C_0(x,y,z) \qquad (x,y,z) \in \Omega, t = 0 \tag{5-16}$$

式中　$C_0(x,y,z)$——已知浓度分布；

$\qquad \Omega$——模型模拟区域。

(3) 定解条件

① 第一类边界——给定浓度边界

$$C(x,y,z,t)\Big|_{\Gamma_1} = c(x,y,z,t) \qquad (x,y,z) \in \Gamma_1, t \geqslant 0 \tag{5-17}$$

式中　Γ_1——给定浓度边界；

$c(x,y,z,t)$——给定浓度边界上的浓度分布。

② 第二类边界——给定弥散通量边界

$$\theta D_{ij} \frac{\partial C}{\partial x_j}\Big|_{\Gamma_2} = f_i(x,y,z,t) \qquad (x,y,z) \in \Gamma_2, t \geqslant 0 \tag{5-18}$$

式中　Γ_2——通量边界；

$f_i(x,y,z,t)$——边界 Γ_2 上已知的弥散通量函数。

③ 第三类边界——给定溶质通量边界

$$\left(\theta D_{ij} \frac{\partial C}{\partial x_j} - q_i C\right)\Big|_{\Gamma_3} = g_i(x,y,z,t) \qquad (x,y,z) \in \Gamma_3, t \geqslant 0 \tag{5-19}$$

式中　Γ_3——混合边界；

　　$g_i(x,y,z,t)$——边界 Γ_3 上已知的对流-弥散总的通量函数。

第五节　地下水环境影响评价范围、方法和结论

一、评价原则

评价应以地下水环境现状调查和地下水环境影响预测结果为依据，对建设项目各实施阶段（建设期、运营期及服务期满后）不同环节及不同污染防控措施下的地下水环境影响进行评价。

地下水环境影响预测未包括环境质量现状值时，应叠加环境质量现状值后再进行评价。

应评价建设项目对地下水水质的直接影响，重点评价建设项目对地下水环境保护目标的影响。

二、评价范围

地下水环境影响评价范围一般与调查评价范围一致。

三、评价方法

（一）内梅罗综合指数法

内梅罗综合指数法的计算公式为：

$$P_i=\frac{C_i}{L_i} \tag{5-20}$$

$$P_{ij}=\sqrt{\frac{(P_{i\mathrm{cp}})^2+(P_{i\max})^2}{2}} \tag{5-21}$$

式中　P_i——单项污染指数；

　　P_{ij}——地下水综合污染指数；

　　C_i——水质实测浓度统计值；

　　L_i——i 物质的引用标准；

　　i——水质评价项目；

　　$P_{i\mathrm{cp}}$——i 种污染物中污染指数的平均值；

　　$P_{i\max}$——i 种污染物中污染指数的最大值。

内梅罗指数法也广泛用于水质评价。例如通过改进的内梅罗指数法评价地下水水质、分析河段水质污染状况等。

（二）人工神经网络评价法

人工神经网络是由具有自适应性的简单单元组成的广泛并行互联网络，其组织可以模拟生物神经系统与现实世界的相互作用。BP 模型是最常用的水质评估人工神经网络。BP 网络使用最陡坡降法使误差函数最小化，并将网络输出的误差逐层传播到输入层，同时分摊到各

层，获得每层单元的参考误差，并调整人工神经网络的相应连接权，直到网络的误差最小化。近年来，对人工神经网络的研究愈发广泛。

（三）模糊评价法

由于水体环境本身存在大量不确定性因素，目标分类和标准确定均具有模糊性，因此，模糊数学在水质评价中得到了广泛应用。模糊评价法通过监测数据建立每个指标及其标准的隶属度数据集，形成隶属度矩阵，然后将因子权重集乘以隶属度矩阵，得到模糊集，得出综合评判集，表明各级水质与标准水质的从属程度，反映水质类别的模糊性。

模糊评价法主要包括模糊聚类法、模糊综合指数法、模糊贴近法、模糊距离法、模糊水质分类评价法、模糊相似度选择法、模糊综合评价级数法等。

（四）单因子污染指数法

单因子污染指数法将评价因子与评价标准进行比较，确定各个评价因子的水质类别，并选择最差水质作为项目水体的水质类别。该方法可以确定水体中的主要污染因子，是使用最广泛的水质评价方法，特别是在建设项目的环境影响评价中。该方法的特征值包括各评价因子的达标率、超标率以及超标倍数。

（五）灰色评价法

水质监测数据是在有限的时间和空间内获得的，所以信息会出现不完整或不准确的现象。因此，可以将水环境系统当作灰色系统，即一些信息已知、部分信息未知的系统。将灰色系统原理应用于水质综合评价中的基本思路是：计算每个因素在水质中的测量浓度与各水质标准之间的相关性，然后根据相关程度确定水质类别，通过与标准水体的差异程度，可评价水质的优劣程度。灰色评价法主要包括灰色聚类法、灰色聚类关联法、灰色模式识别法、等斜率灰色聚类法、区域灰色决策法、加权灰色局势决策法、梯形灰色聚类法、灰色局势决策法等。

（六）物元分析法

物元分析法是物元分析理论在水环境质量评价领域中的应用。其思路是：通过各级水质标准建立经典域物元矩阵，根据各因子实测浓度建立节域物元矩阵，然后建立各污染指标对不同水质标准级别的关联函数，最后根据其值确定水质的级别。

四、评价结论

评价建设项目对地下水水质的影响时，可采用以下判据评价水质能否满足标准的要求。

以下情况应得出可以满足评价标准要求的结论：

① 建设项目各个不同阶段，除场界内小范围以外地区，均能满足《地下水质量标准》（GB/T 14848—2017）或国家（行业、地方）相关标准要求的；

② 在建设项目实施的某个阶段，有个别评价因子出现较大范围超标，但采取环保措施后，可满足《地下水质量标准》（GB/T 14848—2017）或国家（行业、地方）相关标准要求的。

以下情况应得出不能满足评价标准要求的结论：

① 新建项目排放的主要污染物，改、扩建项目已经排放的及将要排放的主要污染物在评价范围内地下水中已经超标的；

② 环保措施在技术上不可行，或在经济上明显不合理的。

第六节 地下水环境保护措施与对策

（一）源头控制

主要包括提出各类废物循环利用的具体方案，减少污染物的排放量；提出工艺、管道、设备、污水储存及处理构筑物应采取的污染防控措施，将污染物跑、冒、滴、漏降到最低限度。

（二）分区防控

结合地下水环境影响评价结果，对工程设计或可行性研究报告提出的地下水污染防控方案提出优化调整建议，给出不同分区的具体防渗技术要求。

一般情况下，应以水平防渗为主，防控措施应满足以下要求：

① 已颁布污染控制标准或防渗技术规范的行业，水平防渗技术要求按照相应标准或规范执行。

② 未颁布相关标准的行业，应根据预测结果和建设项目场地包气带特征及其防污性能，提出防渗技术要求；或根据建设项目场地天然包气带防污性能、污染控制难易程度和污染物特性，参照表5-5提出防渗技术要求。其中污染控制难易程度分级和天然包气带防污性能分级参照表5-6和表5-7确定。

表 5-5 地下水污染防渗分区参照表

防渗分区	天然包气带防污性能	污染控制难易程度	污染物类型	防渗技术要求
重点防渗区	弱	易-难	重金属、持久性有机污染物	等效黏土防渗层 $M_b \geq 6.0\text{m}$，$K \leq 1.0 \times 10^{-7}\text{cm/s}$；或参照 GB 18598 执行
	中-强	难		
一般防渗区	中-强	易	重金属、持久性有机污染物	等效黏土防渗层 $M_b \geq 1.5\text{m}$，$K \leq 1.0 \times 10^{-7}\text{cm/s}$；或参照 GB 16889 执行
	弱	易-难	其他类型	
	中-强	难		
简单防渗区	中-强	易	其他类型	一般地面硬化

表 5-6 污染控制难易程度分级参照表

污染控制难易程度	主要特征
难	对地下水环境有污染的物料或污染物泄漏后，不能及时发现和处理
易	对地下水环境有污染的物料或污染物泄漏后，可及时发现和处理

表 5-7 天然包气带防污性能分级参照表

分级	包气带岩土的渗透性能
强	$M_b \geqslant 1.0\text{m}, K \leqslant 1.0 \times 10^{-6}\text{cm/s}$，且分布连续、稳定
中	$0.5\text{m} \leqslant M_b < 1.0\text{m}, K \leqslant 1.0 \times 10^{-6}\text{cm/s}$，且分布连续、稳定 $M_b \geqslant 1.0\text{m}, 1.0 \times 10^{-6}\text{cm/s} < K \leqslant 1.0 \times 10^{-4}\text{cm/s}$，且分布连续、稳定
弱	岩(土)层不满足上述"强"和"中"条件

注：M_b 为岩土层单层厚度。K 为渗透系数。

对难以采取水平防渗的建设项目场地，可采用垂向防渗为主、局部水平防渗为辅的防控措施。

根据非正常状况下的预测评价结果，在建设项目服务年限内个别评价因子超标范围超出厂界时，应提出优化总图布置的建议或地基处理方案。

(三) 污染监控

建立地下水环境监测管理体系，包括制定地下水环境影响跟踪监测计划、建立地下水环境影响跟踪监测制度、配备先进的监测仪器和设备，以便及时发现问题，采取措施。

跟踪监测计划应根据环境水文地质条件和建设项目特点设置跟踪监测点，跟踪监测点应明确与建设项目的位置关系，给出点位、坐标、井深、井结构、监测层位、监测因子及监测频率等相关参数。

1. 跟踪监测点数量要求

① 一级、二级评价的建设项目，一般不少于3个，应至少在建设项目场地及其上、下游各布设1个。一级评价的建设项目，应在建设项目总图布置基础之上，结合预测评价结果和应急响应时间要求，在重点污染风险源处增设监测点。

② 三级评价的建设项目，一般不少于1个，应至少在建设项目场地下游布置1个。

2. 明确跟踪监测点的基本功能

明确背景值监测点、地下水环境影响跟踪监测点、污染扩散监测点等的基本功能，必要时，明确跟踪监测点兼具的污染控制功能。

3. 提出有关建议

根据环境管理对监测工作的需要，提出有关监测机构、人员及装备的建议。

(四) 应急响应

制定地下水污染应急响应预案，明确污染状况下应采取的控制污染源、切断污染途径等措施。

习 题

一、填空题

1. 地下水环境影响评价工作可划分为 ＿＿＿＿＿＿ 、 ＿＿＿＿＿＿ 、 ＿＿＿＿＿＿ 和 ＿＿＿＿＿＿ 四个阶段。

2. 地下水环境敏感程度分为 ＿＿＿＿＿＿ 、 ＿＿＿＿＿＿ 、 ＿＿＿＿＿＿ 三级。

3. 地下水污染源按排放规律可以概化为 ＿＿＿＿＿＿ 、 ＿＿＿＿＿＿ 、 ＿＿＿＿＿＿ 。

4. 地下水环境保护措施有_____、_____、_____和_____四类。

5. 当建设项目场地天然包气带垂向渗透系数小于_____或厚度超过_____时，地下水环境影响预测范围应扩展至包气带。

6. 某建设项目位于规划的地下水集中式饮用水水源准保护区以外的补给径流区，该项目地下水环境敏感程度为_____。

7. 某地面以下的化学品输送管道项目，穿越一集中式应急饮用水水源准保护区，该项目的地下水环境影响评价工作等级判定为_____级。

8. 社区医疗、卫生院建设项目地下水环境影响评价的项目类别是_____。

二、选择题

1. 需要进行地下水环境影响评价的是（　　）建设项目。
A. Ⅰ类　　　　　　B. Ⅱ类　　　　　　C. Ⅲ类　　　　　　D. Ⅳ类

2. 地下水环境影响评价方法包括（　　）。
A. 内梅罗综合指数法　　　　　　B. 模糊评价法
C. 单因子污染指数法　　　　　　D. 物元分析法

3. 下列情况中，不需要开展包气带污染现状调查和分析包气带污染状况的是（　　）。
A. 污染场地修复工程项目　　　　B. 一级的改、扩建项目
C. 二级的改、扩建项目　　　　　D. 三级的改、扩建项目

4. 地下水环境现状监测时，需要现场监测的项目是（　　）。
A. pH　　　　B. DO　　　　C. TN　　　　D. TP

5. 地下水环境污染具有（　　）。
A. 复杂性　　　B. 隐蔽性　　　C. 难恢复性　　　D. 地域性

6. 地下水现状调查与评价阶段的工作内容不包括（　　）。
A. 环境水文地质调查
B. 地下水污染源调查
C. 地下水环境现状监测
D. 地下水环境评价范围确定

7. 地下水环境影响识别内容可不包括（　　）。
A. 可能造成地下水污染的装置和设施
B. 评价区地下水污染特征及污染程度
C. 建设项目可能导致地下水污染的特征因子
D. 建设项目服务期满后可能的地下水污染途径

8. 某项目的地下水环境影响评价工作等级为一级，该项目场地及其下游影响区的地下水水质监测点数量不得少于（　　）个。
A. 1　　　　B. 5　　　　C. 3　　　　D. 7

9. 地下水环境影响预测的内容应给出（　　）。
A. 基本水质因子不同时段在包气带中的迁移规律
B. 基本水质因子不同时段在地下水中的影响范围和程度
C. 预测期内水文地质单元边界处特征因子随时间的变化规律
D. 预测期内地下水环境保护目标处特征因子随时间的变化规律

10. 下列情景组合中，应确定地下水污染防治分区为重点防渗区的是（　）。

A. 污染物为重金属＋天然包气带防污性能为"强"＋污染控制难易程度为"易"

B. 污染物为重金属＋天然包气带防污性能为"中"＋污染控制难易程度为"难"

C. 污染物为氨氮＋天然包气带防污性能为"弱"＋污染控制难易程度为"难"

D. 污染物为氨氮＋天然包气带防污性能为"强"＋污染控制难易程度为"易"

三、简答题

1. 简述地下水环境现状调查与评价原则。

2. 简述地下水环境影响评价的基本任务。

3. 简述如何进行地下水预测模型概化。

4. 简述地下水环境预测方法。

5. 简述地下水环境保护措施。

参考文献

[1]　生态环境部. 环境影响评价技术导则　地表水环境：HJ 2.3—2018 [S]. 2018.

[2]　环境保护部. 建设项目环境影响评价技术导则　总纲：HJ 2.1—2016 [S]. 2016.

[3]　章丽萍，张春晖. 环境影响评价 [M]. 北京：化学工业出版社，2019.

[4]　钱瑜. 环境影响评价 [M]. 2版. 南京：南京大学出版社，2012.

[5]　金腊华. 环境影响评价 [M]. 北京：化学工业出版社，2018.

[6]　吴春山，成岳. 环境影响评价 [M]. 3版. 武汉：华中科技大学出版社，2020.

[7]　沈洪艳. 环境影响评价教程 [M]. 北京：化学工业出版社，2016.

[8]　环境保护部. 环境影响评价技术导则　地下水环境：HJ 610—2016 [S]. 2016.

[9]　生态环境部. 地下水环境监测技术规范：HJ 164—2020 [S]. 2020.

[10]　王晓曦. 地下水环境影响评价工作常见问题及思考 [J]. 环境保护与循环经济，2021，41（3）：107-110.

[11]　夏杰源，姜北. 地下水环境影响及评价方法 [J]. 农业与技术，2019，39（13）：3.

[12]　李广来，倪艳芳，孙宏亮，等. 典型案例地下水污染模拟预测评估 [J]. 环境科学与管理，2017，42（7）：16-18.

第六章

大气环境影响评价

 **学习内容**

本章主要介绍大气环境影响评价的工作程序、评价等级及评价范围的确定方法，环境空气质量现状调查与评价，大气环境影响预测与评价，大气环境影响评价结论与建议，大气污染防治对策措施等内容。

学习目标

要求掌握大气环境评价标准、评价等级及评价范围的确定方法，掌握大气环境影响评价导则推荐模式的分类及其适用性；理解环境空气质量现状调查与评价、大气环境影响预测与评价方法、大气环境影响评价结论与建议；了解大气环境影响评价的工作程序、大气污染防治对策措施。

第一节　大气环境影响评价概述

一、大气环境影响评价术语和定义

大气环境影响评价术语，是指在大气环境影响评价工作中所用到的一些名词，它们的含义可能与我们日常对这些名词的理解存在一定区别。这些术语通常按照现行大气环评导则中的定义来解释。以下是大气环境影响评价中常用的一些基本术语的定义。

（一）环境空气保护目标（ambient air protection target）

指评价范围内按 GB 3095 规定划分为一类区的自然保护区、风景名胜区和其他需要特殊保护的区域，二类区中的居住区、文化区和农村地区中人群较集中的区域。

（二）大气污染物分类（classification of air pollutants）

大气污染源排放的污染物称为大气污染物，按其存在形态，可分为颗粒态污染物和气态污染物。

按大气污染物的生成机理，可分为一次污染物和二次污染物。其中由人类或自然活动直接产生，由污染源直接排入环境的污染物称为一次污染物；排入环境中的一次污染物在物理、化学因素的作用下发生变化，或与环境中的其他物质发生反应所形成的新污染物称为二次污染物。

（三）基本污染物（basic air pollutants）

指 GB 3095 中所规定的基本项目污染物。包括二氧化硫（SO_2）、二氧化氮（NO_2）、可吸入颗粒物（PM_{10}）、细颗粒物（$PM_{2.5}$）、一氧化碳（CO）、臭氧（O_3）。

（四）其他污染物（other air pollutants）

指除基本污染物以外的其他项目污染物。包括但不限于 GB 3095 中所提到的其他污染物。

（五）非正常排放（abnormal emissions）

指生产过程中开停车（工、炉）、设备检修、工艺设备运转异常等非正常工况下的污染物排放，以及污染物排放控制措施达不到应有效率等情况下的排放。

（六）空气质量模型（air quality model）

指采用数值方法模拟大气中污染物的物理扩散和化学反应的数学模型，包括高斯扩散模型和区域光化学网格模型。

高斯扩散模型：也叫高斯烟团或烟流模型，简称高斯模型。采用非网格、简化的输送扩散算法，没有复杂化学机理，一般用于模拟一次污染物的输送与扩散，或通过简单的化学反应机理模拟二次污染物。

区域光化学网格模型：简称网格模型。采用包含复杂大气物理（平流、扩散、边界层、云、降水、干沉降等）和大气化学（气、液、气溶胶、非均相）算法以及网格化的输送化学转化模型，一般用于模拟城市和区域尺度的大气污染物输送与化学转化。

（七）推荐模型（recommended model）

指生态环境主管部门按照一定的工作程序遴选，并以推荐名录形式公开发布的环境模型。列入推荐名录的环境模型简称推荐模型。当推荐模型适用性不能满足需要时，可采用替代模型。替代模型一般需经模型领域专家评审推荐，并经生态环境主管部门同意后方可使用。具体推荐模型及使用规范见《环境影响评价技术导则　大气环境》（HJ 2.2—2018）附录 A 及附录 B。

（八）短期浓度（short-term concentration）

指某污染物的评价时段小于等于 24h 的平均质量浓度，包括 1h 平均质量浓度、8h 平均质量浓度以及 24h 平均质量浓度（也称为日平均质量浓度）。

（九）长期浓度（long-term concentration）

指某污染物的评价时段大于等于 1 个月的平均质量浓度，包括月平均质量浓度、季平均质量浓度和年平均质量浓度。

二、大气环境影响预测方法概述

需要通过大气环境影响预测判断建设项目或规划项目建成投运后对评价区的大气环境影响的程度、范围，并依据大气环境影响预测的结果对建设项目或规划项目的选址和建设规模是否合理、环境保护措施是否可行进行评价，进而对建设项目或规划项目的可行性进行判断。大气环境影响的预测方法主要通过建立数学模型来模拟污染物在大气中传输、扩散、转化、消除等物理、化学机制。由于影响大气污染物在空气中浓度变化的因素很复杂，不同地形条件、气象条件、污染源情况、预测时间尺度与空间尺度对应不同的预测模型，因此，大气环境影响预测模型分类方法多种多样。

在环境影响评价工作中，运用最为普遍的是高斯（Gauss）模式。从湍流统计理论分析，污染物在空间的概率密度在平稳均匀湍流场中服从正态分布（高斯分布），概率密度的标准差（扩散参数）一般采用统计理论方法或其他经验方法确定。高斯模式的优点很明显：在物理意义上比较直观，其最基本的数学表达式很容易从通常的数学手册或概率统计书籍中查到，而且模式是以初等数学模型表达，对各物理量之间的关系、模式的推演十分简便；当把平原地区看成除地表外三维无界空间时，连续源排放的烟流沿主导风向运动，在下风向一定范围内的预测值与实测值比较一致，在复杂情况下（复杂地形、化学反应、沉积等），适当修正的高斯模式，其预测结果也能满足应用要求。但高斯模式的应用还是有限制的，由于高斯模式的应用是建立在均匀流场条件下（即风速扩散参数等不随时间、空间位置的变化而变化），在复杂流场情况下，预测精度有所欠缺。

近年来，法规级大气环境影响预测模型的推出，使得大气环境影响预测工作更加趋于规范和统一，预测和评价结果的可信度也逐步提升。法规大气环境影响预测模型是指由政府部门颁布实施或认证、普遍应用的大气环境影响预测模型。这种模型通常采用初等数学形式表达，其参数取得简单便捷，一般由常规气象参数、物理常数或经验数据求得。例如，我国在《环境影响评价技术导则　大气环境》中推荐的模式，以及美国环保署（EPA）所推荐的包括 AERMOD、CALPUFF、BLP 等的一系列关于大气扩散的模式。目前，大多数法规大气环境影响预测模型属于正态模式类型。

三、大气环境影响评价的工作任务和程序

大气环境影响评价的工作任务，是通过调查、预测等手段，对项目在建设阶段、生产运行和服务期满后（可根据项目情况选择）所排放的大气污染物对环境空气质量影响的程度、范围和频率进行分析、预测和评估，为项目的选址选线、排放方案、大气污染治理设施与预防措施制定、排放量核算，以及其他有关的工程设计、项目实施环境监测等提供科学依据或指导性意见。

大气环境影响评价的工作程序一般包括三个阶段。

第一阶段：主要工作包括研究有关文件，项目污染源调查，环境空气保护目标调查，评价因子筛选与评价标准确定，区域气象与地表特征调查，收集区域地形参数，确定评价等级和评价范围等。

第二阶段：主要工作依据评价等级要求开展，包括与项目评价相关污染源调查与核实，选择适合的预测模型，环境质量现状调查或补充监测，收集建立模型所需气象、地表参数等基础数据，确定预测内容与预测方案，开展大气环境影响预测与评价工作等。

第三阶段：主要工作包括制定环境监测计划，明确大气环境影响评价结论与建议，完成环境影响评价文件的编写等。

四、大气环境影响评价等级及评价范围确定

(一) 环境影响识别与评价因子筛选

按《建设项目环境影响评价技术导则 总纲》(HJ 2.1—2016) 或《规划环境影响评价技术导则 总纲》(HJ 130—2019) 的要求识别大气环境影响因素，并筛选出大气环境影响评价因子。大气环境影响评价因子主要为项目排放的基本污染物及其他污染物。

当建设项目排放的 SO_2 和 NO_x 年排放量大于或等于 500t/a 时，评价因子应增加二次 $PM_{2.5}$，见表 6-1。当规划项目排放的 SO_2、NO_x 及 VOCs 年排放量达到表 6-1 规定的量时，评价因子应相应增加二次 $PM_{2.5}$ 及 O_3。

表 6-1 二次污染物评价因子筛选

类别	污染物排放量/(t/a)	二次污染物评价因子
建设项目	$SO_2 + NO_x \geqslant 500$	$PM_{2.5}$
规划项目	$SO_2 + NO_x \geqslant 500$	$PM_{2.5}$
	$NO_x + VOCs \geqslant 2000$	O_3

(二) 评价标准确定

确定各评价因子所适用的环境质量标准及相应的污染物排放标准。其中环境质量标准选用 GB 3095 中的环境空气质量浓度限值，如已有地方环境质量标准，应选用地方标准中的浓度限值。

对于 GB 3095 及地方环境质量标准中未包含的污染物，可参照《环境影响评价技术导则 大气环境》(HJ 2.2—2018) 附录 D 中的浓度限值，见表 6-2。

表 6-2 大气导则附录 D 规定的其他污染物空气质量浓度参考限值

编号	污染物名称	标准值/($\mu g/m^3$)		
		1h 平均	8h 平均	日平均
1	氨	200		
2	苯	110		
3	苯胺	100		30
4	苯乙烯	10		
5	吡啶	80		
6	丙酮	800		
7	丙烯腈	50		
8	丙烯醛	100		
9	二甲苯	200		
10	二硫化碳	40		
11	环氧氯丙烷	200		
12	甲苯	200		
13	甲醇	3000		1000

续表

编号	污染物名称	标准值/(μg/m³)		
		1h平均	8h平均	日平均
14	甲醛	50		
15	硫化氢	10		
16	硫酸	300		100
17	氯	100		30
18	氯丁二烯	100		
19	氯化氢	50		15
20	锰及其化合物(以 MnO₂ 计)			10
21	五氧化二磷	150		50
22	硝基苯	10		
23	乙醛	10		
24	总挥发性有机物(TVOC)		600	

对上述标准中都未包含的污染物，可参照选用其他国家、国际组织发布的环境质量浓度限值或基准值，但应作出说明，经生态环境主管部门同意后执行。

(三) 评价等级判定

选择项目污染源正常排放的主要污染物及排放参数，采用《环境影响评价技术导则　大气环境》（HJ 2.2—2018）附录 A 推荐模型中估算模型分别计算项目污染源的最大环境影响，然后按评价工作分级判据进行分级。

评价工作分级方法如下。

根据项目污染源初步调查结果，分别计算项目排放主要污染物的最大地面空气质量浓度占标率 P_i（第 i 个污染物，简称"最大浓度占标率"），以及第 i 个污染物的地面空气质量浓度达到标准值的 10% 时所对应的最远距离 $D_{10\%}$。其中 P_i 定义见式（6-1）。

$$P_i = \frac{\rho_i}{\rho_{0i}} \times 100\% \tag{6-1}$$

式中　P_i——第 i 个污染物的最大地面空气质量浓度占标率，%；

ρ_i——采用估算模型计算出的第 i 个污染物的最大 1h 地面空气质量浓度，$\mu g/m^3$；

ρ_{0i}——第 i 个污染物的环境空气质量浓度标准，$\mu g/m^3$。

ρ_{0i} 一般选用 GB 3095 中 1h 平均质量浓度的二级浓度限值，如项目位于一类环境空气功能区，应选择相应的一级浓度限值；对该标准中未包含的污染物，使用前述"（二）评价标准确定"中的原则来确定各评价因子 1h 平均质量浓度限值。对仅有 8h 平均质量浓度限值、日平均质量浓度限值或年平均质量浓度限值的，可分别按 2 倍、3 倍、6 倍折算为 1h 平均质量浓度限值。

评价等级按表 6-3 的分级判据进行划分。最大地面空气质量浓度占标率 P_i 按式（6-1）计算，如污染物数量 i 大于 1，取 P 值中最大者 $P_{\max}$。

表 6-3　评价等级判别表

评价工作等级	评价工作分级判据
一级评价	$P_{max} \geqslant 10\%$
二级评价	$1\% \leqslant P_{max} < 10\%$
三级评价	$P_{max} < 1\%$

评价等级的判定还应遵守以下规定。

① 同一项目有多个污染源（两个及以上，下同）时，则按各污染源分别确定评价等级，并取评价等级最高者作为项目的评价等级。

② 对电力、钢铁、水泥、石化、化工、平板玻璃、有色等高耗能行业的多源项目或以使用高污染燃料为主的多源项目，并且编制环境影响报告书的项目评价等级提高一级。

③ 对等级公路、铁路项目，分别按项目沿线主要集中式排放源（如服务区、车站大气污染源）排放的污染物计算其评价等级。

④ 对新建包含 1km 及以上隧道工程的城市快速路、主干路等城市道路项目，按项目隧道主要通风竖井及隧道出口排放的污染物计算其评价等级。

⑤ 对新建、迁建及飞行区扩建的枢纽及干线机场项目，应考虑机场飞机起降及相关辅助设施排放源对周边城市的环境影响，评价等级取一级。

⑥ 确定评价等级同时应说明估算模型计算参数和判定依据，相关内容与格式要求见《环境影响评价技术导则　大气环境》（HJ 2.2—2018）附录 C。

（四）评价范围的确定

一级评价项目根据建设项目排放污染物的最远影响距离（$D_{10\%}$）确定大气环境影响评价范围。即以项目厂址为中心区域，自厂界外延 $D_{10\%}$ 的矩形区域作为大气环境影响评价范围。当 $D_{10\%}$ 超过 25km 时，确定评价范围为边长 50km 的矩形区域；当 $D_{10\%}$ 小于 2.5km 时，评价范围边长取 5km。

二级评价项目大气环境影响评价范围边长取 5km。

三级评价项目不需设置大气环境影响评价范围。

对于新建、迁建及飞行区扩建的枢纽及干线机场项目，评价范围还应考虑受影响的周边城市，最大取边长 50km。

规划的大气环境影响评价范围以规划区边界为起点，外延规划项目排放污染物的最远影响距离（$D_{10\%}$）的区域。

（五）评价基准年筛选

依据评价所需环境空气质量现状、气象资料等数据的可获得性、数据质量、代表性等因素，选择近 3 年中数据相对完整的 1 个日历年作为评价基准年。

（六）环境空气保护目标调查

评价之初，需调查项目大气环境评价范围内主要环境空气保护目标。在带有地理信息的底图中标注，并列表给出环境空气保护目标内主要保护对象的名称、保护内容，所在大气环境功能区划以及与项目厂址的相对距离、方位、坐标等信息。相对距离通常指环境空气保护目标与项目厂界的相对距离。

第二节　环境空气质量现状调查与评价

一、环境空气质量现状调查内容

评价等级不同的项目，其现状调查内容不同。

（一）一级评价项目

调查项目所在区域环境质量达标情况，作为项目所在区域是否为达标区的判断依据。

调查评价范围内有环境质量标准的评价因子的环境质量监测数据或进行补充监测，用于评价项目所在区域污染物环境质量现状，以及计算环境空气保护目标和网格点的环境质量现状浓度。

（二）二级评价项目

调查项目所在区域环境质量达标情况。

调查评价范围内有环境质量标准的评价因子的环境质量监测数据或进行补充监测，用于评价项目所在区域污染物环境质量现状。

（三）三级评价项目

只调查项目所在区域环境质量达标情况。

二、环境空气质量现状调查数据的获取

（一）基本污染物环境质量现状数据

项目所在区域达标判定，优先采用国家或地方生态环境主管部门公开发布的评价基准年环境质量公告或环境质量报告中的数据或结论。

采用评价范围内国家或地方环境空气质量监测网中评价基准年连续 1 年的监测数据，或采用生态环境主管部门公开发布的环境空气质量现状数据。

评价范围内没有环境空气质量监测网数据或公开发布的环境空气质量现状数据的，可选择符合 HJ 664 规定，并且与评价范围地理位置邻近，地形、气候条件相近的环境空气质量城市点或区域点监测数据。

对于位于环境空气质量一类区的环境空气保护目标或网格点，各污染物环境质量现状浓度可取符合 HJ 664 规定，并且与评价范围地理位置邻近，地形、气候条件相近的环境空气质量区域点或背景点监测数据。

（二）其他污染物环境质量现状数据

优先采用评价范围内国家或地方环境空气质量监测网中评价基准年连续 1 年的监测数据。

评价范围内没有环境空气质量监测网数据或公开发布的环境空气质量现状数据的，可收集评价范围内近 3 年与项目排放的其他污染物有关的历史监测资料。

在没有以上相关监测数据，或者监测数据不能满足现状评价要求时，应按 HJ 2.2 中对于补充监测的要求进行监测，获取有效数据开展现状评价。

三、环境空气质量补充监测要求

(一) 监测时段

根据监测因子的污染特征，选择污染较重的季节进行现状监测。补充监测原则上应取得 7d 有效数据。

对于部分无法进行连续监测的其他污染物，可监测其一次空气质量浓度，监测时次应满足所用评价标准的取值时间要求。

(二) 监测布点

以近 20 年统计的当地主导风向为轴向，在厂址及主导风向下风向 5km 范围内设置 1～2 个监测点。如需在一类区进行补充监测，监测点应设置在不受人为活动影响的区域。

(三) 监测方法

应选择符合监测因子对应环境质量标准或参考标准所推荐的监测方法，并在评价报告中注明。

(四) 监测采样

环境空气监测中的采样点、采样环境、采样高度及采样频率，按 HJ 664 及相关评价标准规定的环境监测技术规范执行。

四、环境空气质量现状评价内容与方法

(一) 项目所在区域达标判断

城市环境空气质量达标情况评价指标为 SO_2、NO_2、PM_{10}、$PM_{2.5}$、CO 和 O_3，六项污染物全部达标即为城市环境空气质量达标。

根据国家或地方生态环境主管部门公开发布的城市环境空气质量达标情况，判断项目所在区域是否属于达标区。如项目评价范围涉及多个行政区（县级或以上，下同），需分别评价各行政区的达标情况，若存在不达标行政区，则判定项目所在评价区域为不达标区。

国家或地方生态环境主管部门未发布城市环境空气质量达标情况的，可按照 HJ 663 中各评价项目的年评价指标进行判定。年评价指标中的年均浓度和相应百分位数 24h 平均或 8h 平均质量浓度满足 GB 3095 中浓度限值要求的即为达标。

在空气质量达标区判定时，应列出各评价因子的现状浓度、标准值、占标率，明确给出达标判定结果，参见表 6-4。

表 6-4　区域空气质量现状评价表

污染物	年评价指标	现状浓度/($\mu g/m^3$)	标准值/($\mu g/m^3$)	占标率/%	达标情况
	年平均质量浓度				
	百分位数日平均或 8h 平均质量浓度				

(二) 各污染物的环境质量现状评价

长期监测数据的现状评价内容，按 HJ 663 中的统计方法对各污染物的年评价指标进行

环境质量现状评价。对于超标的污染物，计算其超标倍数和超标率。

补充监测数据的现状评价内容，分别对各监测点位不同污染物的短期浓度进行环境质量现状评价。对于超标的污染物，计算其超标倍数和超标率。

基本污染物环境质量现状内容包括监测点位、污染物、评价标准、现状浓度及达标判定等，内容要求见表6-5。

表 6-5　基本污染物环境质量现状

点位名称	监测点坐标/m		污染物	年评价指标	评价标准/(μg/m³)	现状浓度/(μg/m³)	最大浓度占标率/%	超标率/%	达标情况
	X	Y							

其他污染物环境质量现状内容包括其他污染物的监测点位、监测因子、监测时段及监测结果等内容，参见表6-6、表6-7。

表 6-6　其他污染物补充监测点位基本信息

监测点名称	监测点坐标/m		监测因子	监测时段	相对厂址方位	相对厂界距离/m
	X	Y				

表 6-7　其他污染物环境质量现状（监测结果）表

点位名称	监测点坐标/m		污染物	平均时间	评价标准/(μg/m³)	监测浓度范围/(μg/m³)	最大浓度占标率/%	超标率/%	达标情况
	X	Y							

（三）环境空气保护目标及网格点环境质量现状浓度

对采用多个长期监测点位数据进行现状评价的，取各污染物相同时刻各监测点位的浓度平均值作为评价范围内环境空气保护目标及网格点的环境质量现状浓度，计算方法见式（6-2）。

$$\rho_{现状(x,y,t)} = \frac{1}{n}\sum_{j=1}^{n}\rho_{现状(j,t)} \tag{6-2}$$

式中　$\rho_{现状(x,y,t)}$——环境空气保护目标及网格点（x，y）在 t 时刻的环境质量现状浓度，μg/m³；

$\rho_{现状(j,t)}$——第 j 个监测点位在 t 时刻的环境质量现状浓度（包括短期浓度和长期浓度），μg/m³；

n——长期监测点位数。

对采用补充监测数据进行现状评价的，取各污染物不同评价时段监测浓度的最大值作为评价范围内环境空气保护目标及网格点的环境质量现状浓度。对于有多个监测点位数据的，先计算相同时刻各监测点位平均值，再取各监测时段平均值中的最大值。计算方法见式（6-3）。

$$\rho_{现状(x,y)} = \text{Max}\left[\frac{1}{n}\sum_{j=1}^{n}\rho_{监测(j,t)}\right] \tag{6-3}$$

式中　$\rho_{现状(x,y)}$——环境空气保护目标及网格点（x，y）的环境质量现状浓度，$\mu g/m^3$；

　　　　$\rho_{监测(j,t)}$——第 j 个监测点位在 t 时刻的环境质量现状浓度（包括 1h 平均、8h 平均或日平均质量浓度），$\mu g/m^3$；

　　　　n——现状补充监测点位数。

关于监测点位图的基本信息，通常要求在基础底图上叠加环境质量现状监测点位分布，并明确标示国家监测站点、地方监测站点和现状补充监测点的位置。

五、污染源调查

（一）调查内容

1. 一级评价项目

① 调查本项目不同排放方案有组织及无组织排放源，对于改建、扩建项目还应调查本项目现有污染源。本项目污染源调查包括正常排放和非正常排放，其中非正常排放调查内容包括非正常工况、频次、持续时间和排放量。

② 调查本项目所有拟被替代的污染源（如有），包括被替代污染源名称、位置、排放污染物及排放量、拟被替代时间等。

③ 调查评价范围内与评价项目排放污染物有关的其他在建项目、已批复环境影响评价文件的拟建项目等污染源。

④ 对于编制报告书的工业项目，分析调查受本项目物料及产品运输影响新增的交通运输移动源，包括运输方式、新增交通流量、排放污染物及排放量。

2. 二级评价项目

参照一级评价项目中的①和②调查本项目现有及新增污染源和拟被替代的污染源。

3. 三级评价项目

只调查本项目新增污染源和拟被替代的污染源。

4. 其他情形

对于城市快速路、主干路等城市道路的新建项目，需调查道路交通流量及污染物排放量。

对于采用网格模型预测二次污染物的，需结合空气质量模型及评价要求，开展区域现状污染源排放清单调查。

（二）数据来源与要求

① 新建项目的污染源调查，依据《建设项目环境影响评价技术导则　总纲》(HJ 2.1—2016)、《规划环境影响评价技术导则　总纲》(HJ 130—2019)、《排污许可证申请与核发技术规范　总则》(HJ 942—2018)、行业排污许可证申请与核发技术规范及各污染源源强核算技术指南，并结合工程分析从严确定污染物排放量。

② 评价范围内在建和拟建项目的污染源调查，可使用已批准的环境影响评价文件中的资料；改建、扩建项目现状工程的污染源和评价范围内拟被替代的污染源调查，可根据数据的可获得性，依次优先使用项目监督性监测数据、在线监测数据、年度排污许可执行报告、自主验收报告、排污许可证数据、环评数据或补充污染源监测数据等。污染源监测数据应采

用满负荷工况下的监测数据或者换算至满负荷工况下的排放数据。

③ 网格模型模拟所需的区域现状污染源排放清单调查按国家发布的清单编制相关技术规范执行。污染源排放清单数据应采用近 3 年内国家或地方生态环境主管部门发布的包含人为源和天然源在内所有区域污染源清单数据。在国家或地方生态环境主管部门发布污染源清单之前，可参照污染源清单编制指南自行建立区域污染源清单，并对污染源清单准确性进行验证分析。

第三节　大气环境影响预测与评价

一、预测与评价的一般性要求

一级评价项目应采用进一步预测模型开展大气环境影响预测与评价。

二级评价项目不进行进一步预测与评价，只对污染物排放量进行核算。

三级评价项目不进行进一步预测与评价。

二、预测因子、预测范围及预测周期

(一) 预测因子

大气环境预测因子可根据大气环境评价因子而定，一般应选取有环境质量标准的评价因子作为预测因子。

(二) 预测范围

预测范围应覆盖评价范围，并覆盖各污染物短期浓度贡献值占标率大于 10% 的区域。

对于经判定需预测二次污染物的项目，预测范围应覆盖 $PM_{2.5}$ 年平均质量浓度贡献值占标率大于 1% 的区域。

对于评价范围内包含环境空气功能区一类区的，预测范围应覆盖项目对一类区最大环境影响。

预测范围一般以项目厂址为中心，东西向为 X 坐标轴、南北向为 Y 坐标轴。

(三) 预测周期

选取评价基准年作为预测周期，预测时段取连续 1 年。

选用网格模型模拟二次污染物的环境影响时，预测时段应至少选取评价基准年 1 月、4 月、7 月、10 月。

三、预测模型

(一) 预测模型选择原则

一级评价项目应结合项目环境影响预测范围、预测因子及推荐模型的适用范围等选择空气质量模型。各推荐模型适用范围见表 6-8。

表 6-8　推荐模型适用范围

模型名称	适用污染源	适用排放形式	推荐预测范围	模拟污染物			其他特性
				一次污染物	二次 $PM_{2.5}$	O_3	
AERMOD	点源、面源、线源、体源	连续源、间断源	局地尺度（≤50km）	模型模拟法	系数法	不支持	—
ADMS							
AUSTAL2000	烟塔合一源						
EDMS/AEDT	机场源						
CALPUFF	点源、面源、线源、体源	连续源、间断源	城市尺度（50km到几百 km）	模型模拟法	模型模拟法	不支持	局地尺度特殊风场，包括长期静、小风和岸边熏烟
区域光化学网格模型	网格源	连续源、间断源	区域尺度（几百 km）	模型模拟法	模型模拟法	模型模拟法	模拟复杂化学反应

当推荐模型适用性不能满足需要时，可选择适用的替代模型。

(二) 预测模型选取的其他规定

当项目评价基准年内存在风速≤0.5m/s 的持续时间超过 72h 或近 20 年统计的全年静风（风速≤0.2m/s）频率超过 35％时，应采用附录 A 中的 CALPUFF 模型进行进一步模拟。

当建设项目处于大型水体（海或湖）岸边 3km 范围内时，应首先采用附录 A 中估算模型判定是否会发生熏烟现象。如果存在岸边熏烟，并且估算的最大 1h 平均质量浓度超过环境质量标准，应采用附录 A 中的 CALPUFF 模型进行进一步模拟。

(三) 推荐模型使用要求

采用大气导则附录 A 中的推荐模型时，应按大气导则附录 B 要求提供污染源、气象、地形、地表参数等基础数据。

环境影响预测模型所需气象、地形、地表参数等基础数据应优先使用国家发布的标准化数据。采用其他数据时，应说明数据来源、有效性及数据预处理方案。

四、预测方法

根据大气导则要求，应采用推荐模型预测建设项目或规划项目对预测范围不同时段的大气环境影响。

当建设项目或规划项目排放 SO_2、NO_x 及 VOCs 年排放量达到表 6-1 规定的量时，可按表 6-9 推荐的方法预测二次污染物。

表 6-9　二次污染物预测方法

污染物排放量/(t/a)		预测因子	二次污染物预测方法
建设项目	SO_2+NO_x≥500	$PM_{2.5}$	AERMOD/ADMS(系数法)或 CALPUFF(模型模拟法)
规划项目	500≤SO_2+NO_x<2000	$PM_{2.5}$	AERMOD/ADMS(系数法)或 CALPUFF(模型模拟法)
	SO_2+NO_x≥2000	$PM_{2.5}$	网格模型(模型模拟法)
	NO_x+VOCs≥2000	O_3	网格模型(模型模拟法)

采用 AERMOD、ADMS 等模型模拟 $PM_{2.5}$ 时，需将模型模拟的 $PM_{2.5}$ 一次污染物的质量浓度，同步叠加按 SO_2、NO_2 等前体物转化比率估算的二次 $PM_{2.5}$ 质量浓度，得到 $PM_{2.5}$ 的贡献浓度。前体物转化比率可引用科研成果或有关文献，并注意地域的适用性。对于无法取得 SO_2、NO_2 等前体物转化比率的，可取 φ_{SO_2} 为 0.58、φ_{NO_2} 为 0.44，按式 (6-4) 计算二次 $PM_{2.5}$ 贡献浓度。

$$\rho_{二次PM_{2.5}} = \varphi_{SO_2}\rho_{SO_2} + \varphi_{NO_2}\rho_{NO_2} \tag{6-4}$$

式中　$\rho_{二次PM_{2.5}}$——二次 $PM_{2.5}$ 质量浓度，$\mu g/m^3$；

　φ_{SO_2}、φ_{NO_2}——SO_2、NO_2 浓度换算为 $PM_{2.5}$ 浓度的系数；

　ρ_{SO_2}、ρ_{NO_2}——SO_2、NO_2 的预测质量浓度，$\mu g/m^3$。

采用 CALPUFF 或网格模型预测 $PM_{2.5}$ 时，模拟输出的贡献浓度应包括一次 $PM_{2.5}$ 和二次 $PM_{2.5}$ 质量浓度的叠加结果。

对已采纳规划环评要求的规划所包含的建设项目，当工程建设内容及污染物排放总量均未发生重大变更时，建设项目环境影响预测可引用规划环评的模拟结果。

五、预测与评价内容

(一) 达标区的评价项目

预测时应分别考虑项目正常排放和非正常排放情况。

1. 正常排放条件

项目正常排放条件下，应预测环境空气保护目标和网格点主要污染物的短期浓度和长期浓度贡献值，评价其最大浓度占标率。

项目正常排放条件下，应预测评价叠加环境空气质量现状浓度后，环境空气保护目标和网格点主要污染物的保证率日平均质量浓度和年平均质量浓度的达标情况；对于项目排放的主要污染物仅有短期浓度限值的，评价其短期浓度叠加后的达标情况。如果是改建、扩建项目，还应同步减去"以新带老"污染源的环境影响。如果有区域削减项目，应同步减去削减源的环境影响。如果评价范围内还有其他排放同类污染物的在建、拟建项目，还应叠加在建、拟建项目的环境影响。

2. 非正常排放条件

项目非正常排放条件下，应预测评价环境空气保护目标和网格点主要污染物的 1h 最大浓度贡献值及占标率。

(二) 不达标区的评价项目

1. 正常排放条件

项目正常排放条件下，应预测环境空气保护目标和网格点主要污染物的短期浓度和长期浓度贡献值，评价其最大浓度占标率。

项目正常排放条件下，应预测评价叠加大气环境质量限期达标规划（简称"达标规划"）的目标浓度后，环境空气保护目标和网格点主要污染物保证率日平均质量浓度和年平均质量浓度的达标情况；对于项目排放的主要污染物仅有短期浓度限值的，评价其短期浓度叠加后的达标情况。如果是改建、扩建项目，还应同步减去"以新带老"污染源的环境影响。如果有区域达标规划之外的削减项目，应同步减去削减源的环境影响。如果评价范围内还有其他排放同类污染物的在建、拟建项目，还应叠加在建、拟建项目的环境影响。

对于无法获得达标规划目标浓度场或区域污染源清单的评价项目，需评价区域环境质量的整体变化情况。

2. 非正常排放条件

项目非正常排放条件下，应预测评价环境空气保护目标和网格点主要污染物的 1h 最大浓度贡献值，评价其最大浓度占标率。

（三）区域规划

对于区域规划，应预测评价区域规划方案中不同规划年叠加现状浓度后，环境空气保护目标和网格点主要污染物保证率日平均质量浓度和年平均质量浓度的达标情况；对于规划排放的其他污染物仅有短期浓度限值的，评价其叠加现状浓度后短期浓度的达标情况。同时，应预测评价区域规划实施后的环境质量变化情况，分析区域规划方案的可行性。

（四）污染控制措施

对于达标区的建设项目，按前述达标区评价要求，预测评价不同方案主要污染物对环境空气保护目标和网格点的环境影响及达标情况，比较分析不同污染治理设施、预防措施或排放方案的有效性。

对于不达标区的建设项目，按前述不达标区评价要求，预测不同方案主要污染物对环境空气保护目标和网格点的环境影响，评价达标情况或评价区域环境质量的整体变化情况，比较分析不同污染治理设施、预防措施或排放方案的有效性。

（五）大气环境防护距离

对于项目厂界浓度满足大气污染物厂界浓度限值，但厂界外大气污染物短期贡献浓度超过环境质量浓度限值的，可以自厂界向外设置一定范围的大气环境防护区域，以确保大气环境防护区域外的污染物贡献浓度满足环境质量标准。

对于项目厂界浓度超过大气污染物厂界浓度限值的，应要求削减排放源强或调整工程布局，待满足厂界浓度限值后，再核算大气环境防护距离。

大气环境防护距离内不应有长期居住的人群。

（六）预测内容和评价要求

不同评价对象或排放方案对应预测内容和评价要求见表 6-10。

表 6-10　预测内容和评价要求

评价对象	污染源	污染源排放形式	预测内容	评价内容
达标区评价项目	新增污染源	正常排放	短期浓度长期浓度	最大浓度占标率
	新增污染源－"以新带老"污染源（如有）－区域削减污染源（如有）＋其他在建、拟建污染源（如有）	正常排放	短期浓度长期浓度	叠加环境质量现状浓度后的保证率日平均质量浓度和年平均质量浓度的占标率，或短期浓度的达标情况
	新增污染源	非正常排放	1h 平均质量浓度	最大浓度占标率

续表

评价对象	污染源	污染源 排放形式	预测内容	评价内容
不达标区 评价项目	新增污染源	正常排放	短期浓度 长期浓度	最大浓度占标率
	新增污染源－ "以新带老"污染源(如有)－ 区域削减污染源(如有)＋ 其他在建、拟建污染源(如有)	正常排放	短期浓度 长期浓度	叠加达标规划目标浓度后的保证率日平均质量浓度和年平均质量浓度的占标率,或短期浓度的达标情况; 评价年平均质量浓度变化率
	新增污染源	非正常排放	1h平均质量浓度	最大浓度占标率
区域规划	不同规划期/规划方案污染源	正常排放	短期浓度 长期浓度	保证率日平均质量浓度和年平均质量浓度的占标率,年平均质量浓度变化率
大气环境 防护距离	新增污染源－ "以新带老"污染源(如有)＋ 项目全厂现有污染源	正常排放	短期浓度	大气环境防护距离

六、评价方法

(一) 环境影响叠加

1. 达标区环境影响叠加

预测评价项目建成后各污染物对预测范围的环境影响,应用本项目的贡献浓度,叠加(减去)区域削减污染源以及其他在建、拟建项目污染源环境影响,并叠加环境质量现状浓度。计算方法见式 (6-5)。

$$\rho_{叠加(x,y,t)}=\rho_{本项目(x,y,t)}-\rho_{区域削减(x,y,t)}+\rho_{拟在建(x,y,t)}+\rho_{现状(x,y,t)} \tag{6-5}$$

式中 $\rho_{叠加(x,y,t)}$ ——在 t 时刻,预测点 (x,y) 叠加各污染源及现状浓度后的环境质量浓度,$\mu g/m^3$;

$\rho_{本项目(x,y,t)}$ ——在 t 时刻,本项目对预测点 (x,y) 的贡献浓度,$\mu g/m^3$;

$\rho_{区域削减(x,y,t)}$ ——在 t 时刻,区域削减污染源对预测点 (x,y) 的贡献浓度,$\mu g/m^3$;

$\rho_{现状(x,y,t)}$ ——在 t 时刻,预测点 (x,y) 的环境质量现状浓度,$\mu g/m^3$,各预测点环境质量现状浓度按式 (6-2)、式 (6-3) 方法计算;

$\rho_{拟在建(x,y,t)}$ ——在 t 时刻,其他在建、拟建项目污染源对预测点 (x,y) 的贡献浓度,$\mu g/m^3$。

其中本项目预测的贡献浓度除新增污染源环境影响外,还应减去"以新带老"污染源的环境影响,计算方法见式 (6-6)。

$$\rho_{本项目(x,y,t)}=\rho_{新增(x,y,t)}-\rho_{以新带老(x,y,t)} \tag{6-6}$$

式中 $\rho_{新增(x,y,t)}$ ——在 t 时刻,本项目新增污染源对预测点 (x,y) 的贡献浓度,$\mu g/m^3$;

$\rho_{以新带老(x,y,t)}$ ——在 t 时刻,"以新带老"污染源对预测点 (x,y) 的贡献浓度,$\mu g/m^3$。

2. 不达标区环境影响叠加

对于不达标区的环境影响评价，应在各预测点上叠加达标规划中达标年的目标浓度，分析达标规划年的保证率日平均质量浓度和年平均质量浓度的达标情况。叠加方法可以用达标规划方案中的污染源清单参与影响预测，也可直接用达标规划模拟的浓度场进行叠加计算。计算方法见式（6-7）。

$$\rho_{\text{叠加}(x,y,t)}=\rho_{\text{本项目}(x,y,t)}-\rho_{\text{区域削减}(x,y,t)}+\rho_{\text{拟在建}(x,y,t)}+\rho_{\text{规划}(x,y,t)} \tag{6-7}$$

式中　$\rho_{\text{规划}(x,y,t)}$——在 t 时刻，预测点 $(x，y)$ 的达标规划年目标浓度，$\mu g/m^3$。

（二）保证率日平均质量浓度

对于保证率日平均质量浓度，首先按达标区或不达标区环境影响叠加的方法计算叠加后预测点上的日平均质量浓度，然后对该预测点所有日平均质量浓度从小到大进行排序，根据各污染物日平均质量浓度的保证率（p），计算排在 p 百分位数的第 m 个序数，序数 m 对应的日平均质量浓度即为保证率日平均浓度 ρ_m。其中序数 m 计算方法见式（6-8）。

$$m=1+p(n-1) \tag{6-8}$$

式中　p——该污染物日平均质量浓度的保证率，按 HJ 663 规定的对应污染物年评价中 24h 平均百分位数取值，%；

　　　n——1 个日历年内单个预测点上的日平均质量浓度的所有数据个数；

　　　m——百分位数 p 对应的序数（第 m 个），向上取整数。

（三）浓度超标范围

以评价基准年为计算周期，统计各网格点的短期浓度或长期浓度的最大值，所有最大浓度超过环境质量标准的网格即为该污染物浓度超标范围。超标网格的面积之和即为该污染物的浓度超标面积。

（四）区域环境质量变化评价

当无法获得不达标区规划达标年的区域污染源清单或预测浓度场时，也可评价区域环境质量的整体变化情况。按式（6-9）计算实施区域削减方案后预测范围的年平均质量浓度变化率 k。当 $k\leqslant-20\%$ 时，可判定项目建设后区域环境质量得到整体改善。

$$k=\frac{\left[\overline{\rho}_{\text{本项目}(a)}-\overline{\rho}_{\text{区域削减}(a)}\right]}{\overline{\rho}_{\text{区域削减}(a)}}\times100\% \tag{6-9}$$

式中　k——预测范围年平均质量浓度变化率，%；

　　　$\overline{\rho}_{\text{本项目}(a)}$——本项目对所有网格点的年平均质量浓度贡献值的算术平均值，$\mu g/m^3$；

　　　$\overline{\rho}_{\text{区域削减}(a)}$——区域削减污染源对所有网格点的年平均质量浓度贡献值的算术平均值，$\mu g/m^3$。

（五）大气环境防护距离确定

采用进一步预测模型模拟评价基准年内本项目所有污染源（改建、扩建项目应包括全厂现有污染源）对厂界外主要污染物的短期贡献浓度分布。厂界外预测网格分辨率不应超过 50m。

在底图上标注从厂界起所有超过环境质量短期浓度标准值的网格区域，以自厂界起至超标区域的最远垂直距离作为大气环境防护距离。

（六）污染控制措施有效性分析与方案比选

对于达标区建设项目，在选择大气污染治理设施、预防措施或多方案比选时，应综合考虑成本和治理效果，选择最佳可行技术方案，保证大气污染物能够达标排放，并使环境影响可以接受。

对于不达标区建设项目，在选择大气污染治理设施、预防措施或多方案比选时，应优先考虑治理效果，结合达标规划和替代源削减方案的实施情况，在只考虑环境因素的前提下选择最优技术方案，保证大气污染物达到最低排放强度和排放浓度，并使环境影响可以接受。

（七）污染物排放量核算

污染物排放量核算包括本项目的新增污染源及改建、扩建污染源（如有）。

根据最终确定的污染治理设施、预防措施及排污方案，确定本项目所有新增及改建、扩建污染源大气排污节点、排放污染物、污染治理设施与预防措施以及大气排放口基本情况。

本项目各排放口排放大气污染物的核算排放浓度、排放速率及污染物年排放量，应为通过环境影响评价，并且环境影响评价结论为可接受时对应的各项排放参数。污染物排放量核算内容与格式要求见大气导则附录C相关内容。

本项目大气污染物年排放量包括项目各有组织排放源和无组织排放源在正常排放条件下的预测排放量之和。污染物年排放量按式（6-10）计算。

$$E_{年排放} = \sum_{i=1}^{n}(M_{i有组织} \times H_{i有组织})/1000 + \sum_{j=1}^{m}(M_{j无组织} \times H_{j无组织})/1000 \quad (6-10)$$

式中 $E_{年排放}$——项目年排放量，t/a；

$M_{i有组织}$——第 i 个有组织排放源排放速率，kg/h；

$H_{i有组织}$——第 i 个有组织排放源年有效排放小时数，h/a；

$M_{j无组织}$——第 j 个无组织排放源排放速率，kg/h；

$H_{j无组织}$——第 j 个无组织排放源全年有效排放小时数，h/a。

本项目各排放口非正常排放量核算，应结合前述非正常排放预测结果，优先提出相应的污染控制与减缓措施。当出现1h平均质量浓度贡献值超过环境质量标准时，应提出减少污染排放直至停止生产的相应措施。明确列出发生非正常排放的污染源、非正常排放原因、排放污染物、非正常排放浓度与排放速率、单次持续时间、年发生频次及应对措施等。相关内容与格式要求见大气导则附录C。

七、评价结果表达

（一）基本信息底图

包含项目所在区域相关地理信息的底图，至少应包括评价范围内的环境功能区划、环境空气保护目标、项目位置、监测点位，以及图例、比例尺、基准年风频玫瑰图等要素。

（二）项目基本信息图

在基本信息底图上标示项目边界、总平面布置、大气排放口位置等信息。

（三）达标评价结果表

列表给出各环境空气保护目标及网格最大浓度点主要污染物现状浓度、贡献浓度、叠加现状浓度后保证率日平均质量浓度和年平均质量浓度、占标率、是否达标等评价结果。

（四）网格浓度分布图

包括叠加现状浓度后主要污染物保证率日平均质量浓度分布图和年平均质量浓度分布图。网格浓度分布图的图例间距一般按相应标准值的 5%～100% 进行设置。如果某种污染物环境空气质量超标，还需在评价报告及浓度分布图上标示超标范围与超标面积，以及与环境空气保护目标的相对位置关系等。

（五）大气环境防护区域图

在项目基本信息图上沿出现超标的厂界外延按确定的大气环境防护距离所包括的范围，作为本项目的大气环境防护区域。大气环境防护区域应包含自厂界起连续的超标范围。

（六）污染治理设施、预防措施及方案比选结果表

列表对比不同污染控制措施及排放方案对环境的影响，评价不同方案的优劣。

（七）污染物排放量核算表

包括有组织及无组织排放量、大气污染物年排放量、非正常排放量等。

第四节　大气环境影响评价结论与建议

一、大气环境影响评价结论

（一）达标区域的建设项目

达标区域的建设项目环境影响评价，当同时满足以下条件时，认为环境影响可以接受。

① 新增污染源正常排放下污染物短期浓度贡献值的最大浓度占标率≤100%。

② 新增污染源正常排放下污染物年均浓度贡献值的最大浓度占标率≤30%（其中一类区≤10%）。

③ 项目环境影响符合环境功能区划。叠加现状浓度、区域削减污染源以及在建、拟建项目的环境影响后，主要污染物的保证率日平均质量浓度和年平均质量浓度均符合环境质量标准；对于项目排放的主要污染物仅有短期浓度限值的，叠加后的短期浓度符合环境质量标准。

（二）不达标区域的建设项目

不达标区域的建设项目环境影响评价，当同时满足以下条件时，认为环境影响可以接受。

① 达标规划未包含的新增污染源建设项目，需另有替代源的削减方案。

② 新增污染源正常排放下污染物短期浓度贡献值的最大浓度占标率≤100%。

③ 新增污染源正常排放下污染物年均浓度贡献值的最大浓度占标率≤30%（其中一类区≤10%）。

④ 项目环境影响符合环境功能区划或满足区域环境质量改善目标。现状浓度超标的污染物评价，叠加达标年目标浓度、区域削减污染源以及在建、拟建项目的环境影响后，污染物的保证率日平均质量浓度和年平均质量浓度均符合环境质量标准或满足达标规划确定的区域环境质量改善目标，或计算出的预测范围内年平均质量浓度变化率 $k≤-20\%$；对于现状

达标的污染物评价，叠加后污染物浓度符合环境质量标准；对于项目排放的主要污染物仅有短期浓度限值的，叠加后的短期浓度符合环境质量标准。

(三) 区域规划

区域规划的环境影响评价，当主要污染物的保证率日平均质量浓度和年平均质量浓度均符合环境质量标准，对于主要污染物仅有短期浓度限值的，叠加后的短期浓度符合环境质量标准时，认为区域规划环境影响可以接受。

二、污染控制措施可行性及方案比选结果

项目拟采取的大气污染治理设施与预防措施，必须保证污染源排放以及控制措施均符合排放标准的有关规定，同时满足经济、技术可行性。

从项目选址选线、污染源的排放强度与排放方式、污染控制措施技术与经济可行性等方面，结合区域环境质量现状及区域削减方案、项目正常排放及非正常排放下大气环境影响预测结果，综合评价治理设施、预防措施及排放方案的优劣，并对存在的问题（如果有）提出解决方案。经对解决方案进行进一步预测和评价比选后，给出大气污染控制措施可行性建议及最终的推荐方案。

三、大气环境防护距离

根据大气环境防护距离计算结果，并结合厂区平面布置图，确定项目大气环境防护区域。若大气环境防护区域内存在长期居住的人群，应给出相应优化调整项目选址、布局或搬迁的建议。

项目大气环境防护区域之外，大气环境影响评价结论应符合前述关于大气环境影响达标与否的规定和要求。

四、污染物排放量核算结果

环境影响评价结论是环境影响可接受的，根据环境影响评价审批内容和排污许可证申请与核发所需表格要求，明确给出污染物排放量核算结果表。

评价项目完成后污染物排放总量控制指标能否满足环境管理要求，并明确总量控制指标的来源和替代源的削减方案。

五、大气环境影响评价自查表

大气环境影响评价完成后，应对大气环境影响评价主要内容与结论进行自查。建设项目大气环境影响评价自查表内容与格式见大气导则附录 E。

第五节　大气环境污染防治对策措施

大气环境污染防治的目的主要包括三个方面：维护大气的清洁，防治大气污染；保护和改善生活环境和生态环境，保障人体健康；促进经济和社会的可持续发展。

大气环境污染防治的内容非常丰富，具有综合性和系统性，涉及环境规划管理、能源利用、污染治理等方面；根据采取对策的结果可分为三个层次，即避免、消除、减轻负面的环境影响。

对于一个建设项目，提出的大气污染防治对策要从规划、技术、管理各方面入手，并针对项目实施的各阶段提出具体的对策。

一、建设阶段对策措施

项目建设阶段的大气污染主要体现在两个方面：施工场地扬尘和燃料废气排放。

（一）防治施工场地（及辅助设施）扬尘常用对策措施

① 合理组织施工，缩短施工时间，并使单位时间内施工场地最小化；

② 场地施工面适当喷水保持湿润；

③ 及时在裸土上进行覆盖，常采用植被、沙、石等，小面积的可用毡布等覆材遮盖；

④ 采用合理放置建材或移种树木、设置人工围栏等措施减小施工场地风速；

⑤ 对于大面积的施工场地，还可以采用化学稳定剂固化表土；

⑥ 对于施工辅助设施，如取土场、建筑材料转运场、土方堆场及无铺砌道路，可采取上述方法控制场地扬尘。

（二）施工机械与运输车辆废气排放防治对策措施

① 施工前做好施工机械与运输车辆使用规划，减少施工机械使用时间和运输车次；

② 合理安排运输车辆频次、密度，降低单位时间燃料废气排放量。

二、运行阶段对策措施

建设项目正常运行时应当按照节能减排的原则，在满足环境质量要求、污染物达标排放，满足污染物排放控制指标要求及清洁生产的前提下提出主要大气污染物排放量，为此，建设项目应当对其大气污染采取适当的控制措施。

由于各地区（或城市）的大气污染特征、条件及大气污染综合防治的方向和重点不尽相同，建设项目行业性质、生产工艺、规模等的差异，难以找到适合一切情况的综合防治措施，因此需要因地制宜地提出相应的对策。

运行阶段常用的大气污染控制措施一般从以下几个方面着手。

① 污染源头控制。推行清洁生产，改进生产工艺，严格控制操作过程，尽可能减少生产过程中的污染物。

② 综合利用，提高资源利用率。综合利用包括进入生产系统资源的综合利用、循环利用、重复利用、资源化利用等，可以提高资源利用率。

③ 合理利用能源。能源利用是大气污染物的重要来源，合理利用能源可以直接或间接减少大气污染物的排放。通常采取的措施包括以下几个方面。

a. 节约能源，余热利用。这些措施可以减少单位产值的能源消耗，提高能源利用效率，不仅可以减少污染物的排放，还可以减少热污染。

b. 调整能源结构和用能方式。使用高热值低大气污染物排放的燃料将有助于减轻大气污染。对于用能方式，在条件许可的情况下，不提倡利用厂内自备的小锅炉。

c. 采用先进的清洁煤技术。煤燃烧排放的废气对大气造成严重污染，应积极采用先进的清洁煤技术，主要包括燃烧前的选煤、型煤、气化、液化等技术，燃烧中的循环流化床脱硫、低氮燃烧、煤气化联合循环发电和热电联产等技术，燃烧后的烟气除尘、脱硫、脱氮和其他各种废气净化技术。

④ 利用工程技术控制废气排放。提出的工程治理措施应当经济、实用，最好采用能达到治理目的要求的现有技术。主要的工程治理技术有以下几个方面。

a. 提出设备设计标准。根据污染物浓度预测结果和污染物排放量分析，对生产设备提出设备设计参数要求，对大气污染物治理设施提出治理效率要求。

b. 安装除尘净化装置。微尘和有害气体是大气的主要污染物，根据污染物的特性可分别采用除尘、吸收、吸附、催化转化、燃烧转化、冷凝、生物净化（吸收过滤等）、电子束照射、膜分离等方法进行捕集处理、回收利用从而使空气得以净化。

c. 选择有利于污染物扩散的排放方式。排放方式不同，其扩散效果也不一样，较常采用的是高烟囱排放和集束烟囱排放。提高烟囱的有效高度不仅能使烟气得到充分的稀释，同时也是减轻地面污染的措施之一。烟囱高，当地的落地浓度虽然减小了，但排烟范围却扩大了。所以采取上述措施尚不能从根本上解决污染问题。集束烟囱排放就是将几个（一般是2~4个）排烟设备集中到一个烟囱中排放，以使排放的烟气温度升高，提高烟气出口速度。这种高温、高速的烟流将呈环状吹向天空，扩散效果良好，从而使矮烟囱起到高烟囱的作用。

三、环境规划与管理建议

① 评价区污染物控制规划。当拟建项目所在区域的大气污染物背景浓度很高，甚至出现超标时，应提出具体可行的区域排放总量的平衡方案或削减方案，着眼点在于以下几个方面。

a. 调整区域产业政策，淘汰高污染、低产值企业；

b. 合理规划区域工业布局，减小对局部区域的污染影响；

c. 提出评价区内主要污染源的污染物共同削减方案。

② 提出厂址及总图布置的合理化建议。特别要注意大气污染物排放面源与敏感目标的方位、距离关系，以及厂区内生产区与非生产区的位置关系。

a. 拟建项目尽量避免在敏感目标上风向选址；

b. 拟建项目的生活区不应设置在生产区主导风向、次主导风向下风向区域。

③ 根据当地污染现状和环境容量，对拟建项目提出合理的发展规模要求。

④ 加强环境管理。大气污染防治重在管理，具体内容包括以下几个方面。

a. 提出对拟建项目环境管理机构设置及人员配备的要求，明确各级管理机构及人员的职责；

b. 提出对污染治理设施的运行、维护、检修的具体要求；

c. 提出拟建项目大气污染监测机构的设置、设备要求，以及对监测项目、频次、布点、监测数据保管和提交等的要求；

d. 提出后评估的阶段要求。

⑤ 对一些敏感区域还应当提出项目建成投产后的大气环境监测计划。

第六节　大气环境影响评价导则推荐模式及案例分析

一、环境空气质量模型适用性

《环境影响评价技术导则　大气环境》（HJ 2.2—2018）中给出了大气环境影响评价常用的推荐模型清单，并对各类环境空气质量模型的适用性给出了明确说明。

大气环境影响预测模型，应综合考虑预测范围、污染源排放形式、污染物性质、特殊气象条件等各方面因素，并按照评价等级要求进行判断和选取。

（一）按预测范围

模型选取需考虑所模拟的范围。模型按模拟尺度可分为三类，即局地尺度（50km 以下）、城市尺度（几十到几百 km）、区域尺度（几百 km 以上）模型。

在模拟局地尺度环境空气质量影响时，一般选用大气导则推荐的估算模型、AERMOD、ADMS、AUSTAL2000 等模型；在模拟城市尺度环境空气质量影响时，一般选用大气导则推荐的 CALPUFF 模型；在模拟区域尺度空气质量影响或需考虑对二次 $PM_{2.5}$ 及 O_3 有显著影响的排放源时，一般选用导则推荐的包含复杂物理、化学过程的区域光化学网格模型。

（二）按污染源的排放形式

模型选取需考虑所模拟污染源的排放形式。污染源从排放形式上可分为点源（含火炬源）、面源、线源、体源、网格源等；污染源从排放时间上可分为连续源、间断源、偶发源等；污染源从排放的运动形式上可分为固定源和移动源，其中移动源包括道路移动源和非道路移动源。此外还有一些特殊排放形式，比如烟塔合一源和机场源。

AERMOD、ADMS 及 CALPUFF 等模型可直接模拟点源、面源、线源、体源，AUSTAL2000 可模拟烟塔合一源，EDMS/AEDT 可模拟机场源，光化学网格模型需要使用网格化污染源清单。

（三）按污染物性质

模型选取需考虑评价项目和所模拟污染物的性质。污染物从性质上可分为颗粒态污染物和气态污染物，也可分为一次污染物和二次污染物。

当模拟 SO_2、NO_2 等一次污染物时，可依据预测范围选用适合尺度的模型。当模拟二次 $PM_{2.5}$ 时，可采用系数法进行估算，或选用包括物理过程和化学反应机理模块的城市尺度模型。对于规划项目需模拟二次 $PM_{2.5}$ 和 O_3 时，也可选用区域光化学网格模型。

（四）按适用特殊气象条件

1. 岸边熏烟

当在近岸内陆上建设高烟囱时，需要考虑岸边熏烟问题。由于水陆地表的辐射差异，水陆交界地带的大气由地面不稳定层结过渡到稳定层结，当聚集在大气稳定层内的污染物遇到不稳定层结时将发生熏烟现象，在某固定区域将形成地面的高浓度。在缺少边界层气象数据或边界层气象数据的精确度和详细程度不能反映真实情况时，可选用大气导则推荐的估算模型获得近似的模拟浓度，或者选用 CALPUFF 模型。

2. 长期静、小风

长期静、小风的气象条件是指静风和小风持续时间达几个小时到几天，在这种气象条件下，空气污染扩散（尤其是来自低矮排放源），可能会形成相对高的地面浓度。CALPUFF模型对静风湍流速度做了处理，当模拟城市尺度以内的长期静、小风时的环境空气质量时，可选用大气导则推荐的CALPUFF模型。

二、推荐模型清单

大气导则推荐的模型包括估算模型 AERSCREEN，进一步预测模型 AERMOD、ADMS、AUSTAL2000、EDMS/AEDT、CALPUFF，以及 CMAQ 等光化学网格模型。也可选用生态环境部模型管理部门推荐的其他环境空气质量模型。

模型的适用情况见表 6-11。

表 6-11　推荐模型适用情况

模型名称	适用性	适用污染源	适用排放形式	推荐预测范围	适用污染物	输出结果	其他特性
AERSCREEN	用于评价等级及评价范围判定	点源（含火炬源）、面源（矩形或圆形）、体源	连续源			短期浓度最大值及对应距离	可以模拟熏烟和建筑物下洗
AERMOD	用于进一步预测	点源（含火炬源）、面源、线源、体源		局地尺度（≤50km）	一次污染物、二次 PM$_{2.5}$（系数法）	短期和长期平均质量浓度及分布	可以模拟建筑物下洗、干湿沉降
ADMS		点源、面源、线源、体源、网格源					可以模拟建筑物下洗、干湿沉降，包含街道窄谷模型
AUSTAL2000		烟塔合一源	连续源、间断源				可以模拟建筑物下洗
EDMS/AEDT		机场源					可以模拟建筑物下洗、干湿沉降
CALPUFF		点源、面源、线源、体源		城市尺度（50km到几百 km）	一次污染物和二次 PM$_{2.5}$		可以用于特殊风场，包括长期静、小风和岸边熏烟
光化学网格模型（CMAQ或类似模型）		网格源		区域尺度（几百 km）	一次污染物和二次 PM$_{2.5}$、O$_3$		网格化模型，可以模拟复杂化学反应及气象条件对污染物浓度的影响等

注：1. 生态环境部模型管理部门推荐的其他模型，按相应推荐模型适用情况进行选择。

2. 对光化学网格模型（CMAQ或类似的模型），在应用前应根据应用案例提供必要的验证结果。

三、推荐模型参数及说明

（一）污染源参数

估算模型应采用满负荷运行条件下排放强度及对应的污染源参数。进一步预测模型应包括正常排放和非正常排放下排放强度及对应的污染源参数。对于源强排放有周期性变化的，还需根据模型模拟需要输入污染源周期性排放系数。

（二）污染源清单数据及前处理

光化学网格模型所需污染源包括人为源和天然源两种形式。其中人为源按空间几何形状分为点源（含火炬源）、面源和线源。道路移动源可以按线源或面源形式模拟，非道路移动源可按面源形式模拟。点源清单应包括烟囱坐标、地形高程、排放口几何高度、出口内径、烟气量、烟气温度等参数。面源应按行政区域提供或按经纬度网格提供。

点源、面源和线源需要根据光化学网格模型所选用的化学机理和时空分辨率进行前处理，包括污染物的物种分配和空间分配、点源的抬升计算、所有污染物的时间分配以及数据格式转换等。模型网格上按照化学机理分配好的物种还需要进行月变化、日变化和小时变化的时间分配。

光化学网格模型需要的天然源排放数据由天然源估算模型按照光化学网格模型所选用的化学机理模拟提供。天然源估算模型可以根据植被分布资料和气象条件，计算不同模型模拟网格的天然源排放。

（三）气象数据

1. 估算模型 AERSCREEN

模型所需最高和最低环境温度，一般需选取评价区域近 20 年以上资料统计结果。最小风速可取 0.5m/s，风速计高度取 10m。

2. AERMOD 和 ADMS

地面气象数据选择距离项目最近或气象特征基本一致的气象站的逐时地面气象数据，要素至少包括风速、风向、总云量和干球温度。根据预测精度要求及预测因子特征，可选择观测资料包括：湿球温度、露点温度、相对湿度、降水量、降水类型、海平面气压、地面气压、云底高度、水平能见度等。其中对观测站点缺失的气象要素，可采用经验证的模拟数据或采用观测数据进行插值得到。

高空气象数据选择模型所需观测或模拟的气象数据，要素至少包括一天早晚两次不同等压面上的气压、离地高度和干球温度等，其中离地高度 3000m 以内的有效数据层数应不少于 10 层。

3. AUSTAL2000

地面气象数据选择距离项目最近或气象特征基本一致的气象站的逐时地面气象数据，要素至少包括风向、风速、干球温度、相对湿度，以及采用测量或模拟气象资料计算得到的稳定度。

4. CALPUFF

地面气象资料应尽量获取预测范围内所有地面气象站的逐时地面气象数据，要素至少包括风速、风向、干球温度、地面气压、相对湿度、云量、云底高度。若预测范围内地面观测站少于 3 个，可采用预测范围外的地面观测站进行补充，或采用中尺度气象模拟数据。

高空气象资料应获取最少 3 个站点的测量或模拟气象数据，要素至少包括一天早晚两次不同等压面上的气压、离地高度、干球温度、风向及风速，其中离地高度 3000m 以内的有效数据层数应不少于 10 层。

5. 光化学网格模型

光化学网格模型的气象场数据可由 WRF 或其他区域尺度气象模型提供。气象场应至少涵盖评价基准年 1 月、4 月、7 月、10 月。气象模型的模拟区域范围应略大于光化学网格模型的模拟区域，气象数据网格分辨率、时间分辨率与光化学网格模型的设定相匹配。在气象模型的物理参数化方案选择时应注意和光化学网格模型所选择参数化方案的兼容性。非在线的 WRF 等气象模型计算的气象数据提供给光化学网格模型应用时，需要经过相应的数据前处理，处理的过程包括光化学网格模拟区域截取、垂直插值、变量选择和计算、数据时间处理以及数据格式转换等。

（四）地形数据

原始地形数据分辨率不得小于 90m。

（五）地表参数

估算模型 AERSCREEN 和 ADMS 的地表参数根据模型特点取项目周边 3km 范围内占地面积最大的土地利用类型来确定。

AERMOD 地表参数一般根据项目周边 3km 范围内的土地利用类型进行合理划分，或采用 AERSURFACE 直接读取可识别的土地利用数据文件。

AERMOD 和 AERSCREEN 所需的区域湿度条件划分可根据中国干湿地区划分进行选择。

CALPUFF 采用模型可以识别的土地利用数据来获取地表参数，土地利用数据的分辨率一般不小于模拟网格分辨率。

（六）模型计算设置

1. 城市/农村选项

当项目周边 3km 半径范围内一半以上面积属于城市建成区或者规划区时，选择城市，否则选择农村。当选择城市时，城市人口数按项目所属城市实际人口或者规划的人口数输入。

2. 岸边熏烟选项

对估算模型 AERSCREEN，当污染源附近 3km 范围内有大型水体时，需选择岸边熏烟选项。

3. 计算点和网格点设置

估算模型 AERSCREEN 在距污染源 10m～25km 处默认为自动设置计算点，最远计算距离不超过污染源下风向 50km。

采用估算模型 AERSCREEN 计算评价等级时，对于有多个污染源的可取污染物等标排放量 P_0 最大的污染源坐标作为各污染源位置。污染物等标排放量 P_0 计算见式（6-11）。

$$P_0 = \frac{Q}{\rho_0} \times 10^{12} \tag{6-11}$$

式中 P_0——污染物等标排放量，m^3/a；

Q——污染源所排放污染物的年排放量，t/a；

ρ_0——污染物的环境空气质量浓度标准，$\mu g/m^3$，取值同式（6-1）中 ρ_{0i}。

AERMOD 和 ADMS 预测网格点的设置应具有足够的分辨率以尽可能精确预测污染源

对预测范围的最大影响。网格点间距可以采用等间距或近密远疏法进行设置，距离源中心 5km 的网格间距不超过 100m，5～15km 的网格间距不超过 250m，大于 15km 的网格间距不超过 500m。

CALPUFF 模型中需要定义气象网格、预测网格和受体网格（包括离散受体）。其中气象网格范围和预测网格范围应大于受体网格范围，以保证有一定的缓冲区域考虑烟团的迂回和回流等情况。预测网格间距根据预测范围确定，应选择足够的分辨率以尽可能精确预测污染源对预测范围的最大影响。预测范围小于 50km 的网格间距不超过 500m，预测范围大于 100km 的网格间距不超过 1000m。

光化学网格模型模拟区域的网格分辨率根据所关注的问题确定，并能精确到可以分辨出新增排放源的影响。模拟区域的大小应考虑边界条件对关心点浓度的影响。为提高计算精度，预测网格间距一般不超过 5km。

对于邻近污染源的高层住宅楼，应适当考虑不同代表高度上的预测受体。

4. 建筑物下洗

如果烟囱实际高度小于根据周围建筑物高度计算的最佳工程方案（GEP）烟囱高度，且位于 GEP 的 5L 影响区域内时，则要考虑建筑物下洗的情况。GEP 烟囱高度计算方法见式 (6-12)。

$$\text{GEP 烟囱高度} = H + 1.5L \tag{6-12}$$

式中 H——从烟囱基座地面到建筑物顶部的垂直高度，m；

L——建筑物高度（BH）或建筑物投影宽度（PBW）的较小者，m。

GEP 的 5L 影响区域：每个建筑物在下风向会产生一个尾迹影响区，下风向影响最大距离为距建筑物 5L 处，迎风向影响最大距离为距建筑物 2L 处，侧风向影响最大距离为距建筑物 0.5L 处。不同风向下的影响区是不同的，所有风向构成的一个完整的影响区域，称为 GEP 的 5L 影响区域，即建筑物下洗的最大影响范围。

进一步预测考虑建筑物下洗时，需要输入建筑物角点横坐标和纵坐标，建筑物高度、宽度与方位角等参数。

（七）其他选项

1. AERMOD 模型

（1）颗粒物干沉降和湿沉降

当 AERMOD 计算考虑颗粒物湿沉降时，地面气象数据中需要包括降雨类型、降雨量、相对湿度和站点气压等气象参数。

考虑颗粒物干沉降需要输入的参数是干沉降速度，用户可根据需要自行输入干沉降速度，也可输入气体污染物的相关沉降参数和环境参数自动计算干沉降速度。

（2）气态污染物转化

AERMOD 模型的 SO_2 转化算法，模型中采用特定的指数衰减模型，需输入的参数包括半衰期或衰减系数。通常半衰期和衰减系数的关系为：衰减系数（s^{-1}）= 0.693/半衰期（s）。AERMOD 模型中缺省设置的 SO_2 指数衰减的半衰期为 14400s。

AERMOD 模型的 NO_2 转化算法，可采用 PVMRM（烟羽体积摩尔率法）、OLM（O_3 限制法）或 ARM2 算法（环境比率法 2）。能获取到有效环境中 O_3 浓度及烟道内 NO_2/NO_x 比率数据时，优先采用 PVMRM 或 OLM 方法。如果采用 ARM2 选项，对 1 小时浓度采用内定的比例值上限 0.9，年均浓度内置比例下限 0.5。当选择 NO_2 化学转化算法时，NO_2 源强应输入 NO_x 排放源强。

2. CALPUFF 模型

CALPUFF 在考虑化学转化时需要 O_3 和 NH_3 的现状浓度数据。O_3 和 NH_3 的现状浓度可采用预测范围内或邻近的例行环境空气质量监测点监测数据，或其他有效现状监测资料进行统计分析获得。

3. 光化学网格模型

（1）初始条件和边界条件

光化学网格模型的初始条件和边界条件可通过模型自带的初始边界条件处理模块产生，以保证模拟区域范围、网格数、网格分辨率、时间和数据格式的一致性。初始条件使用上一个时次模拟的输出结果作为下一个时次模拟的初始场；边界条件使用更大模拟区域的模拟结果作为边界场，如子区域网格使用母区域网格的模拟结果作为边界场，外层母区域网格可使用预设的固定值或者全球模型的模拟结果作为边界场。

（2）参数化方案选择

针对相同的物理、化学过程，光化学网格模型往往提供几种不同的算法模块。在模拟中根据需要选择合适的化学反应机理、气溶胶方案和云方案等参数化方案，并保证化学反应机理、气溶胶方案以及其他参数之间的相互匹配。

在应用中，应根据使用的时间和区域，对不同参数化方案的光化学网格模型应用效果进行验证比较。

四、案例分析

某城市污水处理厂位于城市郊区，由于原有工程设计规模已不能满足区域污水处理需求，现拟进行扩建。经工程分析，扩建部分废气污染主要来源于污水处理工艺环节，包括格栅井、沉砂池、生化反应池、污泥浓缩池及污泥堆场等，另外包括化验室废气和员工食堂的油烟废气。

选择推荐模式中的估算模式 AERSCREEN，预测计算各排气筒以及厂区无组织排放源所排放的大气污染物的影响浓度及最大占标率，据此对项目的大气环境影响评价工作进行等级判定，见表 6-12。

表 6-12 大气环境影响评价等级判定

污染源	下风向距离/m	污染物占标率/%				$D_{10\%}$/m	P_{max}/%	分级判据	评价等级
		H_2S	NH_3	非甲烷总烃	HCl				
1# 排气筒	50	4.53	0.07	—	—	0	4.53	<10%	二级
2# 排气筒	50	2.39	0.04	—	—	0	2.39	<10%	二级
3# 排气筒	50	0.18	0.003	—	—	0	0.18	<1%	三级
4# 排气筒	15	—	—	0.03	0.34	0	0.34	<1%	三级
厂区无组织排放源	127	7.4	0.11	—	—	0	7.4	<10%	二级

根据估算模式预测结果，该项目 P_{max} 为厂区无组织排放源排放的 H_2S，最大落地浓度占标率为 7.4%。由于 $P_{max}<10\%$，因此判定该项目大气环境影响评价工作等级为二级，大

气环境影响评价范围取边长为 5km 的矩形区域。

习 题

1. 名词解释：环境空气保护目标、基本污染物、短期浓度、长期浓度。

2. 简述大气环境影响评价的工作程序。

3. 如何确定大气环境影响评价工作范围及环境空气敏感区？

4. 什么是大气环境防护距离？其设置原则应考虑哪些方面的因素？

5. 环境空气质量现状评价中，如何进行项目所在区域达标判断？

6. 对于环境空气质量现状不达标区，如何进行环境影响叠加？

7. 某热电厂拟新建 2 台 670t/h 煤粉炉和 2 台 200MW 抽凝式发电机，年运行 5500h，燃煤含硫率 0.9%，脱硫效率 90%，烟囱高度 180m、直径 6.5m，烟气排放量（标准状况）400m^3/s，出口温度 50℃，SO_2 排放浓度 200mg/m^3。经估算模式计算，新建工程 SO_2 最大小时地面浓度 0.11mg/m^3，出现距离为下风向 1100m，$D_{10\%}$ 为 37000m。已知 SO_2 小时浓度二级标准值为 0.50mg/m^3。试确定大气环境影响评价工作等级和范围，并写出依据。

参考文献

[1] 环境保护部. 建设项目环境影响评价技术导则 总纲：HJ 2.1—2016 [S]. 2016.
[2] 生态环境部. 环境影响评价技术导则 大气环境：HJ 2.2—2018 [S]. 2018.
[3] 吴春山，成岳. 环境影响评价 [M]. 3 版. 武汉：华中科技大学出版社，2020.
[4] 蒋维楣. 空气污染气象学 [M]. 南京：南京大学出版社，2003.

第七章

环境噪声影响评价

 学习内容

　　本章主要介绍环境噪声评价基础知识，声环境影响评价的工作程序，评价等级、范围和标准的确定，现状调查以及声环境影响预测的方法，噪声的衰减和反射效应，噪声防治对策措施。

学习目标

　　要求掌握环境噪声的概念和噪声评价量、声环境影响评价工作等级的判定以及噪声影响评价的相关标准；理解声环境现状调查和评价、声环境影响预测方法及噪声的衰减和反射效应；了解环境噪声污染防治对策和声环境影响评价报告的编制内容。

第一节　环境噪声评价基础知识

一、环境噪声及噪声污染

　　声音是由物体振动产生的，其中包括固体、液体和气体，这些振动的物体通常称为声源或发声体。物体振动产生的声能，通过周围介质（可以是气体、液体或者固体）向外界传播，并且被感受目标所接受，例如人耳是人体的声音接受器官。声学中把声源（发声体）、介质（传播途径）、接收器（或称受体）称为声音三要素。人类生活在一个声音环境中，通过声音进行交谈，表达思想和开展活动。但是有的声音也会给人类带来困扰或危害。

　　环境噪声是指在工业生产、建筑施工、交通运输和社会生活中所产生的干扰周围生活环境的声音（频率在 20Hz～20kHz 的可听声范围内）。环境噪声污染是指所产生的环境噪声超过国家规定的环境噪声排放标准，并干扰他人正常生活、工作和学习的现象。环境噪声污染是一种感觉性公害，具有可恢复、无积累性、局地性和分散性等特点，噪声一旦消除，噪声污染就消除，不会引起区域或全球性污染。

　　环境噪声声源大体分为四类：交通运输噪声，主要指机动车辆、船舶汽笛和飞机在交通干线上运行时所产生的噪声；工业生产噪声，指在工业生产活动中使用固定的设备或辅助设备时产生的干扰周围生活环境的声音，其中机械的噪声较大；建筑施工噪声，指在房屋修建和道路施工期间，各种建筑机械和运行车辆产生的噪声，具有暂时性、声源固定等特点；社会生活噪声，指人为活动所产生的除工业生产噪声、建筑施工噪声和交通运输噪声之外的干扰周围生活环境的声音，其产生因素大都为人为因素。

二、噪声评价的基本概念

（一）声源的定义

点声源：以球面波形式传播，辐射声波的声压幅值与声波传播距离成反比；任何形状的声源，只要声波波长远远大于声源几何尺寸，可视为点声源。

线声源：以柱面波形式传播，辐射声波的声压幅值与声波传播距离的平方根成反比。

面声源：以平面波形式传播，辐射声波的声压幅值不随传播距离改变。

固定声源：在发声时间内位置不发生移动的声源。

移动声源：在发声时间内位置按一定轨迹移动的声源。

（二）噪声值的定义

噪声贡献值：由建设项目自身声源在预测点产生的声级，用于排放标准。

背景噪声值：评价范围内不含建设项目自身声源影响的声级，用于现状评价，采用质量标准比对。

噪声预测值：预测点的贡献值和背景值按能量叠加方法计算得到的声级，使用质量标准，主要考察敏感目标环境噪声是否超标、环境功能是否满足现状。

（三）敏感目标的定义

敏感目标是指医院、学校、机关、科研单位、住宅、自然保护区等对噪声敏感的建筑物或区域。

三、噪声的物理量和单位

（一）分贝

分贝是指两个相同的物理量 A_1 和 A_0 之比以 10 为底的对数并乘以 10（或 20）的数值，即：

$$N = 10 \lg \frac{A_1}{A_0} \qquad (7\text{-}1)$$

分贝是国家选定的非国际单位制单位，是我国法定计量单位中的级差单位，符号为 dB，其定义为："两个同类功率量或可与功率类比的量之比值的常用对数乘以 10 等于 1 时的级差"。式中，A_0 是基准量，A_1 为被量度的量。被量度量与基准量之比取对数，所得值称为被量度量的"级"，它表示被量度量高出多少"级"。

（二）声压和声压级

① 声压：声压是声波在介质中传播时所引起的介质压强的变化，是衡量声音大小的尺度，用 P 表示，其单位为 N/m^2 或 Pa。

② 声压级：对于 1000Hz 的声波，人耳的听阈声压为 2×10^{-5} Pa，痛阈声压为 20Pa，相差 10^6 倍。为了便于使用，人们根据人耳对声音强弱变化响应的特性，引出一个对数来表示声音的大小，这个对数值就是声压级，用 L_P 表示，单位为 dB，量纲为 1。某一声压 P

的声压级表示为：

$$L_P = 20 \lg \frac{P}{P_0} \tag{7-2}$$

式中，L_P 为声压 P 的声压级，dB；P 为声压，Pa；P_0 为基准声压，$P_0 = 2 \times 10^{-5}$ Pa。正常人耳听到的声音的声压级为 0～120dB。

（三）声强和声强级

① 声强：单位时间内通过垂直于声波传播方向单位面积的有效声压，用 I 表示，单位为 W/m²。自由声场中某处的声强 I 与该处声压 P 的平方成正比，常温下：

$$I = \frac{P^2}{\rho C} \tag{7-3}$$

式中，ρ 为介质密度，kg/m³；C 为声速。常温下以空气为声波传播介质时，$\rho C = 415$N·s/m³。

② 声强级：与确定声压级类似。以人的听阈声强值 10^{-12} W/m² 为基准，将声强级定义为：

$$L_1 = 10 \lg \frac{I}{I_0} \tag{7-4}$$

式中，L_1 为对应声强 I 的声强级，dB；I 为声强，W/m²；I_0 为基准声强，等于 10^{-12} W/m²。

（四）声功率和声功率级

① 声功率：声源在单位时间内向空间辐射的总能量，用 W 表示，单位为 W。声功率与声强之间的关系是：

$$W = IS \tag{7-5}$$

式中，S 为声波传播中通过的面积，m²。

② 声功率级：同理，以 10^{-12} W 为基准，声功率的定义如下。

$$L_W = 10 \lg \frac{W}{W_0} \tag{7-6}$$

式中，L_W 为对应声功率 W 的声功率级，dB；W 为声功率，W；W_0 为基准声功率，等于 10^{-12} W。

声压级、声强级、声功率级都是描述空间声场中某处声音大小的物理量。实际工作中常用声压级评价声环境功能区的声环境质量，用声功率级评价声源源强。

（五）倍频带声压级

人耳能听到的声波频率范围是 20～20000Hz，上下限相差 1000 倍，一般情况下，不可能也没有必要对每一个频率逐一测量。为方便和实用，通常把声频的变化范围划分为若干个区段，称为频带（频段或频程）。

实际应用中，根据人耳对声音频率的反应，把可听声频率分为 10 个频带，每一段的上限频率是下限频率的 2 倍，即上下限频率之比为 2∶1（称为 1 倍频），同时取上限与下限频率的几何平均值作为该倍频带的中心频率并以此表示倍频带。噪声测量中常用的倍频带中心频率为 31.5Hz、63Hz、125Hz、250Hz、500Hz、1000Hz、2000Hz、4000Hz、8000Hz 和

16000Hz，这 10 个倍频带涵盖全部可听声范围。

在实际噪声测量中用 63～8000Hz 的 8 个倍频带就能满足测量需求。同一个倍频带频率范围内声压级的累加称为倍频带声压级，实际中采用等比带宽滤波器直接测量。等比带宽是指滤波器上、下截止频率 f_u 与 f_1 之比以 2 为底的对数值 $[\log_2 (f_u/f_1)]$，为一常数 n，常用 1 倍频程滤波器（$n=1$）和 1/3 倍频程滤波器（$n=1/3$）来测量。

四、环境噪声评价量

（一）A 声级

环境噪声的度量，不仅与噪声的物理量有关，还与人对声音的主观听觉有关。人耳对声音的感觉不仅和声压级大小有关，而且和频率的高低有关。声压级相同而频率不同的声音，听起来不一样响，高频声音比低频声音响，这是人耳的听觉特性所决定的。因此根据听觉特征，人们在声学测量器——声级计中设计安装了一种特殊的滤波器，叫计权网络。通过计权网络测得的声压级，已经不再是客观物理量的声压级，而是计权声压级或计权声级，简称声级。通常有 A、B、C、D 四种计权声级。计权网络是一种特殊的滤波器，当含有各种频率的声波通过时，它对不同的频率成分有不同的衰减程度，A、B、C 计权网络的主要差别在于对频率成分的衰减程度，其中 A 计权网络使收到的噪声在低频有较大的衰减而高频甚至稍有放大。这样 A 计权网络测得的噪声值较接近人耳的听觉，其测得值称为 A 声级（L_A），单位为 dB（A）。A 声级较好地反映了人们对噪声的主观感觉，是模拟人耳对 55dB 以下低强度噪声的频率特性而设计的，因此 A 声级是应用最广的噪声评价量。

在规定的测量时段内或对于某独立的噪声事件，测得的 A 声级最大值，称为最大 A 声级，记为 L_{max}，单位为 dB（A）。对声环境中声源产生的偶发、突发、频发噪声，或非稳态噪声，采用最大 A 声级描述。

（二）等效声级

A 计权声级能够较好地反映人耳对噪声的强度和频率的主观感觉，因此对一个连续稳态噪声，它是一种较好的评价方法，但是不适合起伏或不连续的噪声，因此提出用噪声能量按时间平均的方法来评价噪声对人的影响，即等效连续声级，符号为"L_{eq}"。对于非稳态噪声，在声场内的某一点上，将某一时段内连续变化的不同 A 声级的能量进行平均以表示该时段内噪声的大小，称为等效连续 A 声级，简称等效声级，记为 L_{eq}，单位为 dB（A）。在评定非稳态噪声能量的大小时，常用等效连续 A 声级作为其评价量。其数学表达式为：

$$L_{eq} = 10\lg\left[\frac{1}{T}\int_0^T 10^{0.1L_A(t)}\mathrm{d}t\right] \tag{7-7}$$

式中，L_{eq} 为 T 时间内的等效连续 A 声级，dB（A）；$L_A(t)$ 为 t 时刻的瞬时 A 声级，dB（A）；T 为连续取样的总时间，min。

实际噪声测量常采取等时间间隔取样，L_{eq} 也可按下式计算：

$$L_{eq} = 10\lg\left[\frac{1}{N}\sum_{i=1}^N 10^{0.1L_{Ai}}\right] \tag{7-8}$$

式中，L_{eq} 为 N 次取样的等效连续 A 声级，dB（A）；L_{Ai} 为第 i 次取样的 A 声级，dB（A）；N 为取样总次数。

噪声在昼间（6：00～22：00）和夜间（22：00～次日 6：00）对人的影响程度不同，

为此利用等效连续声级分别计算昼间等效声级（昼间时段内测得的等效连续 A 声级）和夜间等效声级（夜间时段内测得的等效连续 A 声级），并分别采用昼间等效声级（L_d）和夜间等效声级（L_n）作为声环境功能区的声环境质量评价量和厂界（场界、边界）噪声的评价量。

（三）计权等效连续感觉噪声级

计权等效连续感觉噪声级用于评价飞机（起飞、降落、低空飞越）通过机场周围区域时造成的声环境影响。其特点是同时考虑 24h 内飞机通过某一固定点所产生的总噪声级和不同时间内飞机对周围环境造成的影响，用 L_{WECPN} 表示，单位为 dB。

（四）累积百分声级

累积百分声级是指占测量时间段一定比例的累积时间内 A 声级的最小值，用作评价测量时段内噪声强度时间统计分布特征的指标，故又称统计百分声级，记为 L_N。常用 L_{10}、L_{50}、L_{90}，其含义如下：

测定时间内，L_{10} 表示 10％的时间超过的噪声级，相当于噪声平均峰值；L_{50} 表示 50％的时间超过的噪声级，相当于噪声平均中值；L_{90} 表示 90％的时间超过的噪声级，相当于噪声平均底值。

实际工作中常将测得的 100 个或 200 个数据从大到小排列，总数为 100 个数据的第 10 个或总数为 200 个数据的第 20 个代表 L_{10}，第 50 个或第 100 个数据代表 L_{50}，第 90 个或第 180 个数据代表 L_{90}。由此可按下式近似求出测量时段内的等效噪声级 L_{eq}。

$$L_{eq} \approx L_{50} + \frac{(L_{10} - L_{90})^2}{60} \tag{7-9}$$

（五）噪声级的基本计算

在进行噪声的相关计算时，声能量可以进行代数加、减或乘、除运算，如两个声源的声功率分别为 W_1 和 W_2 时，总声功率 $W_总 = W_1 + W_2$，但声压不能直接进行加、减或乘、除运算，必须采用能量平均的方法。

1. 噪声级的叠加

在声环境影响评价中经常要进行多声源的叠加或噪声贡献值与噪声现状本底值的叠加。声级的叠加是按照能量（声功率或声压平方）相加的，N 个不同噪声源同时作用在声场中同一点，这点的总声压级 L_{PT} 计算方法可从声压级的定义得到：

$$L_{PT} = 20\lg \frac{P_{PT}}{P_0} = 20\lg \frac{\sum_{i=1}^{N} P_i}{P_0} = 20\lg \sum_{i=1}^{N} \frac{P_i}{P_0}$$

式中，P_i 为噪声源 i 作用于该点的声压，Pa。

由

$$L_{Pi} = 20\lg \frac{P_i}{P_0}$$

得

$$\frac{P_i}{P_0} = 10^{0.05L_{Pi}}$$

则

$$L_{PT} = 10\lg\left[\sum_{i=1}^{N}(10^{0.1L_{Pi}})\right] \tag{7-10}$$

实际工作中常利用表 7-1，根据两噪声源声压级的数值之差（$L_{P1}-L_{P2}$），查出对应的增值 ΔL，再将此增值直接加到声压级数值大的 L_{P1} 上，所得结果即为总声压级之和。

表 7-1   噪声级叠加时的增值变化量   单位：dB

$L_{P1}-L_{P2}$	0	1	2	3	4	5	6	7	8	9	10
增值 ΔL	3	2.5	2.1	1.8	1.5	1.2	1.0	0.8	0.6	0.5	0.4

2. 噪声级的相减

在声环境影响评价中，对于已经确定噪声级限值的声场，有时需要通过噪声级的相减计算确定新引进噪声源的噪声级限值，有时需要在噪声测量中通过相减计算减去背景噪声。其计算式如下：

$$L_{P2} = 10\lg(10^{0.1L_{PT}} - 10^{0.1L_{P1}}) \tag{7-11}$$

式中，L_{PT} 为 2 个噪声源叠加后的总声压级；L_{P1} 为第 1 个噪声源的声压级；L_{P2} 为第 2 个噪声源的声压级。

实际工作中常利用表 7-2，根据两噪声源的总声压级与其中一个噪声源的声压级的数值之差（$L_{PT}-L_{P1}$），查出对应的增值 ΔL，再利用总声压级减去此增值，所得结果即为另一个噪声源的声压级 L_{P2}。

表 7-2   噪声级相减时的增值变化量   单位：dB

$L_{PT}-L_{P1}$	1	2	3	4	5	6	7	8	9	10
增值 ΔL	6.8	4.3	3.0	2.2	1.6	1.3	1.0	0.8	0.6	0.5

3. 噪声级的平均值

若某声场中的环境噪声为非稳态噪声，则需要将各个噪声源的声压级通过能量平均的方法求得平均值，再进行相关评价。其计算式如下：

$$\overline{L} = 10\lg\sum_{i=1}^{N}10^{0.1L_i} - 10\lg N \tag{7-12}$$

式中，$\overline{L}$ 为 N 个噪声源的平均声压级；L_i 为第 i 个噪声源的声压级；N 为噪声源的总数。

第二节   声环境影响评价的工作程序和要求

声环境影响评价是按照我国有关法律法规的要求，对建设项目和规划实施过程中产生的声环境影响进行分析、预测和评价，并提出相应的噪声污染防治对策和措施。按评价对象分为建设项目声源对外环境的影响评价和外环境声源对声敏感建设项目的环境影响评价。

一、工作程序

《环境影响评价技术导则 声环境》（HJ 2.4—2021）规定的技术工作程序如图 7-1 所示。

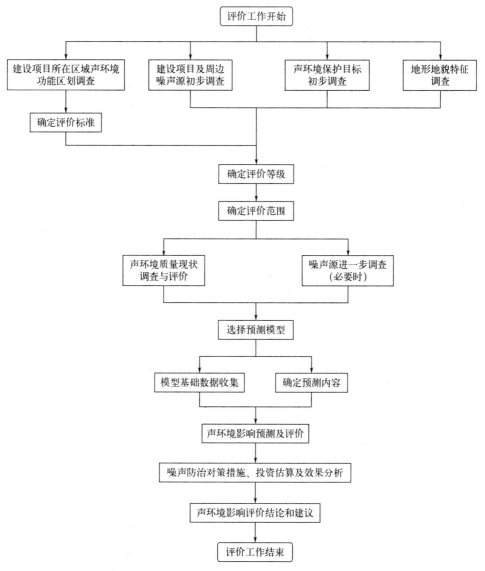

图 7-1 声环境影响评价工作程序

二、评价水平年

根据建设项目实施过程中噪声影响特点，可按施工期和运行期分别开展声环境影响评价。运行期声源为固定声源时，将固定声源投产运行年作为评价水平年；运行期声源为移动声源时，将工程预测的代表性水平年作为评价水平年。

三、评价等级

声环境影响评价工作等级一般分为三级，一级为详细评价，二级为一般性评价，三级为简要评价。

① 一级评价：评价范围内有适用于 GB 3096 规定的 0 类声环境功能区域，或建设项目建设前后评价范围内声环境保护目标噪声级增量达 5dB（A）以上 [不含 5dB（A）]，或受

影响人口数量显著增加的情况。

②　二级评价：建设项目所处的声环境功能区为 GB 3096 规定的 1 类、2 类地区，或建设项目建设前后评价范围内声环境保护目标噪声级增量达 3～5dB（A），或受噪声影响人口增加较多的情况。

③　三级评价：建设项目所处的声环境功能区为 GB 3096 规定的 3 类、4 类区，或建设项目建设前后评价范围内声环境保护目标噪声级增量达 3dB（A）以下［不含 3dB（A）］，且受影响人口数量变化不大的情况。

④　在确定评价工作等级时，如建设项目符合两个等级的划分原则，按较高级别的评价等级评价。

⑤　机场建设项目航空器噪声影响评价等级为一级。

四、评价范围

（1）以固定声源为主的建设项目（如工厂、码头、站场等）

①　满足一级评价的要求，一般以建设项目边界向外 200m 为评价范围；

②　二级、三级评价范围可根据建设项目所在区域和相邻区域的声环境功能区类别及声环境保护目标等实际情况适当缩小；

③　如依据建设项目声源计算得到的贡献值到 200m 处仍不能满足相应功能区标准值时，应将评价范围扩大到满足标准值的距离。

（2）以移动声源为主的建设项目（如公路、城市道路、铁路、城市轨道交通等地面交通）

①　满足一级评价的要求，一般以线路中心线外两侧 200m 以内为评价范围；

②　二级、三级评价范围可根据建设项目所在区域和相邻区域的声环境功能区类别及声环境保护目标等实际情况适当缩小；

③　如依据建设项目声源计算得到的贡献值到 200m 处仍不能满足相应功能区标准值时，应将评价范围扩大到满足标准值的距离。

（3）机场项目

①　机场项目按照每条跑道承担飞行量进行评价范围划分。对于单跑道项目，以机场整体的吞吐量及起降架次判定机场噪声评价范围；对于多跑道机场，根据各条跑道分别承担的飞行量情况各自划定机场噪声评价范围并取合集。

a. 单跑道机场，机场噪声评价范围应是以机场跑道两端、两侧外扩一定距离形成的矩形范围；

b. 对于全部跑道均为平行构型的多跑道机场，机场噪声评价范围应是各条跑道外扩一定距离后的最远范围形成的矩形范围；

c. 对于存在交叉构型的多跑道机场，机场噪声评价范围应为平行跑道（组）与交叉跑道的合集范围。

②　对于增加跑道项目或变更跑道位置项目（例如现有跑道变为滑行道或新建一条跑道），在现状机场噪声影响评价和扩建机场噪声影响评价工作中，可分别划定机场噪声评价范围。

③　机场噪声评价范围应不小于计权等效连续感觉噪声级 70dB 等声级线范围。

④　不同飞行量机场推荐噪声评价范围见表 7-3。

表 7-3　机场项目噪声评价范围

机场类别	起降架次 N（单条跑道承担量）	跑道两端推荐评价范围	跑道两侧推荐评价范围
运输机场	N≥15 万架次/年	两端各 12km 以上	两侧各 3km
	10 万架次/年≤N＜15 万架次/年	两端各 10～12km	两侧各 2km
	5 万架次/年≤N＜10 万架次/年	两端各 8～10km	两侧各 1.5km
	3 万架次/年≤N＜5 万架次/年	两端各 6～8km	两侧各 1km
	1 万架次/年≤N＜3 万架次/年	两端各 3～6km	两侧各 1km
	N＜1 万架次/年	两端各 3km	两侧各 0.5km
通用机场	无直升飞机	两端各 3km	两侧各 0.5km
	有直升飞机	两端各 3km	两侧各 1km

五、评价标准

应根据声源的类别和项目所处的声环境功能区类别确定声环境影响评价标准。没有划分声环境功能区的区域应采用地方生态环境主管部门确定的标准。

六、噪声源调查与分析

（一）调查与分析对象

① 噪声源调查包括拟建项目的主要固定声源和移动声源。给出主要声源的数量、位置和强度，并在标准规范的图中标识固定声源的具体位置或移动声源的路线、跑道等位置。

② 噪声源调查内容和工作深度应符合环境影响预测模型对噪声源参数的要求。

③ 一、二、三级评价均应调查分析拟建项目的主要噪声源。

（二）源强获取方法

① 噪声源源强核算应按照 HJ 884 的要求进行，有行业污染源源强核算技术指南的应优先按照指南中规定的方法进行；无行业污染源源强核算技术指南，但行业导则中对源强核算方法有规定的，优先按照行业导则中规定的方法进行。

② 对于拟建项目噪声源源强，当缺少所需数据时，可通过声源类比测量或引用有效资料、研究成果来确定。采用声源类比测量时应给出类比条件。

③ 噪声源需获取的参数、数据格式和精度应符合环境影响预测模型输入要求。

第三节　声环境现状调查和评价

一、声环境现状调查内容

（一）一、二级评价

① 调查评价范围内声环境保护目标的名称、地理位置、行政区划、所在声环境功能区、不同声环境功能区内人口分布情况、与建设项目的空间位置关系、建筑情况等。

② 评价范围内具有代表性的声环境保护目标的声环境质量现状需要现场监测，其余声

环境保护目标的声环境质量现状可通过类比或现场监测结合模型计算给出。

③ 调查评价范围内有明显影响的现状声源的名称、类型、数量、位置、源强等。评价范围内现状声源源强调查应采用现场监测法或收集资料法确定。分析现状声源的构成及其影响，对现状调查结果进行评价。

（二）三级评价

① 调查评价范围内声环境保护目标的名称、地理位置、行政区划、所在声环境功能区、不同声环境功能区内人口分布情况、与建设项目的空间位置关系、建筑情况等。

② 对评价范围内具有代表性的声环境保护目标的声环境质量现状进行调查，可利用已有的监测资料，无监测资料时可选择有代表性的声环境保护目标进行现场监测，并分析现状声源的构成。

二、声环境现状调查方法

现状调查方法包括：现场监测法、现场监测结合模型计算法、收集资料法。调查时，应根据评价等级的要求和现状噪声源情况，确定需采用的具体方法。

（一）现场监测法

1. 监测布点原则

① 布点应覆盖整个评价范围，包括厂界（场界、边界）和声环境保护目标。当声环境保护目标高于（含）三层建筑时，还应按照噪声垂直分布规律、建设项目与声环境保护目标高差等因素选取有代表性的声环境保护目标的代表性楼层设置测点。

② 评价范围内没有明显的声源时（如工业噪声、交通运输噪声、建设施工噪声、社会生活噪声等），可选择有代表性的区域布设测点。

③ 评价范围内有明显声源，并对声环境保护目标的声环境质量有影响时，或建设项目为改、扩建工程，应根据声源种类采取不同的监测布点原则。

a. 当声源为固定声源时，现状测点应重点布设在可能同时受到既有声源和建设项目声源影响的声环境保护目标处，以及其他有代表性的声环境保护目标处；为满足预测需要，也可在距离既有声源不同距离处布设衰减测点。

b. 当声源为移动声源，且呈现线声源特点时，现状测点位置选取应兼顾声环境保护目标的分布状况、工程特点及线声源噪声影响随距离衰减的特点，布设在具有代表性的声环境保护目标处。为满足预测需要，可在垂直于线声源不同水平距离处布设衰减测点。

c. 对于改、扩建机场工程，测点一般布设在主要声环境保护目标处，重点关注航迹下方的声环境保护目标及跑道侧向较近处的声环境保护目标，测点数量可根据机场飞行量及周围声环境保护目标情况确定，现有单条跑道、两条跑道或三条跑道的机场可分别布设 3～9、9～14 或 12～18 个噪声测点，跑道增加或保护目标较多时可进一步增加测点。对于评价范围内少于 3 个声环境保护目标的情况，原则上布点数量不少于 3 个，结合声环境保护目标位置布点的，应优先选取跑道两端航迹 3km 以内范围的保护目标位置布点；无法结合保护目标位置布点的，可适当结合航迹下方的导航台站位置进行布点。

2. 监测依据

声环境质量现状监测执行 GB 3096；机场周围飞机噪声测量执行 GB 9661；工业企业厂

界环境噪声测量执行 GB 12348；社会生活环境噪声测量执行 GB 22337；建筑施工场界环境噪声测量执行 GB 12523；铁路边界噪声测量执行 GB 12525。

（二）现场监测结合模型计算法

当现状噪声声源复杂且声环境保护目标密集，在调查声环境质量现状时，可考虑采用现场监测结合模型计算法。如多种交通并存且周边声环境保护目标分布密集、机场改扩建等情形。

利用监测或调查得到的噪声源强及影响声传播的参数，采用各类噪声预测模型进行噪声影响计算，将计算结果和监测结果进行比较验证，计算结果和监测结果在允许误差范围内（≤3dB）时，可利用模型计算其他声环境保护目标的现状噪声值。

三、现状评价

① 分析评价范围内既有主要声源种类、数量及相应的噪声级、噪声特性等，明确主要声源分布。

② 分别评价厂界（场界、边界）和各声环境保护目标的超标和达标情况，分析其受到既有主要声源的影响状况。

四、现状评价图表要求

（一）现状评价图

一般应包括评价范围内的声环境功能区划图，声环境保护目标分布图，工矿企业厂区（声源位置）平面布置图，城市道路、公路、铁路、城市轨道交通等的线路走向图，机场总平面图及飞行程序图，现状监测布点图，声环境保护目标与项目关系图，等等。图中应标明图例、比例尺、方向标等，制图比例尺一般不应小于工程设计文件对其相关图件要求的比例尺；线性工程声环境保护目标与项目关系图比例尺应不小于 1∶5000，机场项目声环境保护目标与项目关系图底图应采用近 3 年内空间分辨率不低于 5m 的卫星影像或航拍图，声环境保护目标与项目关系图比例尺不应小于 1∶10000。

（二）声环境保护目标调查表

列表给出评价范围内声环境保护目标的名称、户数、建筑物层数和建筑物数量，并明确声环境保护目标与建设项目的空间位置关系等。

（三）声环境现状评价结果表

列表给出厂界（场界、边界）、各声环境保护目标现状值及超标和达标情况分析，给出不同声环境功能区或声级范围（机场航空器噪声）内的超标户数。

第四节 声环境影响预测和评价

一、预测范围

声环境影响预测范围应与评价范围相同。

二、预测点和评价点确定原则

建设项目评价范围内声环境保护目标和建设项目厂界（场界、边界）应作为预测点和评价点。

三、预测基础数据规范与要求

（一）声源数据

建设项目的声源资料主要包括声源种类、数量、空间位置、声级、发声持续时间和对声环境保护目标的作用时间等，环境影响评价文件中应标明噪声源数据的来源。工业企业等建设项目声源置于室内时，应给出建筑物门、窗、墙等围护结构的隔声量和室内平均吸声系数等参数。

（二）环境数据

影响声波传播的各类参数应通过资料收集和现场调查取得，各类数据如下。

① 建设项目所处区域的年平均风速和主导风向、年平均气温、年平均相对湿度、大气压强；

② 声源和预测点间的地形、高差；

③ 声源和预测点间障碍物（如建筑物、围墙等）的几何参数；

④ 声源和预测点间树林、灌木等的分布情况以及地面覆盖情况（如草地、水面、水泥地面、土质地面等）。

四、预测方法

声环境影响可采用参数模型、经验模型、半经验模型进行预测，也可采用比例预测法、类比预测法进行预测。一般应按照 HJ 2.4 附录 A 和附录 B 给出的预测方法进行预测，如采用其他预测模型，须注明来源并对所用的预测模型进行验证，并说明验证结果。

五、预测和评价内容

① 预测建设项目在施工期和运营期所有声环境保护目标处的噪声贡献值和预测值，评价其超标和达标情况。

② 预测和评价建设项目在施工期和运营期厂界（场界、边界）噪声贡献值，评价其超标和达标情况。

③ 铁路、城市轨道交通、机场等建设项目，还需预测列车通过时段内声环境保护目标处的等效连续 A 声级（$L_{Aeq,T}$）、单架航空器通过时在声环境保护目标处的最大 A 声级（L_{Amax}）。

④ 一级评价应绘制运行期代表性评价水平年噪声贡献值等声级线图，二级评价根据需要绘制等声级线图。

⑤ 对工程设计文件给出的代表性评价水平年噪声级可能发生变化的建设项目，应分别预测。

⑥ 典型建设项目噪声影响预测要求可参照 HJ 2.4 附录 C。

六、预测评价结果图表要求

列表给出建设项目厂界（场界、边界）噪声贡献值和各声环境保护目标处的背景噪声值、噪声贡献值、噪声预测值、超标和达标情况等。分析超标原因，明确引起超标的主要声源。机场项目还应给出评价范围内不同声级范围覆盖下的面积。

判定为一级评价的工业企业建设项目应给出等声级线图；判定为一级评价的地面交通建设项目应结合现有或规划保护目标给出典型路段的噪声贡献值等声级线图；工业企业和地面交通建设项目预测评价结果图制图比例尺一般不应小于工程设计文件对其相关图件要求的比例尺；机场项目应给出飞机噪声等声级线图及超标声环境保护目标与等声级线关系局部放大图，飞机噪声等声级线图比例尺应和环境现状评价图一致，局部放大图底图应采用近 3 年内空间分辨率一般不低于 1.5m 的卫星影像或航拍图，比例尺不应小于 1∶5000。

七、预测点声级计算和等声级线图

（一）预测点噪声级的计算

① 建立坐标系，确定各噪声源坐标和预测点坐标，并根据声源性质以及预测点与声源之间的距离把噪声源简化为点声源或线状声源。

② 根据已获得的噪声源声级数据和声波从各声源到预测点的传播条件，计算出噪声从各声源传播到预测点的声衰减量，算出各声源单独作用时在预测点产生的 A 声级 L（L_{Ai}）或有效感觉噪声级（L_{EPN}）。

③ 确定计算的时段 T，并确定各声源发声持续时间 t_i。

④ 计算预测点在计算时段内的等效声级贡献值（L_{eqg}），公式如下：

$$L_{eqg} = 10\lg\left(\frac{\sum_{i=1}^{n} t_i 10^{0.1L_{Ai}}}{T}\right) \tag{7-13}$$

式中，L_{eqg} 为建设项目声源在预测点的等效声级贡献值，dB（A）；L_{Ai} 为 i 声源在预测点产生的 A 声级，dB（A）；T 为预测计算的时间段，s；t_i 为 i 声源在 T 时段内的运行时间，s。

（二）绘制等声级线图

绘制等声级线图，说明噪声超标的范围和程度。现在国内外已有不少成熟、定型的预测模型软件可供应用。

第五节　噪声的衰减和反射效应

一、噪声衰减计算式

噪声在从声源传播到受声点的过程中，会受到传播发散、空气吸收、障碍物的反射和阻挡等因素的影响，从而产生衰减。噪声影响评价针对不同对象采用不同的噪声评价量，其噪声衰减计算采用不同的公式。

户外声传播衰减包括几何发散（A_{div}）、大气吸收（A_{atm}）、地面效应（A_{gr}）、障碍物屏蔽（A_{bar}）、其他多方面效应（A_{misc}）引起的衰减。

1. 计算预测点的倍频带声压级

在环境影响评价中，应根据声源声功率级或参考位置处的声压、户外声传播衰减，计算预测点的声级，分别按式（7-14）和式（7-15）进行计算。

$$L_p(r) = L_W + D_C - (A_{div} + A_{atm} + A_{gr} + A_{bar} + A_{misc}) \tag{7-14}$$

式中，$L_p(r)$ 为预测点处声压级，dB；L_W 为由点声源产生的声功率级（A 计权或倍频带），dB；D_C 为指向性校正，它描述点声源的等效连续声压级与产生声功率级 L_W 的全向点声源在规定方向的声级的偏差程度，dB；A_{div} 为几何发散引起的衰减，dB；A_{atm} 为大气吸收引起的衰减，dB；A_{gr} 为地面效应引起的衰减，dB；A_{bar} 为障碍物屏蔽引起的衰减，dB；A_{misc} 为其他多方面效应引起的衰减，dB。

$$L_p(r) = L_p(r_0) + D_C - (A_{div} + A_{atm} + A_{gr} + A_{bar} + A_{misc}) \tag{7-15}$$

式中，$L_p(r)$ 为预测点处声压级，dB；$L_p(r_0)$ 为参考位置 r_0 处的声压级，dB；D_C 为指向性校正，它描述点声源的等效连续声压级与产生声功率级 L_W 的全向点声源在规定方向的声级的偏差程度，dB；A_{div} 为几何发散引起的衰减，dB；A_{atm} 为大气吸收引起的衰减，dB；A_{gr} 为地面效应引起的衰减，dB；A_{bar} 为障碍物屏蔽引起的衰减，dB；A_{misc} 为其他多方面效应引起的衰减，dB。

2. 根据各倍频带声压级合成计算出预测点的 A 声级

预测点的 A 声级 $L_A(r)$ 可按式（7-16）计算，即将 8 个倍频带声压级合成，计算出预测点的 A 声级 $[L_A(r)]$。

$$L_A(r) = 10\lg\left[\sum_{i=1}^{8} 10^{0.1(L_{pi}(r) - \Delta L_i)}\right] \tag{7-16}$$

式中，$L_A(r)$ 为距声源 r 处的 A 声级，dB（A）；$L_{pi}(r)$ 为预测点（r）处第 i 倍频带声压级，dB；ΔL_i 为第 i 倍频带的 A 计权网络修正值，dB。

二、噪声随传播距离的衰减

噪声在传播过程中由于距离增加而引起的几何发散衰减与噪声固有的频率无关。

（一）点声源

1. 无指向性点声源几何发散衰减

无指向性点声源几何发散衰减的基本公式是：

$$L_p(r) = L_p(r_0) - 20\lg\left(\frac{r}{r_0}\right) \tag{7-17}$$

式中，$L_p(r)$ 为预测点处声压级，dB；$L_p(r_0)$ 为参考位置 r_0 处的声压级，dB；r 为预测点距声源的距离；r_0 为参考位置距声源的距离。

式（7-17）中第二项表示了点声源的几何发散衰减：

$$A_{div} = 20\lg\left(\frac{r}{r_0}\right) \tag{7-18}$$

式中，A_{div} 为几何发散引起的衰减，dB；r 为预测点距声源的距离；r_0 为参考位置距声源的距离。

2. 指向性点声源几何发散衰减

指向性点声源几何发散衰减按式（7-19）计算。

声源在自由空间中辐射声波时，其强度分布的一个主要特性是指向性。例如喇叭发声，其正前方声音大，而侧面或背面声音小。

对于自由空间的点声源，其在某一 θ 方向上距离 r 处的声压级 $[L_p(r)_\theta]$：

$$L_p(r)_\theta = L_W - 20\lg(r) + D_{I\theta} - 11 \qquad (7\text{-}19)$$

式中，$L_p(r)_\theta$ 为自由空间的点声源在某一 θ 方向上距离 r 处的声压级，dB；L_W 为点声源声功率级（A 计权或倍频带），dB；r 为预测点距声源的距离；$D_{I\theta}$ 为 θ 方向上的指向性指数，$D_{I\theta} = 10\lg R_\theta$，其中，$R_\theta$ 为指向性因数，$R_\theta = I_\theta / I$，其中，I 为所有方向上的平均声强，W/m^2，I_θ 为某一 θ 方向上的声强，W/m^2。

按式（7-17）计算具有指向性点声源几何发散衰减时，式（7-17）中的 $L_p(r)$ 与 $L_p(r_0)$ 必须是在同一方向上的倍频带声压级。

（二）线声源

1. 无限长线声源几何发散衰减的基本公式

$$L_p(r) = L_p(r_0) - 10\lg\left(\frac{r}{r_0}\right) \qquad (7\text{-}20)$$

式中，$L_p(r_0)$ 为参考位置 r_0 处的声压级，dB；r 为预测点距声源的距离；r_0 为参考位置距声源的距离。

式（7-20）中第二项表示了无限长线声源的几何发散衰减：

$$A_{\text{div}} = 10\lg\left(\frac{r}{r_0}\right) \qquad (7\text{-}21)$$

式中，A_{div} 为几何发散引起的衰减，dB；r 为预测点距声源的距离；r_0 为参考位置距声源的距离。

2. 有限长线声源几何发散衰减公式

如图 7-2 所示，假设线声源长度为 l_0，单位长度线声源辐射的倍频带声功率级为 L_W。在线声源垂直平分线上距声源 r 处的声压级为：

$$L_p(r) = L_W + 10\lg\left[\frac{1}{r}\arctan\left(\frac{l_0}{2r}\right)\right] - 8 \qquad (7\text{-}22)$$

或

$$L_p(r) = L_p(r_0) + 10\lg\left[\frac{\dfrac{1}{r}\arctan\left(\dfrac{l_0}{2r}\right)}{\dfrac{1}{r_0}\arctan\left(\dfrac{l_0}{2r_0}\right)}\right] \qquad (7\text{-}23)$$

式中，$L_p(r)$ 为预测点 r 处的声压级，dB；$L_p(r_0)$ 为参考位置 r_0 处的声压级，dB；L_W 为线声源声功率级（A 计权或倍频带），dB；r 为预测点距声源的距离；l_0 为线声源长度。

① 当 $r > l_0$ 且 $r_0 > l_0$ 时，可近似简化为：$L_p(r) = L_p(r_0) - 20\lg\left(\dfrac{r}{r_0}\right)$。

② 当 $r < l_0/3$ 且 $r_0 < l_0/3$ 时，可近似简化为：$L_p(r) = L_p(r_0) - 10\lg\left(\dfrac{r}{r_0}\right)$。

③ 当 $l_0/3 < r < l_0$ 且 $l_0/3 < r_0 < l_0$ 时，可作近似计算：$L_p(r) = L_p(r_0) - 15\lg\left(\dfrac{r}{r_0}\right)$。

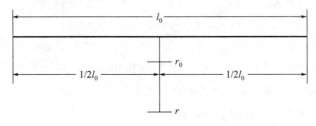

图 7-2 有限长线声源

（三）面声源

面声源随传播距离的增加引起的衰减值与面源的形状有关。设面声源短边是 a，长边是 b（图 7-3），随着距离的增加，其衰减值与距离 r 的关系如下：

① 当 $r < \dfrac{a}{\pi}$ 时，在 r 处，$A_{div} = 0$dB；

② 当 $\dfrac{b}{\pi} > r > \dfrac{a}{\pi}$ 时，在 r 处，距离每增加一倍，$A_{div} = -3$dB；

③ 当 $r > \dfrac{b}{\pi}$ 时，在 r 处，距离每增加一倍，$A_{div} = -6$dB。

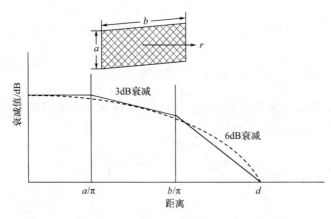

图 7-3 长方形面声源中心轴线上的衰减特性

三、大气吸收引起的衰减

大气吸收引起的衰减（A_{atm}）按式（7-24）计算：

$$A_{atm} = \frac{\alpha(r - r_0)}{1000} \tag{7-24}$$

式中，A_{atm} 为大气吸收引起的衰减，dB；α 为与温度、湿度和声波频率有关的大气吸收衰减系数，预测计算中一般根据建设项目所处区域常年平均气温和湿度选择相应的大气吸收衰减系数（表7-4）；r 为预测点距声源的距离；r_0 为参考位置距声源的距离。

当 $r<200$m 时，A_{atm} 近似为零。

表 7-4　倍频带噪声的大气吸收衰减系数 α

温度 /℃	相对湿度 /%	大气吸收衰减系数 α/(dB/km)							
		倍频带中心频率/Hz							
		63	125	250	500	1000	2000	4000	8000
10	70	0.1	0.4	1.0	1.9	3.7	9.7	32.8	117.0
20	70	0.1	0.3	1.1	2.8	5.0	9.0	22.9	76.6
30	70	0.1	0.3	1.0	3.1	7.4	12.7	23.1	59.3
15	20	0.3	0.6	1.2	2.7	8.2	28.2	28.8	202.0
15	50	0.1	0.5	1.2	2.2	4.2	10.8	36.2	129.0
15	80	0.1	0.3	1.1	2.4	4.1	8.3	23.7	82.8

四、地面效应引起的衰减

如果声源位于硬平面上，则地面效应引起的倍频带衰减可用式（7-25）计算：

$$A_{gr} = 4.8 - \left(\frac{2h_m}{r}\right)\left(17 + \frac{300}{r}\right) \tag{7-25}$$

式中，A_{gr} 为地面效应引起的衰减，dB；r 为预测点距声源的距离，m；h_m 为传播路径的平均离地高度，m，$h_m = F/r$，其中 F 为面积，m^2。若 A_{gr} 计算出负值，则 A_{gr} 可用"0"代替。

五、声屏障引起的衰减

位于声源和预测点之间的实体障碍物，如围墙、建筑物、土坡或地堑等起声屏障作用，从而引起声能量的较大衰减。在环境影响评价中，可将各种形式的屏障简化为具有一定高度的薄屏障。

如图7-4所示，S、O、P 三点在同一平面内且垂直于地面。定义 $\delta = SO + OP - SP$ 为声程差，$N = 2\delta/\lambda$ 为菲涅耳数，其中 λ 为声波波长。

在噪声预测中，声屏障插入损失的计算方法需要根据实际情况作简化处理。

屏障衰减 A_{bar} 在单绕射（即薄屏障）情况下，衰减最大取 20dB；在双绕射（即厚屏障）情况下，衰减最大取 25dB。

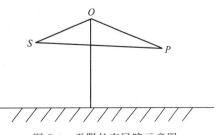

图 7-4　无限长声屏障示意图

（一）墙壁的屏障效应

室内混响声对建筑物的墙壁隔声影响十分明显，其总隔声量 TL 可按下式进行计算：

$$TL = L_{P1} - L_{P2} + 10\lg\left(\frac{1}{4} + \frac{S}{A}\right) \tag{7-26}$$

所以，受墙壁阻挡的噪声衰减值为：

$$A_{b1} = TL - 10\lg\left(\frac{1}{4} + \frac{S}{A}\right) \tag{7-27}$$

式中，A_{b1} 为墙壁阻隔产生的衰减值，dB；L_{P1} 为室内混响噪声级，dB；L_{P2} 为室外 1m 处的噪声级，dB；S 为阻挡面积，m^2；A 为受声室内吸声面积，m^2。

用不同类型的门窗组合墙时，总隔声量应按式（7-28）和式（7-29）计算。

$$TL = 10\lg\left(\frac{1}{\overline{\tau}}\right) \tag{7-28}$$

$$\overline{\tau} = \frac{1}{S}\sum_{i=1}^{n}\tau_i S_i = \frac{\tau_1 S_1 + \tau_2 S_2 + \cdots + \tau_n S_n}{S_1 + S_2 + \cdots + S_n} \tag{7-29}$$

式中，$\overline{\tau}$ 为组合墙的平均透声系数，量纲为 1；S 为组合墙的总表面积，m^2。

（二）户外建筑物的声屏障效应

声屏障的隔声效应与声源和接收点及屏障的位置、高度、长度、结构性质有关。可以根据它们之间的距离、声音的频率（一般情况下，铁路和公路的屏障用 500Hz）算出菲涅耳数 N，然后，从衰减特性曲线上查出相对应的衰减值（dB），声屏障衰减最大不超过 24dB。

菲涅耳数 N 的计算可用下式：

$$N = \frac{2(A + B - d)}{\lambda} \tag{7-30}$$

式中，A 为声源与屏障顶端的距离，m；B 为接收点与屏障顶端的距离，m；d 为声源与接收点间的距离，m；λ 为波长，m。

（三）植物吸收的屏障效应

声波通过高于声线 1m 以上的密集植物丛时，即会因植物阻挡而产生声衰减。在一般情况下，松树林带能使频率为 1000Hz 的声音衰减 3dB/10m，杉树林带为 2.8dB/10m，槐树林带为 3.5dB/10m，高 30cm 的草地为 0.7dB/10m。表 7-5 中的第一行给出了通过总长度为 10m 到 20m 之间的乔灌结合郁闭度较高的林带时，由林带引起的衰减；第二行为通过总长度 20m 到 200m 之间林带时的衰减系数；当通过林带的路径长度大于 200m 时，可使用 200m 的衰减值。

表 7-5   倍频带噪声通过林带传播时产生的衰减

项目	传播距离 d_f/m	倍频带中心频率/Hz							
		63	125	250	500	1000	2000	4000	8000
衰减/dB	$10 \leqslant d_f < 20$	0	0	1	1	1	1	2	3
衰减系数/(dB/m)	$20 \leqslant d_f < 200$	0.02	0.03	0.04	0.05	0.06	0.08	0.09	0.12

六、附加衰减

附加衰减包括声波在传播过程中由于云、雾、温度梯度、风而引起的声能量衰减及地面反射和吸收，或近地面的气象条件等因素所引起的衰减。在环境影响评价中，一般不考虑风、云、雾以及温度梯度所引起的附加衰减。但是遇到下列情况时则必须考虑地面效应的影响：

① 预测点距声源 50m 以上；

② 声源距地面高度和预测点距地面高度的平均值小于 3m；

③ 声源与预测点之间的地面被草地、灌木等覆盖。

地面效应引起的附加衰减量可按下式计算：

$$A_{etc} = 5\lg(r/r_0) \tag{7-31}$$

应当注意，在实际应用中，不管传播距离多远，地面效应引起的附加衰减量上限为10dB；在声屏障和地面效应同时存在的条件下，其衰减量之和的上限值为 25dB。

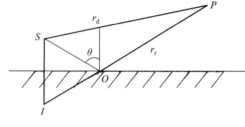

图 7-5 反射体的影响

七、反射效应

由图 7-5 可以看出，当点声源与预测点处在反射体（如平整、光滑、坚硬的固体表面）同侧附近时，到达预测点的声级是直达声与反射声叠加的结果，从而使预测点声级增高。

当满足下列条件时，需考虑反射体引起的声级增高：

① 反射体表面平整、光滑、坚硬；

② 反射体尺寸远远大于所有声波波长 λ；

③ 入射角 $\theta < 85°$。

$r_r - r_d \gg \lambda$ 反射引起的修正量 ΔL_r 与 r_r/r_d 有关（$r_r = IP$、$r_d = SP$），可按表 7-6 计算。

表 7-6 反射体引起的修正量

r_r/r_d	修正量/dB
≈1	3
≈1.4	2
≈2	1
>2.5	0

第六节 噪声防治对策措施

一、噪声防治措施的一般要求

坚持统筹规划、源头防控、分类管理、社会共治、损害担责的原则。加强源头控制，合理规划噪声源与声环境保护目标布局；从噪声源、传播途径、声环境保护目标等方面采取措施；在技术经济可行条件下，优先考虑对噪声源和传播途径采取工程技术措施，实施噪声主动控制。

评价范围内存在声环境保护目标时，工业企业建设项目噪声防治措施应根据建设项目投产后厂界噪声影响最大噪声贡献值以及声环境保护目标超标情况制定。

交通运输类建设项目（如公路、城市道路、铁路、城市轨道交通、机场项目等）的噪声防治措施应针对建设项目代表性评价水平年的噪声影响预测值进行制定。铁路建设项目噪声防治措施还应同时满足铁路边界噪声限值要求。结合工程特点和环境特点，在交通流量较大的情况下，铁路、城市轨道交通、机场等项目，还需考虑单列车通过（$L_{Aeq,Tp}$）、单架航空器通过（L_{Amax}）时噪声对声环境保护目标的影响，进一步强化控制要求和防治措施。

当声环境质量现状超标时，属于与本工程有关的噪声问题应一并解决；属于本工程和工程外其他因素综合引起的，应优先采取措施降低本工程自身噪声贡献值，并推动相关部门采取区域综合整治等措施逐步解决相关噪声问题。

当工程评价范围内涉及主要保护对象为野生动物及其栖息地的生态敏感区时，应从优化工程设计和施工方案、采取降噪措施等方面强化控制要求。

二、防治途径

（一）规划防治对策

主要指从建设项目的选址（选线）、规划布局、总图布置（跑道方位布设）和设备布局等方面进行调整，提出降低噪声影响的建议。如根据"以人为本""闹静分开""合理布局"的原则，提出高噪声设备尽可能远离声环境保护目标、优化建设项目选址（选线）、调整规划用地布局等建议。

（二）噪声源控制措施

主要包括：选用低噪声设备、低噪声工艺；采取声学控制措施，如对声源采用吸声、消声、隔声、减振等措施；改进工艺、设施结构和操作方法等；将声源设置于地下、半地下室内；优先选用低噪声车辆、低噪声基础设施、低噪声路面等。

（三）噪声传播途径控制措施

主要包括：①设置声屏障等措施，包括直立式、折板式、半封闭、全封闭等类型声屏障，声屏障的具体型式根据声环境保护目标处超标程度、噪声源与声环境保护目标的距离、敏感建筑物高度等因素综合考虑来确定；②利用自然地形物（如利用位于声源和声环境保护目标之间的山丘、土坡、地堑、围墙等）降低噪声。

（四）声环境保护目标自身防护措施

主要包括：声环境保护目标自身增设吸声、隔声等措施；优化调整建筑物平面布局、建筑物功能布局；声环境保护目标功能置换或拆迁。

（五）管理措施

主要包括：提出噪声管理方案（如合理制定施工方案、优化调度方案、优化飞行程序等），制定噪声监测方案，提出工程设施、降噪设施的运行使用、维护保养等方面的管理要求，必要时提出跟踪评价要求等。

三、噪声监测计划

一级、二级项目评价应根据项目噪声影响特点和声环境保护目标特点，提出项目在生产运行阶段的厂界（场界、边界）噪声监测计划和代表性声环境保护目标监测计划。

监测计划可根据噪声源特点、相关环境保护管理要求制定，可以选择自动监测或者人工监测。

监测计划中应明确监测点位置、监测因子、执行标准及其限值、监测频次、监测分析方法、质量保证与质量控制、经费估算及来源等。

四、典型建设项目的噪声防治措施

（一）工业（工矿企业和事业单位）噪声防治措施

① 应从选址、总图布置、声源、声传播途径及声环境保护目标自身防护等方面分别给出噪声防治的具体方案。主要包括：选址的优化方案及其原因分析，总图布置调整的具体内容及其降噪效果（包括边界和声环境保护目标）；给出各主要声源的降噪措施、效果和投资。

② 设置声屏障和对声环境保护目标进行噪声防护等的措施方案、降噪效果及投资，并进行经济、技术可行性论证。

③ 根据噪声影响特点和环境特点，提出规划布局及功能调整建议。

④ 提出噪声监测计划、管理措施等对策建议。

（二）公路、城市道路交通运输噪声防治措施

① 通过不同选线方案的声环境影响预测结果比较，分析声环境保护目标受影响的程度、影响规模，提出选线方案推荐建议。

② 根据工程与环境特征，给出局部线路调整、声环境保护目标搬迁、临路建筑物使用功能变更、改善道路结构和路面材料、设置声屏障以及对敏感建筑物进行噪声防护等具体的措施方案及其降噪效果，并进行经济、技术可行性论证。

③ 根据噪声影响特点和环境特点，提出城镇规划区段线路与敏感建筑物之间的规划调整建议。

④ 给出车辆行驶规定（限速、禁鸣等）及噪声监测计划等对策建议。

（三）铁路、城市轨道交通噪声防治措施

① 通过不同选线方案声环境影响预测结果，分析声环境保护目标受影响的程度，提出优化的选线方案建议。

② 根据工程与环境特征，提出局部线路和站场优化调整建议，明确声环境保护目标搬迁或功能置换措施，从列车、线路（路基或桥梁）、轨道的优选，列车运行方式、运行速度、鸣笛方式的调整，设置声屏障和对敏感建筑物进行噪声防护等方面，给出具体的措施方案及其降噪效果，并进行经济、技术可行性论证。

③ 根据噪声影响特点和环境特点，提出城镇规划区段铁路（或城市轨道交通）与敏感建筑物之间的规划调整建议。

④ 给出列车行驶规定及噪声监测计划等对策建议。

（四）机场航空器噪声防治措施

① 通过不同机场位置、跑道方位、飞行程序方案的声环境影响预测结果，分析声环境

保护目标受影响的程度，提出优化的机场位置、跑道方位、飞行程序方案建议。

② 根据工程与环境特征，给出机型优选，昼间、傍晚、夜间飞行架次比例的调整，对敏感建筑物进行噪声防护或使用功能变更、拆迁等具体的措施方案及其降噪效果，并进行经济、技术可行性论证。

③ 根据噪声影响特点和环境特点，提出机场噪声影响范围内的规划调整建议。

④ 给出机场航空器噪声监测计划等对策建议。

习　题

一、填空题

1. 人耳能听到的声音频率范围是_____。

2. 声压为80dB（A）和70dB（A）的声源叠加后是_____dB（A）。

3. 环境噪声一级评价要求将该项目边界往外_____内为评价工作范围；对机场要求飞行跑道两端各_____，两侧各_____为评价范围。

4. 环境噪声具有_____和_____的特点。

5. 各类声环境功能区夜间突发噪声，其最大声级超过环境噪声限值的幅度不得超过_____。

6. 某城市白天平均等效声级为60dB（A），夜间平均等效声级为50dB（A），该城市昼夜平均等效声级为_____。

二、选择题

1. 按评价对象，声环境影响评价可分为（　　）。

A. 建设项目声源对外环境的环境影响评价和外环境声源对需要安静建设项目的环境影响评价

B. 稳态声源和非稳态声源的声环境影响评价

C. 固定声源和移动声源的声环境影响评价

D. 现有声源和新增声源的声环境影响评价

2. 根据《环境影响评价技术导则　声环境》及相关标准，下列说法正确的是（　　）。

A. 声环境功能区的环境质量评价量有昼夜间等效声级

B. 声环境功能区的环境质量评价量有A声功率级（L_{AW}）

C. 声源源强表达量有中心频率为63Hz～8kHz 8个倍频带的声功率级（L_W）

D. 机场周围区域受飞机低空飞越噪声环境影响的评价量为等效感觉噪声级（L_{EPN}）

3. 某建设项目位于2类声环境功能区，项目建设前后声环境保护目标处噪声级增量为3dB（A），且受噪声影响的人口数量增加较多，根据《环境影响评价技术导则　声环境》，该项目声环境影响评价工作等级应为（　　）。

A. 一级　　　　　　　　　　B. 三级

C. 二级　　　　　　　　　　D. 不定级，进行相关分析

4. 对于一长方形的有限大面声源（长度为b，高度为a，并且$a<b$），预测点在该声源中心轴线上距声源中心距离为r，根据《环境影响评价技术导则　声环境》，关于面声源衰减的说法错误的是（　　）。

A. 如$r<a/\pi$时，该声源可近似为面声源，几乎不衰减，衰减量$A_{div}\approx0$

B. 当 $a/\pi < r < b/\pi$ 时，该声源可近似为线声源，类似线声源衰减特性，衰减量 $A_{\text{div}} \approx 10\lg (r/r_0)$

C. 当 $r > b/\pi$ 时，该声源可近似为点声源，类似点声源衰减特性，衰减量 $A_{\text{div}} \approx 20\lg (r/r_0)$

D. 当 $r > b/\pi$ 时，该声源可近似为点声源，类似点声源衰减特性，衰减量 $A_{\text{div}} \approx 15\lg (r/r_0)$

5. 已知某声源最大几何尺寸为 D，A 声功率级为 L_{AW}，根据《环境影响评价技术导则 声环境》，若按公式 $L_A (r) = L_{AW} - 20\lg (r) - 8$ 计算距声源中心 r 处的 A 声级 $L_A (r)$，必须满足的条件是（　　）。

A. 处于半自由声场的无指向性声源，$r > D$

B. 处于自由声场的无指向性声源，$r > D$

C. 处于半自由声场的无指向性声源，$r > 2D$

D. 处于自由声场的无指向性声源，$r > 2D$

6. 根据《环境影响评价技术导则 声环境》，需按昼间、夜间两个时段进行噪声影响预测的项目不包括（　　）。

A. 铁路项目　　　B. 机场项目　　　C. 内河航运项目　　D. 城市轨道交通项目

7. 根据《环境影响评价技术导则 声环境》，关于划分声环境影响评价类别的说法，正确的是（　　）。

A. 按评价对象划分，可分为固定声源和流动声源的环境影响评价

B. 按声源种类划分，可分为稳态声源和非稳态声源的环境影响评价

C. 按声源种类划分，可分为机械噪声源、气流噪声源和电磁噪声源的环境影响评价

D. 按评价对象划分，可分为建设项目声源对外环境的环境影响评价和外环境声源对需要安静建设项目的环境影响评价

8. 根据《环境影响评价技术导则 声环境》，关于飞机噪声评价量的说法，正确的是（　　）。

A. 有效感觉噪声级为声源源强表达量

B. 计权等效连续感觉噪声级为声源源强表达量

C. 有效感觉噪声级和计权等效连续感觉噪声级均为声源源强表达量

D. 有效感觉噪声级和计权等效连续感觉噪声级均为声环境质量评价量

9. 某建设项目位于 3 类声环境功能区，项目建设前后厂界噪声级增量为 5dB（A），评价范围内敏感目标处噪声级增量为 2dB（A），且受影响人口数量变化不大，根据《环境影响评价技术导则 声环境》，判定该项目声环境影响评价等级为（　　）。

A. 一级　　　　B. 三级　　　　C. 二级　　　　D. 三级从简

10. 某新建高速公路位于 2 类声环境功能区，经计算距离高速路中心线 260m 处夜间噪声贡献值为 50dB（A），距离高速路中心线 280m 的敏感目标处夜间噪声预测值为 50dB（A），根据《环境影响评价技术导则 声环境》，该项目声环境影响评价范围应为高速路中心线两侧（　　）范围内。

A. 35m±5m　　　B. 200m　　　C. 260m　　　D. 280m

三、简答题

1. 点声源、线声源和面声源分别是什么？

2. 噪声评价等级的划分标准是什么？

3. 如何降低噪声？

4. 怎样求得城市交通噪声的等效连续声级？

四、计算题

1. 某工业厂区内不同区域产生的噪声分别为 52dB、61dB、58dB、55dB、52dB、64dB、57dB，试计算这个厂区噪声之和。

2. 锅炉房 2m 处测得声级为 80dB，距宿舍楼 16m；冷却塔 5m 处测得声级为 80dB，距宿舍楼 20m。求两设备噪声对宿舍楼的共同影响。

参考文献

[1] 周高飞，陈小亮，马双. 浅谈城市环境噪声污染来源及其防治对策 [J]. 门窗，2014（9）：433-435.

[2] 宋华振. 城市环境噪声污染监测技术的探讨 [J]. 资源节约与环保，2021（10）：84-86.

[3] 张延利. 公路项目运营期声环境影响评价及噪声防治 [J]. 环境与发展，2018，30（12）：28-30.

[4] 胡庆琼，贺彬. 城市环境噪声污染现状与防治 [J]. 科技创新导报，2017，14（5）：90-92.

[5] 吕志超. 建筑施工噪声防治环境监理策略 [J]. 绿色科技，2013（5）：237-238.

[6] 柳知非. 环境影响评价 [M]. 北京：中国电力出版社，2017.

[7] 王亚敏. 建筑施工场地噪声污染控制策略研究 [D]. 长沙：湖南大学，2019.

[8] 孟兆龙. 建筑工程中的噪声防治研究 [J]. 工业安全与环保，2011，37（11）：47-49.

[9] 王奇. 隔声、吸声仿真软件在工业噪声预测中的应用 [C] //2015 年全国声学设计与噪声振动控制工程学术会议论文集，2015：116-118.

[10] 王洁，侯宏，孙进才. 工业噪声室内预测模型研究 [J]. 电声技术，2010，34（5）：71-88.

[11] 谢明，刘湘京，窦燕生. 工业噪声环境影响预测方法研究 [J]. 中国卫生工程学，2005（3）：134-136.

[12] 生态环境部. 环境影响评价技术导则 声环境：HJ 2.4—2021 [S]. 2021.

第八章

土壤环境影响评价

 **学习内容**

本章主要介绍土壤环境影响类型，土壤环境影响评价项目类别、工作程序、工作等级划分，现状调查及影响预测的方法，土壤环境保护措施。

学习目标

要求掌握土壤环境影响类型和项目类别的识别、土壤环境影响评价工作等级的判定及土壤环境影响评价采用的相关标准；理解土壤环境现状调查要求和评价方法、土壤环境影响预测和评价方法；了解土壤环境影响评价报告的编制内容。

第一节　土壤环境影响识别和评价工作程序

一、土壤环境影响类型和评价类别

（一）土壤环境影响类型

土壤环境是指由矿物质、有机质、水、空气、生物有机体等组成的陆地表面疏松综合体，包括陆地表层能够生长植物的土壤层和污染物能够影响的松散层。从服务人类的角度，土壤不但是农业生产的基础，为人类食物供应提供农业用地，也是人类生产生活的立地基础，为经济社会发展提供建设用地。从服务生态系统的角度，土壤不但本身就是一种生态系统，也是各类生态系统健康存在和持续良性演化的基础。土壤自身的三相体系使其具备同化和代谢外界进入物质的能力，起到净化污染和保护生态环境的作用，是各类生态系统的重要屏障。但在强大的人类干扰面前，土壤也是很脆弱又容易被人类活动损害的环境要素。

在土壤环境影响评价中，将人类活动（建设项目）对土壤环境的影响分为以下两类。

其一为土壤环境生态影响，简称"生态影响型"，即由于人为因素引起土壤环境特征变化导致其生态功能变化的过程或状态。如酸、碱、盐类物质导致的土壤酸化、碱化、盐化，干旱地区植被不可逆破坏导致的土壤沙化等。这种影响导致土壤自身生态功能的破坏，造成土壤退化，使得土壤环境作为生物生长、生存的基本环境条件被破坏。

其二为土壤环境污染影响，简称"污染影响型"，即由于人为因素导致某种物质进入土壤环境，引起土壤物理、化学、生物等方面特性的改变，导致土壤质量恶化的过程或状态。

典型的如有毒有害物质进入土壤，导致其在土壤中的含量超过相应的土壤质量标准要求限值。这种影响严重破坏了土壤服务人类生产生活和服务生态系统的功能，如降低农产品品质和产量、通过食物链危害其他生物和人类健康、作为建设用地使用后产生污染危害等。

（二）土壤环境影响评价项目类别

广义上，土壤环境影响来自多个方面，既有自然因素，如自然沙化、水旱灾害、地质灾害等，也有人类活动因素，如开荒造田、水利工程建设、工业生产活动等。环境影响评价工作中，对土壤环境的影响主要界定在以建设项目形式实施的人类生产生活方面。

土壤环境影响评价是对建设项目建设期、运营期和服务期满后对土壤环境理化特性可能造成的环境影响进行分析、预测和评估，并提出预防或减轻不良影响的措施和对策。因此，这里所说的土壤环境影响评价项目，是指人类生产生活中的各类建设项目。所说的项目类别是指按照建设项目所属行业、规模大小、工艺特点等，将之分为Ⅰ～Ⅳ类（表8-1），初步定性预判其可能的土壤环境影响大小，为后续的土壤环境影响评价等级判定提供条件。其中Ⅰ类建设项目对土壤环境影响最大；Ⅱ、Ⅲ类逐渐次之；Ⅳ类建设项目对土壤环境影响最小，可不开展土壤环境影响评价，或仅做土壤环境质量现状调查。

如果建设项目自身即为环境敏感目标，如湿地公园、森林公园等，可根据需要仅对土壤环境现状进行调查。

表 8-1　土壤环境影响评价的建设项目类别划分

行业类别		建设项目类别			
		Ⅰ类	Ⅱ类	Ⅲ类	Ⅳ类
农林牧渔业		灌溉面积大于50万亩❶的灌区工程	新建5万亩至50万亩的、改造30万亩及以上的灌区工程；年出栏生猪10万头（其他畜禽种类折合猪的养殖规模）及以上的畜禽养殖场或养殖小区	年出栏生猪5000头（其他畜禽种类折合猪的养殖规模）及以上的畜禽养殖场或养殖小区	其他
水利		库容1亿 m³ 及以上水库；长度大于1000km的引水工程	库容1000万 m³ 至1亿 m³ 的水库；跨流域调水的引水工程	其他	
采矿业		金属矿、石油、页岩油开采	化学矿采选；石棉矿采选；煤矿采选、天然气开采、页岩气开采、砂岩气开采、煤层气开采（含净化、液化）	其他	
制造业	纺织、化纤、皮革等及服装、鞋制造	制革、毛皮鞣制	化学纤维制造；有洗毛、染整、脱胶工段及产生缫丝废水、精炼废水的纺织品；有湿法印花、染色、水洗工艺的服装制造；使用有机溶剂的制鞋业	其他	
	造纸和纸制品		纸浆、溶解浆、纤维浆等制造；造纸（含制浆工艺）	其他	
	设备制造、金属制品、汽车制造及其他用品制造①	有电镀工艺的；金属制品表面处理及热处理加工的；使用有机涂层的（喷粉、喷塑和电泳除外）；有钝化工艺的热镀锌	有化学处理工艺的	其他	

❶ 1亩=666.67m²。

续表

行业类别		建设项目类别			
		Ⅰ类	Ⅱ类	Ⅲ类	Ⅳ类
制造业	石油、化工	石油加工、炼焦;化学原料和化学制品制造;农药制造;涂料、染料、颜料、油墨及其类似产品制造;合成材料制造;炸药、火工及焰火产品制造;水处理剂等制造;化学药品制造;生物、生化制品制造	半导体材料、日用化学品制造;化学肥料制造	其他	
	金属冶炼和压延加工及非金属矿物制品	有色金属冶炼(含再生有色金属冶炼)	有色金属铸造及合金制造;炼铁;球团;烧结炼钢;冷轧压延加工;铬铁合金制造;水泥制造;平板玻璃制造;石棉制品;含焙烧的石墨、碳素制品	其他	
电力热力燃气及水生产和供应业		生活垃圾及污泥发电	水力发电;火力发电(燃气发电除外);矸石、油页岩、石油焦等综合利用发电;工业废水处理;燃气生产	生活污水处理;燃煤锅炉总容量65t/h(不含)以上的热力生产工程;燃油锅炉总容量65t/h(不含)以上的热力生产工程	其他
交通运输仓储邮政业			油库(不含加油站的油库);机场的供油工程及油库;涉及危险品、化学品、石油、成品油储罐区的码头及仓储;石油及成品油的输送管线	公路的加油站;铁路的维修场所	其他
环境和公共设施管理业		危险废物利用及处置	采取填埋和焚烧方式的一般工业固体废物处置及综合利用;城镇生活垃圾(不含餐厨废弃物)集中处置	一般工业固体废物处置及综合利用(除采取填埋和焚烧方式以外的);废旧资源加工、再生利用	其他
社会事业与服务业				高尔夫球场;加油站;赛车场	其他
其他行业					全部

注:1. 仅切割组装的、单纯混合和分装的、编织物及其制品制造的,列入Ⅳ类。

2. 建设项目土壤环境影响评价项目类别不在本表的,可根据土壤环境影响源、影响途径、影响因子的识别结果,参照相近或相似项目类别确定。

①其他用品制造包括:木材加工和木、竹、藤、棕、草制品业;家具制造业;文教、工美、体育和娱乐用品制造业;仪器仪表制造业等制造业。

二、土壤环境影响识别

环境影响评价工作中,土壤环境影响识别包括对土壤环境影响类型、土壤环境影响源和影响因子、土壤环境影响途径,以及土壤环境影响敏感目标的识别,并初步分析可能影响的范围。这种识别一般要包括建设项目的三个时期,即建设期、运营期和服务期满后(可根据项目情况选择)。对于运营期内土壤环境影响源可能发生变化的建设项目,还应按其变化特征分阶段进行环境影响识别。

（一）土壤环境影响类型识别

根据建设项目建设期、运营期和服务期满后三个阶段的特征，可能通过大气沉降、地面漫流和垂直入渗等途径造成有毒有害物质（如重金属、有机污染物、化肥、农药等）进入土壤环境，并造成土壤环境质量下降的，判定为土壤环境污染影响型；通过输入酸、碱、盐造成土壤酸化、碱化、盐化，升高地下水位造成土壤盐渍化，降低地下水位造成土壤干旱化，不可逆的植被破坏造成土壤沙化或水土流失等，可判定为土壤环境生态影响型。

根据表 8-2 判定土壤环境影响类型。

表 8-2　建设项目土壤环境影响类型判定

不同阶段	污染影响型				生态影响型			
	重金属	POPs[①]	石油烃类	…	酸、碱、盐类物质输入	地下水位变化	植被破坏	…
建设期								
运营期								
服务期满后								

注：在可能产生的土壤环境影响类型处打"√"，列表未涵盖的可自行设计。

① 持久性有机污染物。

（二）土壤环境影响源、影响途径及影响因子识别

土壤环境污染影响型建设项目的影响源及其影响途径的识别按表 8-3 进行。其中的影响源主要指建设项目不同工序段的车间或场地，如公路工程的混凝土搅拌场地、预制件制作场地、路基开挖填充场地等；污染途径包括大气沉降、地面漫流和垂直入渗等，如排气筒附近的污染物沉降、原料或垃圾堆场造成的地面漫流和垂直入渗、地下管道或设施渗漏造成的垂直入渗等；影响因子主要指各类有毒有害污染物，如重金属、POPs、农药、石油烃类等多种有机/无机污染物。

表 8-3　污染影响型建设项目土壤环境影响源及影响因子识别表

影响源	工艺流程/节点	污染途径	全部影响因子[①]	特征影响因子	备注[②]
车间 1/场地 1	污染节点 1	大气沉降			
		地面漫流			
		垂直入渗			
		其他			
	污染节点 2	…			
		…			
车间 2/场地 2					
…					

① 根据工程分析结果填写。

② 应描述污染源特征，如连续、间断、正常、事故等；涉及大气沉降途径的，应识别建设项目周边的土壤环境敏感目标。

土壤环境生态影响型建设项目的土壤影响过程识别按照表 8-4 进行。其中的影响源同表

8-3；影响途径主要包括直接的物质输入以及间接造成的影响；影响因子主要包括酸类、碱类、无机盐类物质的含量，土壤pH、土壤阳离子交换量、土壤盐基饱和度、土壤氧化还原电位、土壤含水率、土壤密度和孔隙率等理化特征指标，以及地下水位变化指标等；生态影响的结果主要按照盐化、酸化、碱化、沙化等进行识别。

表8-4　生态影响型建设项目土壤环境影响因子识别表

影响源	影响途径	影响因子	影响结果
车间1/场地1	直接物质输入/运移	酸类、碱类、无机盐类、含水率、地下水位等	盐化/酸化/碱化/其他
	地下水位变化间接影响		
	植被破坏的间接影响		
	其他		
车间2/场地2			
...			

（三）土壤环境影响敏感目标识别

土壤环境敏感目标是指可能受到人为活动影响的、与土壤环境相关的敏感区或对象。通常分为：耕地、林地、草地和饮用水水源地；居民区、学校、医院、疗养院、养老院；重点生态功能区和自然保护区、生物多样性优先保护区域、风景名胜区、国家公园、地质公园、森林公园、湿地公园等生态用地；未利用地。

在对建设项目的土壤环境影响识别中，应重点关注土壤环境敏感目标可能受到的不利影响，包括不利的污染影响和生态影响。在多数的城镇建设项目以及制造业建设项目实施过程中，关注更多的是敏感目标可能受到的污染影响；对于大尺度的线性建设工程（如铁路、公路）、水利工程等建设项目，其土壤环境的生态影响一般是关注的重点。

三、土壤环境影响评价程序

土壤环境影响评价程序是指实施土壤环境影响专项评价工作的流程，通常可划分为准备阶段、现场调查与评价阶段、预测分析与评价阶段、结论阶段（图8-1）。

（一）准备阶段

该阶段主要任务是了解并收集与土壤环境影响评价相关的国家和地方颁布的法律、法规、政策、标准及规划等资料，认识项目周边评价区域的土壤环境敏感特征。结合初步工程分析，识别建设项目对土壤环境可能造成的影响类型，影响途径、影响因子，以及可能的影响范围，进一步开展现场踏勘和环境调查，识别评价区域内外土壤环境保护敏感目标。在此基础上，确定评价工作等级、评价范围以及评价工作的内容。

（二）现状调查与评价阶段

根据影响类型、评价等级及评价范围确定的评价工作内容，进行现场踏勘和环境调查。依据相关导则、规范、标准，开展现状调查、取样、监测和数据处理与分析工作。结合收集的评价地块及周边区域的土壤质量调查相关资料，依据采取的土壤环境质量评价标准，进行土壤环境质量现状评价，并结合历史/现状土壤环境影响源调查，对土壤环境质量现状评价结果作出合理分析。

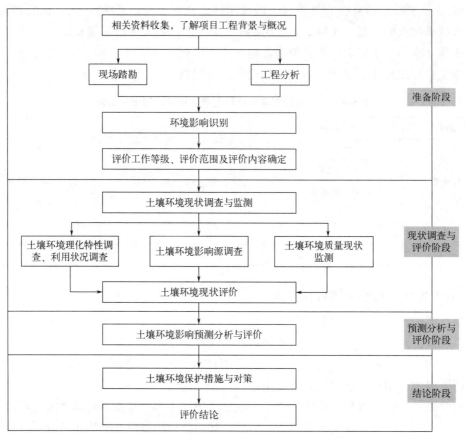

图 8-1　土壤环境影响评价工作流程

（三）预测分析与评价阶段

根据工程分析确定的污染源及污染物排放特征，在环境影响途径识别的基础上，采用相关数学模型或经论证有效的预测方法，对项目可能造成的土壤环境影响进行分析预测。或者在污染源、污染指标、土壤地质条件等相似的条件下，采用类比分析的方法进行预测分析。在此基础上，依据相应的土壤质量标准对预测结果进行评价，并对评价结果作出简要分析。

（四）结论阶段

根据现状调查与评价，明确土壤环境质量现状。对建设项目拟采取的土壤环境影响防控措施进行可行性论证和评述。根据预测分析和评价，提出针对性的土壤环境保护措施和对策，给出土壤环境影响是否可以接受的明确结论。

第二节　土壤环境影响评价工作分级

一、土壤环境影响评价等级划分的基本依据

土壤环境影响评价工作等级，简称土壤环境影响评价等级或土壤评价等级，是进行土壤环

境现状调查与评价、土壤污染影响预测与评价以及提出相应的土壤环境保护措施的重要基础。依据《环境影响评价技术导则 土壤环境（试行）》（HJ 964—2018）的规定，根据建设项目对土壤环境影响程度的不同，土壤环境影响评价等级分为一级、二级、三级共三个等级。一级评价要求最高，现状调查范围最大，调查内容最多，一般需要进行定量影响预测和评价，要求进行跟踪监测的频次也最高，二级评价的工作要求次之，三级评价的工作内容最少。

土壤环境影响评价等级划分的直接依据主要有两个方面，即土壤环境敏感程度和建设项目类别。其中土壤环境敏感程度一般划分为敏感、较敏感、不敏感，建设项目类别根据表8-1划分为Ⅰ～Ⅳ类。一般而言，土壤环境敏感程度越高、建设项目类别越高，则土壤环境影响评价的等级就越高。

二、生态影响型土壤环境影响评价等级划分

根据建设项目所在地土壤环境敏感程度以及建设项目类别，生态影响型土壤环境影响评价等级划分为一级、二级和三级。首先，根据表8-5判断建设项目所在区域的土壤环境敏感程度；然后，参考表8-1识别建设项目的类别（Ⅳ类可不进行土壤环境影响评价）；最后，根据表8-6确定生态影响型土壤环境影响评价的工作等级。

表 8-5 生态影响型土壤环境敏感程度分级表

敏感程度	判别依据		
	盐化	酸化	碱化
敏感	建设项目所在地干燥度①>2.5且常年地下水位平均埋深<1.5m的地势平坦区域；或土壤含盐量>4g/kg的区域	pH≤4.5	pH≥9.0
较敏感	建设项目所在地干燥度>2.5且常年地下水位平均埋深≥1.5m的，或1.8<干燥度≤2.5且常年地下水位平均埋深<1.8m的地势平坦区域；建设项目所在地干燥度>2.5或常年地下水位平均埋深<1.5m的平原区；或2g/kg<土壤含盐量≤4g/kg的区域	4.5<pH≤5.5	8.5≤pH<9.0
不敏感	其他	5.5<pH<8.5	

① 指采用E601型水面蒸发器观测的多年平均水面蒸发量与降水量的比值，即蒸降比值。

表 8-6 生态影响型评价工作等级划分表

敏感程度	Ⅰ类建设项目	Ⅱ类建设项目	Ⅲ类建设项目
敏感	一级	二级	三级
较敏感	二级	二级	三级
不敏感	二级	三级	—

注："—"表示可不开展土壤环境影响评价工作。

三、污染影响型土壤环境影响评价等级划分

根据建设项目类别及所在地土壤环境敏感程度，污染影响型土壤环境影响评价等级同样划分为一级、二级和三级。首先，根据表8-7判断土壤环境敏感程度；然后，根据表8-1对建设项目类别（Ⅰ～Ⅲ类）进行识别；最后，根据项目永久占地规模和表8-8确定污染影响型土壤环境影响评价工作等级。

表 8-7   污染影响型土壤环境敏感程度分级表

敏感程度	判别依据
敏感	建设项目周边存在耕地、园地、牧草地、饮用水水源地或居民区、学校、医院、疗养院、养老院等土壤环境敏感目标的
较敏感	建设项目周边存在其他土壤环境敏感目标的
不敏感	其他情况

表 8-8   污染影响型评价工作等级划分表

敏感程度	Ⅰ类建设项目			Ⅱ类建设项目			Ⅲ类建设项目		
	大	中	小	大	中	小	大	中	小
敏感	一级	一级	一级	二级	二级	二级	三级	三级	三级
较敏感	一级	一级	二级	二级	二级	三级	三级	三级	—
不敏感	一级	二级	二级	二级	三级	三级	三级	—	—

注：1. "—"表示可不开展土壤环境影响评价工作。

2. 项目永久占地规模≥50hm^2、5~50hm^2、≤5hm^2 分别定义为"大型""中型""小型"。

四、多类型评价等级的确定

由于土壤功能的多样性，土壤环境影响分为生态影响型和污染影响型。前文仅对涉及单一土壤环境影响类型的建设项目土壤环境影响评价工作等级进行了划分，适用于仅涉及其中一种影响类型的建设项目的土壤环境影响评价。例如：一些小型制造业项目，可能主要涉及土壤环境的污染影响；一座小型水电站项目，可能主要涉及运营期的土壤生态环境影响。

由于来自建设项目不同时期（建设期、运营期、服务期满后）的土壤环境影响可能不一样，来自建设项目不同场地的土壤环境影响也可能不一样，因此，在实际土壤环境影响评价工作中，经常会遇到同一建设项目同时涉及两种影响类型的情况。例如：某一大型水利灌区项目，不但涉及土壤环境生态影响，也可能涉及运营期化肥、农药的污染影响；一个高速公路建设工程，在建设期和运营期都可能涉及土壤污染影响和土壤生态影响；一个垃圾填埋场建设工程，在建设期、运营期以及服务期满后都会涉及土壤环境污染影响，在运营期和服务期满后又会涉及土壤环境生态影响的问题。

因此，需要根据实际情况，对涉及多类型土壤环境影响的建设项目的土壤环境影响评价工作等级进行划分。具体评价工作等级在参照表 8-6 和表 8-8 的基础上，依据表 8-9 所列原则进行划分。由表 8-9 可知，多类型评价等级划分的原则主要有：同一建设项目涉及不同影响类型的，分别判定其工作等级，并分别按相应等级开展评价工作；同一建设项目涉及多个场地或地区造成生态影响或污染影响的，分别判定不同场地或地区土壤环境影响的工作等级，并分别按相应等级开展评价工作；对生态影响型建设项目产生多种生态影响后果的，按最高敏感程度确定的等级开展评价工作。

表 8-9　多类型评价工作等级的划分原则

土壤环境影响类型	情形列举	工作等级划分原则	工作原则	举例
包含不同土壤环境影响类型	同一建设项目,同时涉及生态影响型与污染影响型	分别判定其评价工作等级	分别按相应的等级开展评价工作	某大型灌区水利工程既涉及灌溉可能引起地下水位上升造成的土壤盐渍化问题(生态影响型),也涉及大量农药、化肥使用引起的土壤污染问题(污染影响型)
仅生态影响型	同一建设项目涉及两个或两个以上场地或地区	分别判定其敏感程度,并确定工作等级	分别按相应的等级开展评价工作	某线性工程(如铁路、公路等),需要对重点站场位置(如输油站、泵站、阀室、加油站、维修场所、服务区、搅拌站等)和线性工程主体工程区域沿线进行土壤生态环境影响识别,并分别按相应等级开展评价工作
	产生两种或两种以上生态影响后果	敏感程度按照最高级别判定	按最高敏感程度确定的等级开展评价工作	某"Ⅰ类项目"处于土壤环境"酸化敏感"地区,对"盐化"和"碱化"不敏感,则按照"敏感"处理,评价等级应判定为"一级"
仅污染影响型	同一建设项目涉及两个或两个以上场地或地区	分别判断其工作等级	分别按相应的等级开展评价工作	某线性工程(如铁路、公路等),需要重点针对主要站场位置分段判定评价工作等级,并按相应等级分别开展评价工作

第三节　土壤环境现状调查与评价

一、调查范围

土壤环境现状调查是了解建设项目场地内及场地周边地区土壤环境质量现状的过程,主要通过现场踏勘、现状监测、资料调查等手段,掌握场地区域内及周边地区土壤基本理化性质、土壤污染状况、土地利用性质、现状污染源等信息,为进一步的现状评价和后续的影响预测提供数据支撑。

调查范围主要指建设项目可能影响到的范围,并能满足土壤环境影响预测和评价的要求。对于改、扩建类建设项目,现状调查评价范围还应兼顾现有工程可能影响的范围。现状调查的范围和评价工作等级有关,和土壤环境影响类型有关。一般地,评价等级越高,现状调查涉及的范围越大;生态影响型的调查范围大于污染影响型。

(一) 生态影响型建设项目的调查范围

建设项目占地范围内,一、二、三级评价都要涵盖。

建设项目占地范围外,一、二、三级评价分别至少涵盖项目边界外 5km、2km、1km 范围内。

(二) 污染影响型建设项目的调查范围

建设项目占地范围内,一、二、三级评价都要涵盖。

建设项目占地范围外，一、二、三级评价分别至少涵盖项目边界外 1km、0.2km、0.05km 范围内。

（三）调查范围调整说明

建设项目同时涉及生态影响型与污染影响型的，或同时涉及多个评价等级的，应分别确定调查评价范围；对于涉及大气沉降途径影响的，可根据主导风向下风向的最大落地浓度点对上述范围适当调整；对于矿山类项目，调查范围指开采区与各场地的占地；对于改、扩建类项目，调查范围指现有工程与拟建工程的占地；对于危险品、化学品或石油、天然气运输管线类建设项目，应以工程边界为起点向两侧以外各延伸 0.2km 作为调查范围。

具体工作中确定调查范围时，可依据建设项目影响类型、污染途径，参考项目所在区域气象和水文地质条件，以及地形地貌等确定，即可以对前述确定的调查范围根据实际情况进行适当调整。

二、调查内容与要求

（一）基本原则与要求

现状调查是系统性了解建设项目场地内及周边区域土壤环境质量现状、受到的影响、周边环境敏感区域，并预判未来可能产生的影响是否可以接受的过程，因此现状调查工作应遵循资料收集与现场调查相结合、资料分析与现状监测相结合的原则。具体工作中注意以下三个方面的要求。

① 现状调查工作深度必须满足相应评价工作等级要求，当现有资料不满足要求时，通过组织现场调查、监测等方法获取相关资料。

② 建设项目同时涉及土壤环境生态影响型与污染影响型时，应分别按相应评价工作等级要求开展相关调查。

③ 对工业园区的建设项目，重点在建设项目占地范围内开展现状调查工作，并兼顾其可能影响的园区外围土壤环境敏感目标。

（二）资料收集

对土壤环境影响评价而言，收集的资料主要包括四个方面。

① 相关图件，包括土地利用现状图、土地利用规划图、土壤类型分布图。

② 自然环境资料，包括气候气象、地形地貌特征、水文及水文地质资料等。

③ 土地利用相关资料，指项目范围内及周边土地利用历史资料。

④ 与建设项目土壤环境影响评价相关的其他资料，如场地调查资料，土壤和地下水调查资料，周边或场地内项目环评、区域环评、规划环评等资料。

（三）土壤理化特性调查

土壤理化性质主要包括土体构型、土壤结构、土壤质地、阳离子交换量（CEC）、氧化还原电位（ORP）、饱和导水率、土壤容重、孔隙度等。

其中土体构型主要指垂直方向各土壤发生层有规律的组合、有序的排列状况，也称为土壤剖面构型，是土壤剖面最重要的特征。自然土壤的土体构型一般从上到下可分为四个或五个基本层次，分别是覆盖层、淋溶层、淀积层、母质层（基岩层）；旱地土壤的土体构型一般可分为四层，即耕作层（表土层）、犁底层（亚表土层）、心土层和底土层；水田土壤由于长期经历频繁的水旱交替，形成了不同于旱地的土体构型，一般分为耕作层（水耕熟化层）、犁底层、潴育层、潜育层等。

分层次的土壤理化性质调查内容和资料整理形式可参见表 8-10。

表 8-10 土壤理化特性调查表

	点号			时间		
	经度			纬度		
	层次	层次 1	层次 2	层次 3	层次 4	层次 5
现场记录	颜色					
	结构					
	质地					
	砂砾含量					
	其他异物					
实验室测定	pH 值					
	阳离子交换量/(mg/kg)					
	氧化还原电位/mV					
	饱和导水率/(cm/s)					
	土壤容重/(kg/m^3)					
	孔隙度/%					

注：1. 根据（三）确定需要调查的理化特性并记录，土壤环境生态影响型建设项目还应调查植被、地下水位埋深、地下水溶解性总固体等。

2. 点号为代表性监测点位。

除上述基本指标外，评价工作等级为一级的建设项目一般还需要收集土体构型（土壤剖面）的现场调查资料，主要包括：调查点编号、点号周围景观照片、土壤剖面照片（带标尺）以及对应每一层次的理化特性描述。

（四）土壤环境影响源调查

影响源调查的目的是了解待评价建设项目对土壤环境产生影响之前，评价范围内还有哪些与待评价建设项目产生同种特征因子或造成相同土壤环境影响后果的影响源，为后期影响评价提供基础资料。

对于改、扩建的污染影响型建设项目，如果其评价工作等级为一级、二级，则应对地块内或周边场地现有工程的土壤环境保护措施情况进行调查，并重点调查主要装置或设施附近的土壤污染现状，为土壤环境污染影响预测或分析提供基础。

三、现状监测

现状监测是进一步准确掌握土壤环境质量现状的重要手段之一。现状监测主要涉及监测点布设方法与数量、监测取样方法、监测因子与监测频次等。对现状监测的要求随评价工作等级的不同而有差异。

（一）布点原则

土壤环境现状监测点布设应根据建设项目土壤环境影响类型、评价工作等级、土地利用类型确定，采用均布性与代表性相结合的原则，充分反映建设项目调查评价范围内的土壤环境现状，可根据实际情况优化调整。

① 应覆盖所有土壤类型。调查范围内每种土壤类型至少设置1个表层监测点，并应尽量布置在未受人为污染或相对未受污染的区域。

② 对于生态影响型建设项目，应根据所在地的地形特征、地面径流方向设置表层样监测点。

③ 对于污染影响型项目，涉及入渗途径影响的，主要产污装置区应设置柱状样监测点，采样深度需至装置底部与土壤接触面以下；涉及大气沉降影响的，应在占地范围外主导风向上、下风向各设置1个表层样监测点，重点考虑在最大落地浓度处设置表层采样点；涉及地面漫流影响的，可结合地貌特征，在占地范围外上、下游各设置1个表层样监测点。

④ 对于线性工程项目，通常在站场位置处设置监测点；涉及危化品或油气运输管线的，应根据评价范围内土壤环境敏感目标或厂区内的平面布局情况确定监测点布设位置。

⑤ 监测点应考虑土壤受到的历史影响。评价工作等级为一级、二级的改、扩建项目，应在现有工程厂界外可能产生影响的土壤敏感目标处设置监测点。建设项目占地范围内及其可能影响区域的土壤已存在污染风险的，应结合用地历史资料和现状调查情况，在可能受影响最重的区域布设监测点，取样深度根据其可能影响的情况确定。

⑥ 现状监测布点应兼顾未来监测计划的要求。现状监测点的布设应兼顾土壤环境影响跟踪监测计划，一般要求覆盖土壤环境影响跟踪监测计划中布设的监测点。

（二）布点数量

不同影响类型的监测点数量和评价等级直接相关。建设项目各评价工作等级的监测点数目可按表 8-11 的要求确定，一般不少于表中要求的数量。

表 8-11　现状监测布点类型与数量

评价工作等级		占地范围内	占地范围外
一级	生态影响型	5个表层样点①	6个表层样点
	污染影响型	5个柱状样点②,2个表层样点	4个表层样点
二级	生态影响型	3个表层样点	4个表层样点
	污染影响型	3个柱状样点,1个表层样点	2个表层样点
三级	生态影响型	1个表层样点	2个表层样点
	污染影响型	3个表层样点	—

注："—"表示无现状监测布点类型与数量的要求。

① 表层样应在 $0\sim0.2m$ 取样。

② 柱状样通常在 $0\sim0.5m$、$0.5\sim1.5m$、$1.5\sim3m$ 分别取样，3m 以下每 3m 取 1 个样，可根据基础埋深、土体构型适当调整。

对于生态影响型项目，在保持总数不变的情况下，可优化调整占地范围内、外监测点数量；占地范围超过 $5000hm^2$ 的，每增加 $1000hm^2$ 增加 1 个监测点。对于污染影响型项目，占地范围超过 $100hm^2$ 的，每增加 $20hm^2$ 增加 1 个监测点。

（三）监测取样

土壤监测取样的规范性对于保证数据结果的可靠性至关重要。表层样监测点及土壤剖面的土壤监测取样方法可参照《土壤环境监测技术规范》（HJ/T 166—2004）执行，该规范规定了土壤环境监测的采样方法、样品制备、分析方法等。柱状样监测点和污染影响型改扩建项目的土壤监测取样方法还可参照《建设用地土壤污染状况调查技术导则》（HJ 25.1—

2019）和《建设用地土壤污染风险管控和修复监测技术导则》（HJ 25.2—2019）规定的方法执行。

（四）监测因子

监测因子是指表征土壤环境质量的指标，分为基本因子和特征因子两大类。基本因子是指《土壤环境质量 农用地土壤污染风险管控标准（试行）》（GB 15618—2018）和《土壤环境质量 建设用地土壤污染风险管控标准（试行）》（GB 36600—2018）规定的基本因子，分别根据调查评价范围内的土地利用类型选取不同评价项目的基本因子。特征因子指建设项目产生的代表性或特有因子，需要根据工程分析的结果确定；如果某一因子同时属于特征因子和基本因子，归类为特征因子。

在对不同土壤类型进行调查以及调查项目占地范围内历史污染影响风险时，布设的监测点必须覆盖基本因子与特征因子，这将为预测或跟踪评价建设项目是否会加重相关土壤环境影响提供基础数据。

（五）监测频次

对于基本因子，监测频次和评价工作等级有关。一级评价项目，至少开展 1 次现状监测。二级、三级评价项目，若掌握了近 3 年内至少 1 次的监测数据，并且数据点分布和数量满足前述布点原则和布点数量要求，可不再进行现状监测，但要说明数据资料的有效性。

对于特征因子，无论评价等级如何，至少应开展 1 次现状监测。

四、现状评价

现状评价是根据现状监测数据或资料调查数据，依据相应的土壤环境质量标准，采用单因子指数或综合指数法对土壤环境质量现状进行分析评估的过程。

（一）评价标准

1. 污染影响型采用的评价标准

土壤污染影响型采用的评价标准主要有两项，分别是《土壤环境质量 农用地土壤污染风险管控标准（试行）》（GB 15618—2018）和《土壤环境质量 建设用地土壤污染风险管控标准（试行）》（GB 36600—2018）。一般依据上述两项标准中的筛选值进行评价。对于上述两项标准中未规定的评价因子，可参照行业、地方或国外相关标准进行评价。确无参照标准的，也可依据相关文献研究结果给出参考值，并做出分析判断。污染影响型基本项目的评价标准列于表 8-12 和表 8-13。

GB 15618 含有 8 个基本项目，全部为重金属类指标；GB 36600 含有 45 个基本项目，包括 7 种重金属指标（HMs）、27 种挥发性有机物（VOCs）、11 种半挥发性有机物（SVOCs）。

表 8-12 农用地土壤污染风险筛选值（基本项目，来自 GB 15618） 单位：mg/kg

序号	污染物项目[①②]		风险筛选值			
			pH≤5.5	5.5<pH≤6.5	6.5<pH≤7.5	pH>7.5
1	镉	水田	0.3	0.4	0.6	0.8
		其他	0.3	0.3	0.3	0.6

续表

序号	污染物项目[①][②]		风险筛选值			
			pH≤5.5	5.5<pH≤6.5	6.5<pH≤7.5	pH>7.5
2	汞	水田	0.5	0.5	0.6	1.0
		其他	1.3	1.8	2.4	3.4
3	砷	水田	30	30	25	20
		其他	40	40	30	25
4	铅	水田	80	100	140	240
		其他	70	90	120	170
5	铬	水田	250	250	300	350
		其他	150	150	200	250
6	铜	果园	150	150	200	200
		其他	50	50	100	100
7	镍		60	70	100	190
8	锌		200	200	250	300

① 重金属和类金属砷均按元素总量计。

② 对于水旱轮作地，采用其中较严格的风险筛选值。

表 8-13　建设用地土壤污染风险筛选值（基本项目，来自 GB 36600）　　单位：mg/kg

序号	污染物项目	CAS 编号	筛选值	
			第一类用地	第二类用地
重金属和无机物				
1	砷	7440-38-2	20[①]	60[①]
2	镉	7440-43-9	20	65
3	铬（六价）	18540-29-9	3.0	5.7
4	铜	7440-50-8	2000	18000
5	铅	7439-92-1	400	800
6	汞	7439-97-6	8	38
7	镍	7440-02-0	150	900
挥发性有机物				
8	四氯化碳	56-23-5	0.9	2.8
9	氯仿	67-66-3	0.3	0.9
10	氯甲烷	74-87-3	12	37
11	1,1-二氯乙烷	75-34-3	3	9
12	1,2-二氯乙烷	107-06-2	0.52	5
13	1,1-二氯乙烯	75-35-4	12	66
14	顺-1,2-二氯乙烯	156-59-2	66	596
15	反-1,2-二氯乙烯	156-60-5	10	54
16	二氯甲烷	75-09-2	94	616
17	1,2-二氯丙烷	78-87-5	1	5

续表

序号	污染物项目	CAS 编号	筛选值	
			第一类用地	第二类用地
18	1,1,1,2-四氯乙烷	630-20-6	2.6	10
19	1,1,2,2-四氯乙烷	79-34-5	1.6	6.8
20	四氯乙烯	127-18-4	11	53
21	1,1,1-三氯乙烷	71-55-6	701	840
22	1,1,2-三氯乙烷	79-00-5	0.6	2.8
23	三氯乙烯	79-01-6	0.7	2.8
24	1,2,3-三氯丙烷	96-18-4	0.05	0.5
25	氯乙烯	75-01-4	0.12	0.43
26	苯	71-43-2	1	4
27	氯苯	108-90-7	68	270
28	1,2-二氯苯	95-50-1	560	560
29	1,4-二氯苯	106-46-7	5.6	20
30	乙苯	100-41-4	7.2	28
31	苯乙烯	100-42-5	1290	1290
32	甲苯	108-88-3	1200	1200
33	间二甲苯＋对二甲苯	108-38-3,106-42-3	163	570
34	邻二甲苯	95-47-6	222	640
半挥发性有机物				
35	硝基苯	98-95-3	34	76
36	苯胺	62-53-3	92	260
37	2-氯酚	95-57-8	250	2256
38	苯并[a]蒽	56-55-3	5.5	15
39	苯并[a]芘	50-32-8	0.55	1.5
40	苯并[b]荧蒽	205-99-2	5.5	15
41	苯并[k]荧蒽	207-08-9	55	151
42	䓛	218-01-9	490	1293
43	二苯并[a,h]蒽	53-70-3	0.55	1.5
44	茚并[1,2,3-cd]芘	193-39-5	5.5	15
45	萘	91-20-3	25	70

注：第一类用地包括城市建设用地中的居住用地，公共管理与公共服务用地中的中小学用地、医疗卫生用地和社会福利设施用地以及公园绿地中的社区公园或儿童公园用地等。第二类用地包括城市建设用地中的工业用地、物流仓储用地、商业服务业设施用地、道路与交通设施用地、公用设施用地、公共管理与公共服务用地以及绿地与广场用地（社区公园或儿童公园用地除外）。

① 具体地块土壤中污染物检测含量超过筛选值，但等于或者低于土壤环境背景值水平的，可评价为未受到明显污染。不同土壤环境背景值可参考 GB 36600 附录 A。

2. 生态影响型采用的评价标准

主要包括盐化、碱化、酸化的现状评价，可参照表 8-14 和表 8-15 所列标准进行。

表 8-14   土壤盐化分级标准

分级	土壤含盐量(SSC)/(g/kg)	
	滨海、半湿润和半干旱地区	干旱、半荒漠和荒漠地区
未盐化	SSC<1	SSC<2
轻度盐化	1≤SSC<2	2≤SSC<3
中度盐化	2≤SSC<4	3≤SSC<5
重度盐化	4≤SSC<6	5≤SSC<10
极重度盐化	SSC≥6	SSC≥10

注：根据区域自然背景状况适当调整。

表 8-15   土壤酸化、碱化分级标准

土壤 pH 值	土壤酸化、碱化强度	土壤 pH 值	土壤酸化、碱化强度
pH<3.5	极重度酸化	8.5≤pH<9.0	轻度碱化
3.5≤pH<4.0	重度酸化	9.0≤pH<9.5	中度碱化
4.0≤pH<4.5	中度酸化	9.5≤pH<10.0	重度碱化
4.5≤pH<5.5	轻度酸化	pH≥10.0	极重度碱化
5.5≤pH<8.5	无酸化或碱化		

注：土壤酸化、碱化强度指受人为影响后呈现的土壤 pH 值，可根据区域自然背景状况适当调整。

盐化分级主要依据干旱程度不同地区的土壤中含盐量确定，分为 5 个等级，分别是未盐化、轻度盐化、中度盐化、重度盐化和极重度盐化；酸化和碱化强度主要依据土壤 pH 确定，根据 pH 由低到高，从极重度酸化到极重度碱化，分为 9 个等级。5.5≤pH≤8.5 属于正常的土壤 pH 范围。

(二) 评价方法

1. 污染影响型土壤环境质量评价

可采用标准指数法进行评价，常用单因子指数法。

$$I_i = C_i / C_{si} \tag{8-1}$$

式中，I_i 为第 i 个评价因子的标准指数，量纲为 1；C_i 为第 i 个评价因子的浓度，mg/kg；C_{si} 为第 i 个评价因子的评价标准，mg/kg。若 I_i 大于 1.0，则表示第 i 个评价因子超标，土壤已经受到污染，I_i 表示超标倍数。

同时，应对各评价因子进行统计分析，给出样本数量、最大值、最小值、平均值、标准差、检出率和超标率、最大超标倍数等。

2. 生态影响型土壤环境质量评价

可对照表 8-14、表 8-15 给出各监测点土壤盐化、酸化、碱化的级别，并统计样本数量、最大值、最小值和平均值，评价平均值对应的级别。

现状分析评价完成后，应给出相应的结论。对污染影响型项目，应给出相关评价因子是否满足评价标准的明确结论，如果评价因子存在超标，应结合现状调查和资料收集，分析超标的可能原因。对生态影响型项目，应给出项目区域土壤盐化、酸化和碱化的现状。

第四节 土壤环境影响预测与评价

一、预测评价基本要求

预测评价是对未来建设项目建设过程、运营过程或服务期满后可能产生的土壤环境影响进行定量估算或定性判断的过程，对于作出"土壤环境影响是否可以接受"的结论具有重要支撑作用。

预测评价的过程一般是：首先，根据工程分析和评价等级，确定预测范围、时段，并设定预测情景；然后，选定预测因子和评价标准；最后，利用相关分析预测方法，对建设项目对土壤造成的污染影响或生态影响进行预估、分析和评价。

预测过程中，应根据前期影响识别结果和评价工作等级，结合当地土地利用规划，确定影响预测的范围、时段、内容和方法。

预测评价要求选用合适的预测分析方法，预测评价建设项目各实施阶段不同环节与不同环境影响防控措施下的土壤环境影响结果，给出预测因子的影响范围与程度，明确建设项目对土壤环境的影响结果。

预测评价的重点是建设项目对占地范围外土壤环境敏感目标的累积影响，并兼顾对占地范围内的影响预测。可采用定性或半定量的方法说明建设项目对土壤环境产生的影响及趋势。如果建设项目可能导致土壤潜育化、沼泽化、潴育化或土地沙化等影响，应进一步分析土壤环境可能受到影响的范围和程度。

二、预测评价过程

（一）预测评价范围、时段和情景

预测评价范围与现状调查评价的范围一致。主要根据项目特点和工程分析结果，筛选出可能产生最大影响的重点预测时段（建设期、运营期、服务期满后）。

预测是对尚未发生而未来可能发生的情况作出预估，因此需要设置预测情景。预测情景指未来可能发生的影响情况，包括污染物排放量、污染物扩散条件等。从保守角度，预测情景的设置一般考虑最不利的条件，如设置可能最大的影响源，考虑最不利的影响条件，等等。

（二）预测评价因子选择与评价标准

1. 污染影响型项目

应选取识别出的特征因子或排放量最大的因子或土壤环境质量标准限值小的因子或毒害性大的因子作为关键预测因子。可依据《土壤环境质量 农用地土壤污染风险管控标准（试行）》（GB 15618—2018）和《土壤环境质量 建设用地土壤污染风险管控标准（试行）》（GB 36600—2018）选取评价因子和评价标准（其中的基本项目、其他项目均可作为预测评价因子）。

2. 生态影响型项目

分别选取土壤盐分含量、pH 值作为预测因子，也可选用地下水位、土壤水分含量等作为预测因子。对于土壤盐化的影响，可参考表 8-16 选择 5 个盐化影响因素指标，根据表 8-17 选择土壤盐化预测评价标准。

表 8-16　土壤盐化影响因素赋值表

影响因素指标(i)	评分值(S)				权重(W)
	0 分	2 分	4 分	6 分	
地下水位埋深(GWD)/m	GWD≥2.5	1.5≤GWD<2.5	1.0≤GWD<1.5	GWD<1.0	0.35
干燥度(蒸降比值)(EPR)	EPR<1.2	1.2≤EPR<2.5	2.5≤EPR<6	EPR≥6	0.25
土壤本底含盐量(SSC)/(g/kg)	SSC<1	1≤SSC<2	2≤SSC<4	SSC≥4	0.15
地下水溶解性总固体(TDS)/(g/L)	TDS<1	1≤TDS<2	2≤TDS<5	TDS≥5	0.15
土壤质地	黏土	砂土	壤土	砂壤、粉土、砂粉土	0.10

表 8-17　土壤盐化预测表

土壤盐化综合评分值(S_a)	$S_a<1$	$1≤S_a<2$	$2≤S_a<3$	$3≤S_a<4.5$	$S_a≥4.5$
土壤盐化综合评分预测结果	未盐化	轻度盐化	中度盐化	重度盐化	极重度盐化

（三）预测评价方法

当评价等级为一级、二级时，采用定量计算的预测方法；当评价等级为三级时，可采用定性描述、类比分析或半定量分析的方法进行预测。定量化预测可采用如下方法。

1. 土壤盐化综合评分预测法

土壤盐化程度预测可采用式(8-2)，其影响因素指标评分值和权重值参考表 8-16 确定，盐化预测结果参考表 8-17 确定。

$$S_a = \sum_{i=1}^{n} W_i S_i \tag{8-2}$$

式中，W_i 为第 i 个影响因素的指标权重；S_i 为第 i 个影响因素的指标评分值；n 为参评影响因素的指标数目；S_a 为土壤盐化综合评分值。

2. 土壤盐化、酸化或碱化质量平衡预测法

适用于某种物质以面源形式输入土壤环境引起的影响。面源输入途径包括大气沉降、地面漫流，输入物质概化为盐、酸、碱三大类，引起的土壤影响分为盐化、酸化、碱化。其计算步骤如下。

首先，估算输入量。通过工程分析计算土壤中某种物质的输入量；涉及大气沉降影响的，可参照《环境影响评价技术导则　大气环境》（HJ 2.2—2018）规定的相关技术方法给出。

其次，估算输出量。土壤中某种物质的输出量主要包括淋溶或径流排出、土壤缓冲消耗两部分；植物吸收量通常较小，不予考虑；涉及大气沉降影响的，可不考虑输出量。

再次，估算增量。比较输入量和输出量的差值，计算土壤中某种物质的增量。

最后，进行预测估算。将某种物质的增量与现状值进行叠加后，进行土壤环境影响预测。

具体的预测计算方法如下。

第一，单位质量土壤中某种物质的增量可用式(8-3)计算。

$$\Delta S = n(I_s - L_s - R_s)/(\rho_b AD) \tag{8-3}$$

式中，ΔS 为单位质量表层土壤中某种物质的增量，g/kg，或表层土壤中游离酸或游离碱浓度增量，mmol/kg；I_s 为年表层土壤中某种物质的输入量，g/a，或年表层土壤中游离酸、游离碱输入量，mmol/a；L_s 为年表层土壤中某种物质经淋溶排出的量，g/a，或预测评价范围内年表层土壤中经淋溶排出的游离酸、游离碱的量，mmol/a；R_s 为年表层土壤中某种物质经径流排出的量，g/a，或年表层土壤中经径流排出的游离酸、游离碱的量，mmol/a；ρ_b 为表层土壤容重，kg/m³；A 表示预测评价范围的面积，m²；D 为表层土壤深度，一般取 0.2m，可根据实际情况适当调整；n 为持续年份，a。

第二，单位质量土壤中某种物质的预测值可根据其增量叠加现状值进行计算，如式(8-4)：

$$S = S_b + \Delta S \tag{8-4}$$

式中，S_b 代表单位质量土壤中某种物质的现状值，g/kg；S 代表单位质量土壤中某种物质的预测值，g/kg。

第三，酸性物质或碱性物质排放后表层土壤 pH 预测值，可根据表层土壤游离酸或游离碱浓度的增量进行计算，如式(8-5)：

$$pH = pH_b \pm \Delta S/BC_{pH} \tag{8-5}$$

式中，pH_b 为土壤 pH 现状值；BC_{pH} 为缓冲容量，mmol/kg；pH 代表 pH 预测值。

第四，缓冲容量（BC_{pH}）的测定采用斜率法。具体方法为：在项目区土壤样品中加入不同量游离酸或游离碱后分别进行 pH 值测定，绘制不同浓度游离酸或游离碱和 pH 值之间的关系曲线，曲线斜率即为缓冲容量。

3. 污染物溶质运移模型法

适用于污染物以点源形式垂直进入土壤的影响预测，重点预测其可能影响到的深度。采用一维非饱和溶质运移模型预测方法，计算公式如式(8-6)：

$$\frac{\partial(\theta c)}{\partial t} = \frac{\partial}{\partial z}\left(\theta D \frac{\partial c}{\partial z}\right) - \frac{\partial}{\partial z}(qc) \tag{8-6}$$

式中，c 代表介质中某污染物的浓度，mg/L；D 为弥散系数，m²/d；q 为渗流速率，m/d；z 为沿 z 轴（垂直方向）的距离，m；t 为时间变量，d；θ 为土壤含水率，%。

式(8-6)的初始条件见式(8-7)，表示初始时刻土柱中拟计算的污染物浓度为 0 或 c_0。

$$c(z,t) = 0(c_0) \qquad t=0, L \leqslant z < 0 \tag{8-7}$$

式(8-6)的边界条件有两类，分别是 Dirichlet 边界条件 [式(8-8)或式(8-9)] 和 Neumann 边界条件 [式(8-10)]。

第一类 Dirichlet 边界条件中，式(8-8)适用于上边界连续点源情景，表示污染物持续以恒定浓度 c_1 输入土柱中；式(8-9)适用于上边界非连续点源情景，表示在 $0 < t \leqslant t_0$ 时段范围内，污染物以恒定浓度 c_2 输入土柱中，在 $t > t_0$ 时段，污染物输入土柱的浓度为 0。

$$c(z,t) = c_1 \quad t>0, z=0 \tag{8-8}$$

$$c(z,t) = \begin{cases} c_2 & 0<t \leqslant t_0, z=0 \\ 0 & t>t_0, \quad z=0 \end{cases} \tag{8-9}$$

第二类 Neumann 零梯度边界，表示下边界污染物浓度梯度为 0，即下边界污染物浓度在任何时刻都不随垂向距离变化。

$$-\theta D \frac{\partial c}{\partial z}=0 \quad t>0, z=L \qquad (8\text{-}10)$$

4. 多孔介质溶质运移软件介绍

土壤是一种三相介质，污染物在土壤中迁移转化的过程比较复杂，因此污染物运移模拟预测要求较高。目前，有多个商业软件可以比较好地实现模拟和预测。从多孔介质的角度看，污染物在土壤中的迁移实际上是溶质在多孔介质中的运移过程，可以用地下水溶质运移模型进行估算和预测。从水文地质的角度看，土壤中的污染物运移就是污染物在各种因素综合影响作用下随着土壤水流的运动和迁移归宿，包括对流、弥散和化学反应等过程。

目前，常见的用于地下水系统中溶质运移的模拟软件包有 MT3D、MT3DMS、RT3D、FEMWATER、TOUGH、HST3D、FRAC3DVS、FEFLOW、MODFLOW、HYDRUS-1D、HYDRUS-2D、HYDRUS-3D 等 10 多种。其中 MT3D、MT3DMS 是应用比较广泛的三维溶质运移数值模拟软件；HYDRUS-1D、HYDRUS-2D、HYDRUS-3D 可分别用于土壤和地下水中一维、二维、三维的模拟。HYDRUS 系列软件是基于微软 Windows 环境，分析变饱和多孔介质中水流和溶质运移的模拟软件，其中的 HYDRUS-1D 软件在一维垂直入渗方向的土壤溶质运移计算中得到广泛应用，它具备计算模型建立的可操作图形化视窗以及展示模拟结果的图形化环境，应用方便。

实际土壤环境影响评价工作中，在获得评价区域土壤各种物理化学参数的基础上，使用成熟的商业化软件进行影响预测逐渐成为一种工作常态。

三、预测评价结论

根据选择的预测评价因子，将土壤影响预测结果和《土壤环境质量　农用地土壤污染风险管控标准（试行）》（GB 15618—2018）与《土壤环境质量　建设用地土壤污染风险管控标准（试行）》（GB 36600—2018）中规定的筛选值限值进行对比分析，或者和表 8-14、表 8-15 设定的盐化、酸化、碱化分级标准进行对比分析，依此评价土壤受到污染影响或生态影响的程度，并给出明确的结论。土壤影响预测评价的结论分为两类，即土壤环境影响可以接受和不可接受。

（一）土壤环境影响预测评价可以接受的结论

① 建设项目各不同阶段，土壤环境敏感目标处且占地范围内各评价因子均满足 GB 15618 或 GB 36600 中相关标准要求的。

② 生态影响型建设项目各不同阶段，出现或加重土壤盐化、酸化、碱化等问题，但采取防控措施后，可满足表 8-14、表 8-15 以及其他土壤污染防治相关管理规定的。

③ 污染影响型建设项目各不同阶段，土壤环境敏感目标处或占地范围内有个别点位、层位或评价因子出现超标，但采取必要措施后，可满足 GB 15618 或 GB 36600 或其他土壤污染防治相关管理规定的。

（二）土壤环境影响预测评价不可接受的结论

① 生态影响型建设项目，土壤盐化、酸化、碱化等对预测评价范围内土壤原有生态功能会造成重大不可逆影响的。

② 污染影响型建设项目，不同阶段土壤环境敏感目标处或占地范围内多个点位、层位或评价因子出现超标，采取必要措施后，这些点位仍无法满足 GB 15618 或 GB 36600 或其

他土壤污染防治相关管理规定的。

第五节 土壤环境保护措施与对策

一、基本要求

有效的、针对性的土壤环境保护措施与对策对于消除或减缓不良土壤环境影响具有重要意义。一般而言，在土壤环境影响评价工作中，提出的土壤环境保护措施与对策要求具体、明确、可行，具有针对性。

（一）措施与对策的基本内容

明确措施保护的对象和预期达到的目标；详细列出措施的内容、设施的规模及工艺、实施部位和时间以及实施的保证措施等；对措施的预期效果要进行可行性分析；在上述工作的基础上，进行土壤环境保护投资的估算（概算），编制环境保护措施的布置图。上述工作可为土壤环境保护措施的后期工程化实施提供良好基础。

（二）措施与对策的针对性要求

① 对于新建项目，在建设项目可行性研究提出的影响防控对策基础上，结合建设项目特点、调查评价范围内的土壤环境质量现状，根据环境影响预测与评价结果，提出合理、可行、操作性和针对性强的土壤环境影响防控措施。

② 对于改扩建项目，还应提出针对性的"以新带老"措施，防止土壤环境影响加剧。

③ 对于涉及取土的建设项目，所取土壤应满足占地范围对应的土壤环境相关标准要求，并说明其来源。

④ 对于涉及弃土的项目，应按照固体废物相关规定对弃土进行处理处置，确保不产生二次污染。

二、土壤环境保护措施

（一）提出土壤环境保护措施

可根据造成土壤污染或不良生态影响的原因、途径等，提出相应的土壤环境保护措施。建设项目占地范围内的土壤环境质量现状存在点位超标的，可依据土壤污染防治相关管理办法、规定和标准，提出应采取的土壤污染防治措施；有明显土壤污染源头的建设项目，应提出源头防控措施，特别是根据影响预测结果，对污染源头的特征污染物、排放量大的污染物或者毒害性大的污染物提出针对性的源头防控措施；可确定土壤污染途径的，根据建设项目的行业特点与占地范围内的土壤特性，提出过程阻断、污染物削减和分区防控等过程防控措施。

① 土壤环境生态影响型的过程防控措施。涉及酸化、碱化影响的，可采取相应措施调节土壤 pH，以减轻土壤酸化、碱化的程度；涉及盐化影响的，可采取排水排盐或降低地下水位等措施，以减轻土壤盐化的程度。

② 土壤环境污染影响型的过程防控措施。涉及大气沉降影响的，占地范围内应采取绿化措施，以种植具有较强吸附能力的植物为主；涉及地面漫流影响的，可根据建设项目所在

地的地形特点优化地面布局，必要时设置地面硬化、围堰或围墙等；涉及入渗途径影响的，可根据相关标准规范要求，对设备设施采取相应的防渗措施，防止入渗污染。

（二）制订跟踪监测措施

通过土壤环境跟踪监测，可定期监测土壤环境的相关指标，适时评估土壤环境质量变化，以利于及时采取相关的消除或减缓不良土壤环境影响的措施。土壤环境跟踪监测措施包括制订跟踪监测计划、建立跟踪监测制度。

① 制订跟踪监测计划。应明确监测点位置、监测指标、监测频次以及执行的评价标准等内容。监测点应位于重点影响区和土壤环境敏感目标附近。监测指标应选择和建设项目有关的特征因子。一级评价项目，一般每 3 年内至少开展 1 次监测工作；二级评价项目，每 5 年内开展 1 次监测；三级评价项目必要时可开展跟踪监测。

② 建立跟踪监测制度。除了包含跟踪监测计划中的相关规定外，还应明确跟踪监测的责任人、责任部门，跟踪监测结果分析及数据保存、上报等相关规定。

第六节　土壤环境影响评价案例

本节介绍某医药公司年产 800 万支注射用紫杉醇聚合物胶束生产线及配套设施建设项目的土壤环境影响评价中的主要内容，回顾前述有关学习内容以期加深理解。

一、工程概况、环境影响识别及评价工作等级确定

（一）工程概况

项目名称：年产 800 万支注射用紫杉醇聚合物胶束生产线及配套设施建设项目；

建设单位：某医药有限公司；

建设地点：××市××区××工业园区××路××号；

建设性质：改扩建；

行业类别：C2710 化学药品原料药制造，C2720 化学药品制剂制造；

占地面积：总用地面积 19350m^2；

项目投资：项目总投资 48962 万元，其中环保投资 800 万元，约占总投资 1.6%。

（二）环境影响识别

本项目为污染影响型建设项目。运营期，土壤污染途径主要包括大气沉降、地面漫流和垂直入渗，其中大气沉降对本项目影响较小，主要考虑地面漫流污染影响。

（三）评价工作等级

根据《环境影响评价技术导则　土壤环境（试行）》（HJ 964—2018），本项目属于土壤环境影响评价项目类别中"制造业"类别中的"化学药品制造"，属于Ⅰ类项目。

本项目在现有厂区内实施，不新增占地。现有厂区占地面积为 19350m^2，小于 5hm^2，占地规模为小型。项目周边邻近区域不涉及耕地、园地、牧草地、饮用水水源地或居民区、学校、医院、疗养院、养老院等土壤环境敏感目标，建设项目所在地土壤环境敏感程度为"不敏感"。土壤环境影响评价工作等级为二级。

二、环境现状调查与评价

(一) 调查范围

土壤评价范围确定为占地范围和占地范围外 0.2km 范围内。

(二) 现状监测与资料收集

1. 现状监测点位及监测因子

项目在地块所在区域布设 6 个土壤环境监测点，分别为 3 个柱状样点 (试剂库旁、辅料车间旁、污水处理站旁，均为疑似污染点) 和 3 个表层样点 (1 个疑似污染点位于厂内，2 个背景点位于厂外)，具体布点情况见表 8-18。

表 8-18 土壤环境现状监测点位设置情况

编号	点位	类型	土样	监测因子
土壤监测点 1	厂区西南侧,试剂库	疑似污染点	柱状	基本因子＋特征因子
土壤监测点 2	厂区南侧,辅料车间	疑似污染点	柱状	
土壤监测点 3	厂区东侧,污水处理站	疑似污染点	柱状	
土壤监测点 4	厂区中部,空地	疑似污染点	表层	
土壤监测点 5	厂区外西侧,某产业基地,距离厂界 10m	背景点	表层	
土壤监测点 6	厂区外北侧,空地,距离厂界 18m	背景点	表层	

监测因子考虑土壤理化特性，包括基本因子和特征因子。理化特性主要通过现场记录获取，包括：颜色、结构、质地、砂砾含量、其他异物。基本因子选取《土壤环境质量 建设用地土壤污染风险管控标准 (试行)》(GB 36600—2018) 中规定的基本项目。特征因子选取《土壤环境质量 建设用地土壤污染风险管控标准 (试行)》(GB 36600—2018) 中规定的特征项目 (二噁英除外)。

2. 监测要求

表层样在 0～0.2m 取样，柱状样在 0～0.5m、0.5～1.5m、1.5～3m 分别取样，3m 以下每 3m 取 1 个样，根据基础埋深、土体构型适当调整；监测时间与地下水监测同步；表层样监测点及土壤剖面的土壤监测取样方法参照 HJ/T 166 执行，柱状样监测点和污染影响型改、扩建项目的土壤监测取样方法参照 HJ 25.1、HJ 25.2 执行。

3. 资料收集

项目所在地区土壤属盐化土、黄夹沙土和黄泥土。盐化土含可溶性盐分较多，地下水矿化度较高，土壤结构差；黄夹沙土发育较差，脱盐差，结构亦差；黄泥土质地较轻，上下均匀，夹水，有一定的有机质含量，供肥性能较好。

(三) 现状评价

监测结果表明，各基本因子均能满足《土壤环境质量 建设用地土壤污染风险管控标准 (试行)》(GB 36600—2018) 中第二类用地风险筛选值。特征因子中除了石油烃和半挥发性有机物中的邻苯二甲酸二 (2-乙基己基) 酯、苯并 [a] 蒽、䓛、苯并 [b] 荧蒽、苯并 [k] 荧蒽、苯并 [a] 芘、茚并 [1,2,3-c,d] 芘、二苯并 [a,h] 蒽检出外，其他因子均未检出，且检出项也满足《土壤环境质量　建设用地土壤污染风险管控标准（试行）》（GB 36600—2018）中第二类用地风险筛选值。因此，项目所在地土壤环境质量现状良好。

三、环境预测与评价

（一）情景设置

预测情景为事故状态下，试剂暂存库地面开裂，地面上单桶邻苯二甲酸二（2-乙基己基）酯泄漏，引起地面漫流，从而污染土壤。

（二）预测方法

本项目为土壤污染影响型建设项目，评价工作等级为二级。本次评价选取 HJ 964—2018 附录 E 推荐的土壤环境影响预测方法一，该方法适用于某种物质可概化为以面源形式进入土壤环境的影响预测，包括大气沉降、地面漫流等，较符合本项目可能发生的土壤污染途径分析结果。

（三）预测结果与评价

经计算，非正常情景下的土壤影响预测结果如表 8-19 所示。

表 8-19　预测结果一览表

预测因子	持续时间				
	持续 1 年	持续 2 年	持续 5 年	持续 10 年	持续 20 年
单位质量表层土壤中污染物的增量/(mg/kg)	1.46	2.93	7.33	14.67	29.33
单位质量表层土壤中污染物的现状值/(mg/kg)	1.3	1.3	1.3	1.3	1.3
单位质量土壤中污染物的预测值/(mg/kg)	2.76	4.23	8.63	15.97	30.63
筛选值(121mg/kg)超标情况	达标	达标	达标	达标	达标

土壤环境质量现状监测结果表明：项目所在地土壤各监测指标均符合《土壤环境质量　建设用地土壤污染风险管控标准（试行）》（GB 36600—2018）第二类用地的土壤污染风险筛选值要求。项目区域土壤现状环境质量良好。

本项目在事故状态下，邻苯二甲酸二（2-乙基己基）酯可能通过地面漫流渗入周边土壤，可能会造成土壤环境影响。根据情景预测结果，本次评价范围内单位质量表层土壤中邻苯二甲酸二（2-乙基己基）酯的最大预测值为 30.63mg/kg，污染物增量较小，仍可满足《土壤环境质量　建设用地土壤污染风险管控标准（试行）》（GB 36600—2018）第二类用地的土壤污染风险筛选值要求，对区域土壤环境影响较小。

四、环境影响评价结论

（一）现状评价结论

各基本因子均能满足《土壤环境质量　建设用地土壤污染风险管控标准（试行）》（GB 36600—2018）中第二类用地风险筛选值。特征因子中除石油烃和半挥发性有机物中的邻苯二甲酸二（2-乙基己基）酯、苯并［a］蒽、菌、苯并［b］荧蒽、苯并［k］荧蒽、苯并［a］芘、茚并［1,2,3-c,d］芘、二苯并［a,h］蒽有检出外，其他因子均未检出，且检出因子满足《土壤环境质量　建设用地土壤污染风险管控标准（试行）》（GB 36600—2018）

中第二类用地风险筛选值。

（二）影响预测结论

在土壤中污染物持续污染情况下，特征预测因子的筛选值仍能达标，环境影响可以接受。

习 题

一、填空题

1. 土壤环境影响类型划分为_____与_____。

2. 根据行业特征、工艺特点或规模大小等将建设项目类别分为_____类，其中_____类建设项目可不展开土壤环境影响评价。

3. 土壤环境污染影响是指人为因素导致某种物质进入土壤环境，引起土壤_____、_____、_____等方面特性的改变，导致土壤质量恶化的过程或状态。

4. 建设项目所在地周边的土壤环境敏感程度分为_____、_____、_____。

5. 应调查与建设项目产生_____或造成相同土壤环境影响后果的影响源。

6. 土壤环境现状监测点布设应根据建设项目_____、_____、_____确定，采用均布性与_____相结合的原则。

7. 调查评价范围内的每种土壤类型应至少设置_____个表层样监测点，应尽量设置在未受人为污染或相对未受污染的区域。

8. 生态影响型建设项目应根据建设项目所在地的_____、_____设置表层样监测点。

9. 土壤环境现状监测因子分为_____和_____。

10. 生态影响型建设项目应给出土壤盐化、_____、_____的现状，并且选取土壤盐分含量、_____等作为预测因子。

二、选择题

1. 关于土壤环境现状监测布点的说法正确的是（   ）。

A. 一级评价项目至少需要布置11个监测点位

B. 二级评价污染影响型项目占地范围外至少需布置2个表层样点

C. 污染影响型项目占地范围超过100hm² 的，每增加20hm² 增加1个监测点

D. 生态影响型项目可优化调整占地范围内、外监测点数量，保持总数不变

2. 某Ⅱ类土壤环境影响评价项目（污染影响型）永久占地48hm²，建设项目用地边界紧邻一茶园，判定其土壤环境影响评价工作等级为（   ）。

A. 一级　　　　　　　　　　　B. 二级

C. 三级　　　　　　　　　　　D. 不开展土壤环境影响评价工作

3. 不属于污染影响型建设项目土壤环境污染途径的是（   ）。

A. 大气沉降　　　B. 地面漫流　　　C. 垂直入渗　　　D. 水位变化

4. 可能造成土壤盐化、酸化、碱化影响的建设项目，至少应分别选取（   ）作为预测因子。

A. 土壤盐分含量、pH 值　　　　　B. 土壤盐分含量、氧化还原电位

C. 阳离子交换量、氧化还原电位　　D. 阳离子交换量、pH 值

5. 建设项目土壤环境影响现状调查评价时，应根据建设项目特点、可能产生的环境影响和当地环境特征，有针对性地收集调查评价范围内的相关资料，主要包括（　　）。

A. 土地利用历史情况、土地利用现状图　　B. 土地利用规划图、地形地貌特征资料

C. 土壤类型分布图　　　　　　　　　　D. 气象资料、水文及水文地质资料

6. 下列关于土壤环境现状监测频次要求的说法，正确的有（　　）。

A. 评价工作等级为一级的建设项目，基本因子应至少开展 1 次现状监测

B. 评价工作等级为三级的建设项目，若有 1 次监测数据，基本因子可不再进行现状监测

C. 引用基本因子监测数据应说明数据有效性

D. 特征因子应至少开展 1 次现状监测

7. 土壤环境影响评价工作等级为二级的建设项目开展现状监测，有关监测频次的表述正确的是（　　）。

A. 基本因子应至少开展 1 次现状监测

B. 特征因子应至少开展 1 次现状监测

C. 若掌握近 5 年内至少 1 次的基本因子监测数据，可不进行现状监测

D. 若掌握近 5 年内至少 1 次的特征因子监测数据，可不进行现状监测

8. 根据《土壤环境质量　农用地土壤污染风险管控标准（试行）》（GB 15618—2018），农用地土壤污染风险指因土壤污染导致（　　）受到不利影响。

A. 耕作劳动效率　　　　　　　　　　B. 农作物生长

C. 食用农产品质量安全　　　　　　　D. 土壤生态环境

9. 下列项目适合根据《环境影响评价技术导则　土壤环境（试行）》（HJ 964—2018）进行土壤环境影响评价的有（　　）。

A. 灌区工程　　　　　　　　　　　　B. 某河流水电开发规划

C. 矿山采掘　　　　　　　　　　　　D. 核电项目

10. 建设项目土壤环境影响评价报告中，土壤跟踪监测计划应明确（　　）等。

A. 监测点位　　　B. 监测设备　　　C. 监测机构　　　D. 监测指标

三、简答题

1. 简述土壤环境影响评价中，多类型评价工作等级的确定原则。

2. 简述土壤影响评价范围的确定。

3. 简述土壤环境影响现状调查的基本要求。

4. 简述土壤环境影响评价的工作程序。

5. 简述土壤环境影响预测的基本过程。

四、计算题

1. 一项目的主要污染源为烟气中二噁英的大气沉降污染，此项目的输入量实际为烟气中二噁英在评价范围内土壤中的沉降量，沉降量为 0.077g，此项目所有区域周边土壤容重为 $1.1 kg/m^3$，预测评价范围为项目周边半径 1km 的圆形范围，考虑项目投产 5 年后二噁英污染对土壤的影响，计算单位质量土壤中二噁英的增量。（根据土壤评价导则要求，涉及大气沉降因素的，可不考虑输出量；土壤深度一般取 0.2m。）

2. 某土壤样品对某污染物的等温吸附符合 Langmuir 方程。吸附达平衡后，平衡液中该污染物浓度为 30mg/L，土壤污染物的吸附量为 50mg/kg；平衡液中污染物浓度为 10mg/L

时，土壤污染物的吸附量为 25mg/kg。

（1）求此土壤对该污染物的最大吸附量。

（2）相似条件下的实验中，另一土壤样品对该污染物的最大吸附量为 70mg/kg，哪种土壤更容易受该污染物的污染？

参考文献

[1] 胡媛．化工项目污染影响型土壤环境影响评价的注意事项 [J]．能源与节能，2022 (2)：174-176.

[2] 刘玉兰，程莉蓉．土壤环境影响评价中污染物浓度单位换算公式的推导及应用 [J]．环境影响评价，2021，43 (5)：88-91.

[3] 王磊．基于新时代背景下土壤环境影响评价与管理面临的问题与对策分析 [J]．环境与发展，2020，32 (6)：12，14.

[4] 马飞．污染影响型土壤环境影响评价过程中预测和评价方法 [J]．环境与发展，2020，32 (1)：27，29.

[5] 李晶．土壤环境影响下的丹皮品质及其健康风险评价研究 [D]．芜湖：安徽师范大学，2019.

[6] 朱远峰，任仲宇，郭迎涛．《环境影响评价技术导则　土壤环境》编制问题探讨 [J]．环境影响评价，2017，39 (6)：23-25.

[7] 环境保护部．建设项目环境影响评价技术导则　总纲：HJ 2.1—2016 [S]．2016.

[8] 生态环境部．环境影响评价技术导则　土壤环境：HJ 964—2018 [S]．2018.

[9] 戴树桂．环境化学 [M]．2 版．北京：高等教育出版社，2006.

[10] 张奇春．基础土壤学 [M]．杭州：浙江大学出版社，2023.

[11] 景秀，杨胜科，胡安焱．土壤化学与环境 [M]．北京：化学工业出版社，2008.

第九章

固体废物环境影响评价

 学习内容

本章主要介绍固体废物环境影响评价的类型、内容和特点，现状调查，固体废物处置设施建设项目的环境影响评价，以及固体废物污染控制及处理处置。

学习目标

要求掌握固体废物环境影响类型和项目类别的识别及固体废物环境影响评价采用的相关标准；理解固体废物环境现状调查要求和评价方法、固体废物污染控制及处理处置的常用技术方法；了解固体废物环境影响评价报告的编制内容。

第一节　固体废物环境影响评价概述

一、固体废物的定义与分类

（一）固体废物的定义

固体废物是指在生产、生活和其他活动中产生的丧失原有利用价值或者虽未丧失利用价值但被抛弃或者放弃的固态、半固态和置于容器中的气态的物品、物质以及法律、行政法规规定纳入固体废物管理的物品、物质。不能排入水体的液态废物和不能排入大气的置于容器中的气态废物，由于多数具有较大的危害性，一般也被归入固体废物管理体系。

（二）固体废物的分类

固体废物来源广，种类繁多，性质各异。按化学性质可分为有机废物和无机废物；按危害程度可分为有害废物和一般废物；按来源可分为工业固体废物、生活垃圾、建筑垃圾、农业固体废物等；按其形态可分为固态、半固态和容器中的液态或气态。

根据《中华人民共和国固体废物污染环境防治法》（以下简称《固体废物污染环境防治法》），固体废物分为工业固体废物、生活垃圾、建筑垃圾、农业固体废物和危险废物。

1. 工业固体废物

环境保护部、国家发展和改革委员会根据有关规定，联合制定了《国家危险废物名

录》（以下简称《名录》），于 2008 年 8 月 1 日起施行，并分别在 2016 年及 2021 年进行了更新，现行的名录是《国家危险废物名录（2021 年版）》。工业固体废物是指在工业生产活动中产生的未列入《名录》或者根据国家规定的危险废物鉴别方法判定不具有危险特性的工业固体废物，主要来自各个工业生产部门的生产和加工过程中所产生的粉尘、碎屑、污泥等。

工业固体废物主要包括冶金工业固体废物、能源工业固体废物、石油化学工业固体废物、矿业固体废物、轻工业固体废物、化学工业固体废物和其他工业固体废物。不同工业类型所产生的固体废物种类和性质是截然不同的。工业固体废物多为固态（炉渣等）和半固态（污泥等）。

2. 生活垃圾

生活垃圾是指人们在日常生活中或者为日常生活提供服务的活动中产生的固体废物，以及法律、行政法规规定视为生活垃圾的固体废物，主要包括居民生活垃圾、集市贸易与商业垃圾、公共场所垃圾、街道清扫垃圾及企事业单位垃圾等。生活垃圾一般可分为四大类：可回收垃圾、餐厨垃圾、有害垃圾和其他垃圾。

3. 建筑垃圾、农业固体废物

建筑垃圾是指建设、施工单位或个人对各类建筑物、构筑物、管网等进行建设、铺设或拆除、修缮过程中所产生的渣土、弃土、弃料、淤泥及其他废弃物。

农业固体废物是指农业生产、农产品加工、畜禽养殖业和农村居民生活排放的废弃物的总称。农业固体废物来源广泛，种类复杂，主要来自植物种植业、农副产品加工业和动物养殖业以及农村居民生活。按其来源分为：农田和果园残留物，如秸秆、残株、杂草、落叶、果实外壳、藤蔓、树枝和其他废物；农产品加工废弃物；牲畜和家禽粪便以及栏圈铺垫物；人粪尿以及生活废弃物。常见的农业固体废物有稻草、麦秸、玉米秸、稻壳、根茎、落叶、果皮、果核、羽毛、皮毛、禽畜粪便、死禽死畜、农村生活垃圾等。

4. 危险废物

（1）危险废物的定义

根据《固体废物污染环境防治法》的规定，危险废物是指列入国家危险废物名录或者根据国家规定的危险废物鉴别标准和鉴别方法认定的具有危险特性的固体废物。危险特性包括腐蚀性、毒性、易燃性、易爆性、反应性、传染性和浸出毒性。危险废物来源于工业、农业、商业、医疗卫生业及家庭生活，其中工业企业是其最主要来源之一。

《国家危险废物名录（2021 年版）》共列出了 50 类危险废物的废物类别、行业来源、废物代码、危险特性。

医疗废物是指医疗卫生机构在医疗、预防、保健以及其他相关活动中产生的具有直接或者间接感染性、毒性以及其他危害性的废物，其分类详见《医疗废物分类目录》。

（2）危险废物的鉴别标准

《危险废物鉴别标准》（GB 5085—2007）于 2007 年 10 月 1 日开始施行，规定了危险废物危险特性技术指标，危险特性符合标准中技术指标的固体废物属于危险废物，必须依法按危险废物进行管理。国家危险废物鉴别标准由七个标准组成，分别为《危险废物鉴别标准　腐蚀性鉴别》（GB 5085.1—2007）、《危险废物鉴别标准　急性毒性初筛》（GB 5085.2—2007）、《危险废物鉴别标准　浸出毒性鉴别》（GB 5085.3—2007）、《危险废物鉴别标准易燃性鉴别》（GB 5085.4—2007）、《危险废物鉴别标准　反应性鉴别》（GB 5085.5—2007）、《危险废物鉴别标准　毒性物质含量鉴别》（GB 5085.6—2007）及《危险废物鉴别标准　通则》（GB 5085.7—2007，已被 GB 5085.7—2019 替代）。

《危险废物鉴别标准　腐蚀性鉴别》（GB 5085.1—2007）适用于任何生产、生活和其他活动中产生的固体废物的腐蚀性识别。标准规定，按照 GB/T 15555.12—1995 的规定制备的浸出液，当 pH≥12.5 或 pH≤2.0 时，或者在 55℃条件下，对 GB/T 699 中规定的 20 号钢材的腐蚀速率≥6.35mm/a 时，可判定该固体废物具有腐蚀性，属于危险废物。

《危险废物鉴别标准　急性毒性初筛》（GB 5085.2—2007）适用于任何生产、生活和其他活动中产生的固体废物的急性毒性鉴别。该标准规定，按照 HJ/T 153 中指定的方法进行试验，经口摄取，固体 LD_{50}≤200mg/kg，液体 LD_{50}≤500mg/kg，或经皮肤接触 LD_{50}≤1000mg/kg，或蒸气、烟雾或粉尘吸入 LC_{50}≤10mg/L 时，则判定该废物是具有急性毒性的危险废物。其中口服毒性半数致死量 LD_{50} 是经过统计学方法得出的一种物质的单一计量，是可使青年白鼠口服后，在 14d 内死亡一半的物质剂量；皮肤接触毒性半数致死量 LD_{50} 是使白兔的裸露皮肤持续接触 24h，最可能引起这些试验动物在 14d 内死亡一半的物质剂量；吸入毒性半数致死浓度 LC_{50} 是使雌雄青年白鼠持续吸入 1h，最可能引起这些试验动物在 14d 内死亡一半的蒸气、烟雾或粉尘的浓度。

《危险废物鉴别标准　浸出毒性鉴别》（GB 5085.3—2007）适用于任何生产、生活和其他活动中产生的固体废物的浸出毒性鉴别。浸出毒性是指固态的危险废物遇水浸沥，其中的有害物质迁移转化、污染环境的危害性。该标准规定，按照《固体废物　浸出毒性浸出方法　硫酸硝酸法》（HJ/T 299—2007）制备的固体废物浸出液中任何一种危害成分含量超过 GB 5085.3—2007 表 1 中所列的浓度限值，则判定该固体废物是具有浸出毒性特征的危险废物。

《危险废物鉴别标准　易燃性鉴别》（GB 5085.4—2007）适用于任何生产、生活和其他活动中产生的固体废物的易燃性鉴别。该标准采用定性描述和定量的方法，规定了液态、固态和气态三种不同状态下易燃性的鉴别标准和方法。

《危险废物鉴别标准　反应性鉴别》（GB 5085.5—2007）规定了具有爆炸性质、与水或酸接触产生易燃气体或有毒气体、废弃氧化剂或有机过氧化物三种类型危险废物的反应特性的鉴别标准。

《危险废物鉴别标准　毒性物质含量鉴别》（GB 5085.6—2007）适用于任何生产、生活和其他活动中产生的固体废物的毒性物质含量鉴别，规定了含毒性、致癌性、致突变性和生殖毒性物质的危险废物鉴别标准。

《危险废物鉴别标准　通则》（GB 5085.7—2019）规定了危险废物的鉴别程序、危险废物混合后判定规则和危险废物利用处置后判定规则。

二、固体废物的特点与对环境的影响

（一）固体废物的特点

1. 资源和废物的双重性

固体废物具有鲜明的时间和空间特征，是在错误时间放在错误地点的资源。从时间方面讲，废物仅是在目前的科学技术和经济条件下无法加以利用，但随着时间的推移、科学技术的发展以及人们需求的变化，今天的废物可能成为明天的资源。从空间角度看，废物仅仅是对于某一过程或某一方面没有使用价值，而并非在一切过程或一切方面都没有使用价值。一种过程的废物，往往可以成为另一种过程的原料。固体废物一般具有某些工业原材料所具有的化学、物理特性，且较废水、废气容易收集、运输、加工处理，因而可以回收利用。

2. 富集多种污染成分的"终态"，污染环境的"源头"

固体废物是各种污染物的终态物，特别是从污染控制设施排出的固体废物浓集了许多污染成分。废水和废气既是水体、大气和土壤环境的污染源，又是接受其所含污染物的环境。固体废物则不同，它们往往是许多污染成分的终极状态。一些有害气体或飘尘，经过治理，最终富集成为固体废物；一些有害溶质和悬浮物，经过治理，最终被分离出来成为污泥或残渣；一些含重金属的可燃固体废物，经过焚烧处理，有害金属浓集于灰烬中。这些"终态"物质中的有害成分，在长期的自然因素作用下，又会转入大气、水体和土壤，故又成为大气、水体和土壤环境的污染"源头"。

3. 危害具有潜在性、长期性和灾难性

固体废物产生量大，种类繁多，性质复杂，来源广泛。固体废物中的一些有害成分会转入大气、水体和土壤，参与生态系统的物质循环，具有潜在性、长期性和灾难性。固体废物对环境的污染不同于废水、废气和噪声。固体废物呆滞性大，扩散性小，其对环境的影响主要是通过水、气和土壤进行的。固态的危险废物具有呆滞性和不可稀释性，一旦造成环境污染，有时很难补救恢复。其中污染成分的迁移转化，例如浸出液在土壤中的迁移，是一个比较缓慢的过程，其危害可能在数年以至数十年后才能发现。从某种意义上讲，固体废物，特别是危险废物对环境的危害可能要比废水、废气造成的危害严重得多。

鉴于固体废物的以上特性，必须对其从产生到运输、处理、处置的每一个环节予以妥善控制，使其不危害人类，即必须对固体废物进行全过程管理。

（二）固体废物对环境的影响

1. 对大气环境的影响

堆放的固体废物中的细微颗粒、粉尘等可随风飞扬，从而对大气环境造成污染。一些有机固体废物，在适宜的湿度和温度下被微生物分解，能释放出有害气体，可在不同程度上产生毒气或恶臭，造成地区性空气污染。

采用焚烧法处理固体废物，如果对废气处理不妥当，则会成为大气污染的污染源。采用焚烧法处理塑料排放 Cl_2、HCl 和大量粉尘，也会造成严重的大气污染。一些工业和民用锅炉，由于除尘效率不高也会造成大气污染。

2. 对水环境的影响

在陆地堆积的或简单填埋的固体废物，经过雨水的浸渍和废物本身的分解，会产生含有害物质的渗滤液，对附近地区的地表及地下水系造成污染。固体废物随天然降水或地表径流进入河流、湖泊，或随风落入河流、湖泊，污染地表水，并随渗滤液渗透到土壤中，进入地下水，使地下水受到污染；固体废物直接排入河流、湖泊或海洋，能造成更大的水体污染。固体废物弃置于水体，将使水质直接受到污染，严重破坏水生生物的生存条件，并影响水资源的充分利用。即使无害的固体废物排入河流、湖泊，也会造成河床淤塞、水面减小、水体

污染，甚至导致水利工程设施效益减少或废弃。此外，向水体倾倒固体废物还将缩减江、河、湖的有效面积，使其排洪和灌溉能力降低。

3. 对土壤环境的影响

废物堆放占用大量土地，破坏地貌和植被，其中有害组分容易污染土壤。土壤是细菌、真菌等微生物聚居的场所。这些微生物与其周围环境构成一个生态系统，在大自然的物质循环中，担负着碳循环和氮循环的一部分重要任务。工业固体废物特别是有害固体废物，经过风化、雨雪淋溶、地表径流的侵蚀，产生有毒液体渗入土壤，能杀害土壤中的微生物，改变土壤的性质和土壤结构，破坏土壤的腐解能力，导致草木生长受到影响。

固体废物虽然通常不是环境介质，但常常成为多种污染成分存在的终态而长期存在于环境中，在一定条件下会发生化学、物理或生物转化，对周围环境造成一定影响。如果处理、处置、管理不当，污染成分就会通过水体、大气、土壤、食物链等途径污染环境，危害人体健康。

4. 对人体健康的影响

固体废物处理或处置过程中，特别是露天存放条件下，其中的有害成分在物理、化学和生物的作用下会发生浸出，含有害成分的浸出液可通过地表水、地下水、大气和土壤等环境介质直接或间接被人体吸收，从而对人体健康造成威胁。根据物质的化学特性，当某些不相容物质相混时，可能发生不良反应。

第二节　固体废物环境影响评价的主要特点及现状调查

一、固体废物环境影响评价的类型与内容

(一) 类型

固体废物环境影响评价主要分为两大类。

第一类是对一般工程项目产生的固体废物，从产生、收集、运输、处理到最终处置的整个过程的环境影响评价，包括以下两类。

第Ⅰ类一般工业固体废物及Ⅰ类场。按照《固体废物　浸出毒性浸出方法》规定的方法进行浸出试验而获得的浸出液中，任何一种污染物的浓度均未超过《污水综合排放标准》中最高允许排放浓度，且 pH 在 6～9 范围内的一般工业固体废物，称作第Ⅰ类一般工业固体废物。堆放第Ⅰ类一般工业固体废物的储存、处置场为第一类场，简称Ⅰ类场。

第Ⅱ类一般工业固体废物及Ⅱ类场。按照《固体废物　浸出毒性浸出方法》规定的方法进行浸出试验而获得的浸出液中，有一种及以上的污染物浓度超过《污水综合排放标准》中最高允许排放浓度，或者 pH 在 6～9 范围之外的一般工业固体废物，称作第Ⅱ类一般工业固体废物。堆放第Ⅱ类一般工业固体废物的储存、处置场为第二类场，简称Ⅱ类场。

第二类是对处理、处置固体废物设施建设项目的环境影响评价，主要关注固体废物处理、处置设施的建设项目对环境的影响。

(二) 内容

对第一类场，即一般工程项目的环境影响评价，其内容主要包括以下三部分。

① 污染源调查。通过对所建项目进行工程分析，依据整个工艺过程，统计出各个生产

环节所产生的固体废物的名称、组分、形态、排放量、排放规律等内容。

② 污染防治措施的论证。根据工艺过程的各个环节产生的固体废物的危害性及排放方式、排放量等，按照"全过程控制"的思路，分析固体废物在产生、收集、运输、处理及最终处置等过程中对环境的影响，有针对性地提出污染防治措施，并对其可行性加以论证。对于危险废物则需要提出最终处置措施并加以论证。

③ 给出最终处置措施方案。给出固体废物的最终处置措施，如综合利用、填埋、焚烧等，并应包括对固体废物收集、储运、预处理等过程的环境影响及污染防治措施。

对第二类场，即固体废物处理、处置设施的环境影响评价内容，则是根据处理处置的工艺特点，根据环境影响评价技术导则，执行相应的污染控制标准进行环境影响评价，例如一般工业废物储存、处置场，危险废物储存场所，生活垃圾填埋场，生活垃圾焚烧厂，危险废物填埋场，危险废物焚烧厂，等等。这些工程项目的污染物控制标准中，对厂（场）址选择、污染控制项目、污染物排放限制等都有相应的具体规定，环境影响评价过程中必须严格执行。

二、固体废物环境影响评价的特点

（一）固体废物环境影响评价必须重视储存和运输过程

由于对固体废物污染实行由产生、收集、储存、运输、预处理直至处置的全过程控制管理，因此环评中必须包括所建项目涉及的各个过程。特别是为了保证固体废物处理、处置设施的安全稳定运行，必须建立一个完整的收、储、运体系，在环境影响评价中这个体系与处理、处置设施构成一个整体。例如，这一体系中必然涉及运输设备、运输方式、运输距离、运输路径等，运输可能对路线周围的环境敏感目标造成影响，提出规避运输风险的措施也是环评的主要任务之一。

（二）固体废物环境影响评价没有固定的评价模式

废水、废气、噪声等的环境影响评价都有固定的数学模式或物理模型，固体废物的环境影响评价则不同，没有固定的评价模式。固体废物对环境的危害是通过水体、大气、土壤等介质体现出来的，这就决定了固体废物环境影响评价对水体、大气、土壤等环境影响评价具有依赖性。

三、固体废物环境影响评价的现状调查

固体废物环境影响评价的现状调查对象包括水体、大气及土壤等，主要评价固体废物和周围的空气、地表水、地下水等自然环境的质量状况。其方法一般是根据监测值与各种标准，采用单因子和多因子综合评判法，通过对水体、大气和土壤的影响评价来反映固体废物对环境的影响。

针对生活垃圾等一般固体废物，需要进行全过程的项目调查，即对一般固体废物的产生、收集、储存、运输、预处理及处置过程进行具体的现场核查与计算，选择合适的固体废物排放标准进行比对。

针对危险废物，首先参照《危险废物鉴别技术规范》（HJ 298—2019），确认评价项目的危废的种类，其次进行现场调查，核实危废的产生量与处理方式，最后参照《危险废物贮存污染控制标准》（GB 18597—2023）进行评价。

现状调查的内容具体如下。

（一）自然、环境现状调查

评价固体废物的产生、收集、储存、运输、预处理及处置过程所涉及的场地及其周围的空气、地表水、地下水、噪声等自然环境质量状况，识别、分析工程各单元污染源、污染物产生量或强度、处理措施及效果、排放量及排放去向。一般根据对比监测值与各种标准，采用单因子和多因子综合评判法。

（二）水环境现状调查

分析工程对水资源量、含水层、水用户、水源地等地表水、地下水环境保护目标的影响，建立预测模型，提出相应的保护措施及监控计划。固体废物环境影响评价主要是调查固体废物渗出液对周围水环境的影响，分为地表水与地下水。

1. 地表水

根据《地表水环境质量标准》（GB 3838—2002），监测因子包括 pH、BOD_5、COD、石油类、DO、$NH_3\text{-}N$、挥发酚、总磷、总氮、硫化物、氯化物、苯、甲苯、二甲苯、丙烯醛、苯酚、氰化物、镉、汞、铅、铬、砷、铜、锌、镍、钴、锰等，并针对特征污染物因子进行补充监测。

2. 地下水

按照《地下水质量标准》（GB/T 14848—2017），监测因子有 pH、总硬度、溶解性总固体、氯化物、铬、砷、镉、铅、汞、挥发酚、硫酸盐、氨氮、硝酸盐、亚硝酸盐、总大肠菌群等。

（三）大气环境现状调查

重点考虑固体废物贮存、处置场产生的粉尘等大气污染物因素，按照《环境空气质量标准》（GB 3095—2012），大气常规监测因子包括 SO_2、NO_2、臭氧、PM_{10}、PM_{25}，特征监测因子包括 VOC、苯、甲苯、二甲苯、甲醇、乙酸、溴甲烷、溴化氢、乙酸甲酯、H_2S、NH_3、二噁英、苯并[a]芘等。

（四）噪声环境现状调查

主要评价固体废物运输、场地施工、垃圾填埋操作、封场各阶段各种机械的振动和噪声对环境的影响。填埋场项目场址为工业用地，声环境质量功能区为《声环境质量标准》（GB 3096—2008）中的 3 类区。

（五）土壤环境现状调查

根据用地性质，按照《土壤环境质量 农用地土壤污染风险管控标准（试行）》（GB 15618—2018）、《土壤环境质量 建设用地土壤污染风险管控标准（试行）》（GB 36600—2018），监测因子包括 pH、镉、汞、砷、铅、铬、铜、镍、锌、六六六总量、滴滴涕总量、苯并[a]芘等。

（六）污染防治措施现状调查

包括固体废物渗出液的治理和控制措施、释放气体的导排或综合利用措施及防治措施、减振防噪措施。

第三节　固体废物处置设施建设项目的环境影响评价

一、生活垃圾填埋场环境影响评价

(一) 生活垃圾填埋场的主要污染源

垃圾填埋场的主要污染源是渗滤液和释放气体。

1. 渗滤液

生活垃圾填埋场渗滤液是一种成分复杂的高浓度有机废水，通常 pH 为 4～9，COD 浓度为 2000～62000mg/L，BOD_5 浓度为 60～45000mg/L，BOD_5/COD 值较低，可生化性差，重金属浓度相当于市政污水中的重金属浓度。

填埋场渗滤液的水质随填埋场使用年限的延长而变化。根据生活垃圾填埋场使用年限，其渗滤液通常可分为两大类：①年轻填埋场（使用时间在 5 年以下）渗滤液，水质特点是 pH 较低，色度大，BOD_5 及 COD 浓度较高，且 BOD_5/COD 值较高，各类重金属离子浓度均较高；②年老的填埋场（使用时间一般在 5 年以上）渗滤液，主要水质特点是 pH 一般在 6～8，接近中性或弱碱性，NH_3-N 浓度高，BOD_5 和 COD 浓度较低，且 BOD_5/COD 值较低，重金属离子浓度比年轻填埋场渗滤液有所下降，渗滤液可生化性差。因此，在进行生活垃圾填埋场的环境影响评价时，应根据填埋场的使用年限选择有代表性的指标。

2. 释放气体

生活垃圾填埋场释放气体的典型组成为：甲烷 45%～50%，二氧化碳 40%～60%，氮气 2%～5%，氧气 0.1%～1.0%，硫化氢 0%～1.0%，氨气 0.1%～1.0%，氢气 0%～0.2%，微量气体 0.01%～0.6%。填埋场释放气体中的微量气体量很少，但成分却很多。国外通过对大量填埋场释放气体取样分析，发现了多达 116 种有机成分，其中许多为挥发性有机组分（VOC）。在垃圾填埋过程中产生环境影响的大气污染物主要是恶臭气体。

(二) 生活垃圾填埋场的主要环境影响

生活垃圾填埋场的主要环境影响包括以下九个方面。

① 填埋场渗滤液泄漏或处理不当对地下水及地表水的污染；

② 填埋场产生的气体排放对大气的污染、对公众健康的危害以及爆炸隐患对公众安全的威胁；

③ 填埋场施工期水土流失对生态环境的不利影响；

④ 填埋场的存在对周围生态环境的不利影响；

⑤ 填埋作业和垃圾堆体对周围地质环境的影响，如造成滑坡、崩塌、泥石流等；

⑥ 填埋机械噪声对公众的影响；

⑦ 滋生的害虫、昆虫、啮齿动物以及在填埋场觅食的鸟类和其他动物可能传播疾病；

⑧ 填埋垃圾中的塑料袋、纸张以及尘土等在未来得及覆土压实的情况下可能飘出场外，造成环境污染和景观破坏；

⑨ 流经填埋场区的地表径流可能受到污染。

（三）生活垃圾填埋场环境影响评价的主要工作内容

根据垃圾填埋场的建设及排污特点，环境影响评价主要工作内容见表 9-1。

表 9-1　填埋场环境影响评价的主要工作内容

评价项目	评价内容
场址选择评价	场址评价是填埋场环境影响评价的重要内容，主要是评价拟选场地是否符合选址标准。填埋场选址总原则是以合理的技术、经济方案，尽量少的投资，达到最理想的经济效益，实现保护环境的目的。在评价填埋场场址的适宜性时，必须考虑的因素有：运输距离、场址限制条件、可以使用土地面积、入场道路、地形和土壤条件、气候、地表水文条件、水文地质条件、当地环境条件以及填埋场封场后场地是否可被利用。评价的重点是场地的水文地质条件、工程地质条件和土壤自净能力等。其方法是根据场地自然条件，采用选址标准逐项进行评判
自然、环境质量现状评价	自然现状评价方面，要突出对地质现状的调查与评价。环境质量现状评价方面，主要评价拟选场地及其周围的空气、地表水、地下水、噪声等自然环境质量状况。一般根据监测值与各种标准，采用单因子和多因子综合评判法
工程污染因素分析	对拟填埋垃圾的组分、预测产生量、运输途径等进行分析说明；对施工布局、施工作业方式、取土石区及弃渣点位设置及其环境类型和占地特点进行说明；分析填埋场建设过程中和建成投产后可能产生的主要污染源及其污染物，以及它们产生的数量、种类、排放方式等。污染源一般有渗滤液、填埋气、恶臭、噪声等，一般采用计算、类比、经验统计等方法
施工期影响评价	主要评价施工期场地内的生活污水，各类施工机械产生的机械噪声、振动以及二次扬尘对周围地区的环境影响。此外，对施工期水土流失造成的生态环境影响也应进行评价
水环境影响预测及评价	主要评价填埋场衬层系统的安全性以及结合渗滤液防治措施综合评价渗滤液的排出对周围水环境的影响，包括两方面内容。 ① 正常排放对地表水的影响。根据预测结果和相应标准评价渗滤液经处理达标后是否会对受纳水体产生影响。如果有影响，应分析影响程度。 ② 非正常渗漏对地下水的影响。主要评价衬里破裂后渗滤液下渗对地下水及周围环境的影响。 在评价时段上应体现对施工期、运行期和服务期满后的全时段评价
大气环境影响预测及评价	主要评价填埋场释放气体及恶臭对环境的影响。 ① 填埋气体。主要是根据排气系统的结构，预测和评价排气系统的可靠性、排气利用的可能性以及排气对环境的影响。预测可采用地面源模式。 ② 恶臭。主要是评价运输、填埋过程中及封场后可能对环境产生的影响。评价时要根据垃圾的种类，预测各阶段臭气产生的位置、种类、浓度及影响范围。 在评价时段上应体现对施工期、运行期和服务期满后的全时段评价
噪声环境影响预测及评价	主要评价垃圾运输、场地施工、垃圾填埋操作、封场各阶段由各种机械产生的振动和噪声对环境的影响。噪声评价可根据各种机械的特点采用机械噪声声压级预测，然后结合卫生标准和功能区标准进行评价，看是否满足噪声控制标准，是否会对附近的居民区（点）产生影响
污染防治措施	①渗滤液的治理和控制措施及填埋场衬里破裂补救措施。②释放气体的导排或综合利用措施及防臭措施。③减振防噪措施
环境经济效益评价	计算评价污染防治设施的投资及所产生的经济、社会、环境效益
其他评价项目	结合填埋场周围的土地、生态状况，对土壤、生态、景观等进行评价；对洪涝特征年产生的过量渗滤液及垃圾释放气体因物理、化学条件变化而产生垃圾爆炸等进行风险事故评价

（四）生活垃圾产生量预测

影响生活垃圾产生量的因素很多，涉及经济增长快慢、城市发展速度、居民生活水平高低、人口密度增大或减小、能源结构的改变、季节的变化、居民素质的提升，以及资源回收和垃圾减量情况等。一般城市垃圾产量与城市工业发展、城市规模、人口增长及居民生活水平的提高成正比。在实际评价中，根据评价区人口总数，按照人均生活垃圾产生量（垃圾产生系数）来预测评价区垃圾的产量，预测公式为

$$W_s = \frac{P_s C_s}{1000} \tag{9-1}$$

式中　W_s——年生活垃圾产生量，t/a；

　　　P_s——评价区人口数，人；

　　　C_s——人均生活垃圾产生量，kg/(人·a)。

不同地区垃圾产生系数不同，一般情况下，城镇居民为 1kg/(人·d)，农村居民为 0.8kg/(人·d)，办公楼和商场为 0.5kg/(人·d) 或 0.5kg/50（m^2·d），餐饮场所为 10kg/100（m^2·d）。

第 N 年评价区人均垃圾产生量为：

$$W_s(N) = W_s(N_0)(1 + N_p) \tag{9-2}$$

式中　$W_s(N_0)$——参考年城市垃圾产生量；

　　　N_p——城市垃圾人均产生量的年增长率，%。

（五）大气污染物排放强度计算

生活垃圾填埋场大气环境影响评价的难点是确定大气污染物排放强度。城市生活垃圾填埋场在污染物排放强度的计算中采取下述方法：首先，根据垃圾中的主要元素含量确定概念化分子式，求出垃圾的理论产气量；然后，综合考虑生物降解度和对细胞物质的修正，求出垃圾的潜在产气量；在此基础上分别取修正系数为 60% 和 50% 计算实际产气量；最后，根据实际产气量计算垃圾的产气速率，利用实际回收系数修正得出污染物源强。

1. 理论产气量的计算

填埋场的理论产气量是填埋场中填埋的可降解有机物在下列假设条件下的产气量：

① 有机物完全降解矿化；

② 基质和营养物质均衡，满足微生物的代谢需要；

③ 降解产物除 CH_4 和 CO_2 之外，无其他含碳化合物，碳元素没有用于微生物的细胞合成。

根据上述假设，填埋场有机物的生物厌氧降解过程可以用式（9-3）表示：

$$C_a H_b O_c N_d S_e + \frac{4a-b-2c+3d+3e}{4} H_2O \Longrightarrow \frac{4a+b-2c-3d-e}{8} CH_4 +$$

$$\frac{4a-b+2c+3d+e}{8} CO_2 + d NH_3 + e H_2S \tag{9-3}$$

式中，$C_a H_b O_c N_d S_e$ 为降解有机物的概念化分子式；a、b、c、d、e 为有机物中 C、H、O、N、S 的含量比例。

2. 实际产气量的计算

填埋场的实际产气量由于受到多重因素的影响，要比理论产气量小得多。例如，食品和

纸类等有机物通常被视为可降解有机物，但其中少数物质在填埋场环境中存在惰性，很难降解，如木质素等；而且，木质素的存在还将降低有机物中纤维素和半纤维素的降解。再如，理论产气量假设除 CH_4 和 CO_2 之外，无其他含碳化合物产生，而实际上，部分有机物被微生物生长繁殖所消耗，形成细胞物质。此外，填埋场的实际环境条件也对产气量存在重要影响，例如温度，含水率，营养物质，有机物未完全降解、产生渗滤液造成有机物损失，填埋场的作业方式，等等。因此，填埋场的实际产气量是在理论产气量中去掉微生物消耗部分，去掉难降解部分和各种因素造成的产气量损失或产气量降低部分之后的产气量。

3. 产气速率的计算

填埋场气体的产气速率是单位时间内产生的填埋场气体总量，单位通常为 m^3/a。一般采用一阶产气速率动力学模型（即 Scholl Canyon 模型）进行填埋场产气速率的计算，即

$$q(t) = kY_0 e^{-kt} \tag{9-4}$$

式中　$q(t)$——单位质量垃圾气体产生速率，$m^3/(t \cdot a)$；

　　　　k——产气速率常数，a^{-1}；

　　　　Y_0——垃圾的实际产气量，m^3/t。

式（9-4）是 1 年内的单位产气速率。对于运行期为 N 年的城市生活垃圾填埋场，产气速率可通过叠加得到，即

$$R(t) = \sum_{i=1}^{m} Wq_i(t) = kWQ_0 \sum_{i=1}^{m} \exp\{-k[t-(i-1)]\} \tag{9-5}$$

式中　t——时间（从填埋场开始填埋垃圾的时刻算起），a；

　$R(t)$——t 时刻填埋场产气速率，m^3/a；

　　W——每年填埋的垃圾质量，t；

　　k——降解速率常数，a^{-1}；

　　Q_0——$t=0$ 时的实际产气量，m^3/t，$Q_0 = Q_{实际}$；

　　m——年数，若填埋场运行年数为 N 年，则当 $t<N$ 时，$m=t$，当 $t \geqslant N$ 时，$m=N$。

当垃圾中存在多种可降解有机物时，还要把不同可降解有机物的产气速率叠加起来，得到填埋场垃圾总的产气速率。

有机物的降解速率常数可以通过其降解反应的半衰期 $t_{1/2}$ 加以确定，即

$$k = \ln 2 / t_{1/2} \tag{9-6}$$

实验结果表明，动植物厨渣 $t_{1/2}$ 的区间为 1～4 年，这里取 2 年。纸类 $t_{1/2}$ 的区间为 10～25年，这里取 20 年。由此确定动植物厨渣和纸类的降解速率常数分别为 $0.346a^{-1}$ 和 $0.0346a^{-1}$。

扣除回收利用的填埋气体或收集后焚烧处理的填埋气体后，剩余的就是直接释放进入大气的填埋气体，根据气体排放速率及气体中污染物的浓度，就可以确定该填埋气体中污染物的排放强度。

填埋场恶臭气体预测和评价通常选择 H_2S、NH_3 和 CO，其含量分别为 0%～1.0%、0.1%～1.0% 和 0.0%～0.2%。在预测评价中，考虑到我国城市生活垃圾的实际情况，NH_3 含量取 0.4%，H_2S 含量与 NH_3 相当，也取 0.4%，CO 取高限为 0.2%。

（六）渗滤液对地下水污染的预测

填埋场渗滤液对地下水的影响评价较为复杂，一般除需要大量的资料外，还需要通过复杂的数学模型进行计算分析。这里主要根据降雨入渗量和填埋场垃圾含水量估算渗滤液的产

生量；从土壤的自净、吸附、弥散能力及有机物自身降解能力等方面，定性和定量地预测填埋场渗滤液可能对地下水产生的影响。

1. 渗滤液的产生量

渗滤液的产生量受垃圾含水量、填埋场区降雨情况及填埋作业区大小的影响很大，也受到场区蒸发量、风力的影响以及场地地面情况、种植情况等因素的影响。最简单的估算方法是假设整个填埋场的剖面含水率在所考虑的周期内不小于其相应的田间持水率，用水量平衡法计算，即

$$Q = (W_p - R - E)A_a + Q_L \tag{9-7}$$

式中　Q——渗滤液的年产生量，m^3；

W_p——年降水量，m；

R——年地表径流量，m，$R = CW_p$，C 为地表径流系数，量纲为 1；

E——年蒸发量，m；

A_a——填埋场表面积，m^2；

Q_L——垃圾产水量，m^3。

降雨的地表径流系数 C 与土壤条件、地表植被条件和地形条件等因素有关。Sahato（1971）等人给出了计算填埋场渗滤液产生量的地表径流系数，见表 9-2。

表 9-2　降雨的地表径流系数

地表条件	坡度/%	地表径流系数 C		
		亚砂土	亚黏土	黏土
草地 （表面有植被覆盖）	0~5（平坦）	0.10	0.30	0.40
	5~10（起伏）	0.16	0.36	0.55
	10~30（陡坡）	0.22	0.42	0.60
裸露土层 （表面无植被覆盖）	0~5（平坦）	0.30	0.50	0.60
	5~10（起伏）	0.40	0.60	0.70
	10~30（陡坡）	0.52	0.72	0.82

2. 渗滤液渗漏量

对于一般的废物堆放场、未设置衬层的填埋场，或者虽然底部的黏土层渗透系数和厚度满足标准，但无渗滤液收排系统的简单填埋场，渗滤液的产生量就是渗滤液通过包气带土层进入地下水的渗漏量。

对于没有设置衬层、排水系统的填埋场，通过填埋场底部下渗的渗滤液渗漏量为

$$Q_{渗漏量} = AK_s \frac{d + h_{max}}{d} \tag{9-8}$$

式中　d——衬层的厚度，m；

K_s——衬层的渗透系数，m/d；

A——填埋场底部衬层面积，m^2；

h_{max}——填埋场底部最大积水深度，m。

h_{max} 的计算式为

$$h_{max} = L\sqrt{C}\left(\frac{\tan^2\alpha}{C} + 1 - \frac{\tan\alpha}{C}\sqrt{\tan^2\alpha + C}\right) \tag{9-9}$$

$$C = q_{渗滤液}/k_t$$

式中　k_t——横向渗透系数，m/d；

　　$q_{渗滤液}$——进入填埋场废物层的水通量，m/d；

　　　L——两个集水管之间的距离，m；

　　　α——衬层与水面的夹角，(°)。

　　显然，填埋场衬层的渗透系数是影响渗滤液向下渗漏速率的重要因素，但并不是唯一因素。必须评价渗滤液收集系统的设计是否有足够高的收排效率，能否有效排出填埋场底部的渗滤液，尽可能降低渗滤液的积水深度。

　　就填埋场衬层的渗透系数取值来说，即使对于采用渗透系数分别为 10^{-12}cm/s 和 10^{-7}cm/s 的高密度聚乙烯（HDPE）和黏土组成的复合衬层，也不能采用 10^{-12}cm/s 作为衬层的渗透系数值进行评价。原因是高密度聚乙烯在运输、施工和填埋过程中不可避免会出现针孔和小孔，甚至发生破裂等。确定这种复合衬层渗透系数的最简单方法是用高密度聚乙烯膜破损面积所占比例乘以下面黏土衬层的渗透系数。

（七）防治地下水污染的工程屏障和地质屏障评价

　　固体废物，特别是危险废物和放射性废物最终处置的基本原则是合理地、最大限度地实现与自然和人类环境的隔离，降低有毒有害物质释放进入地下水的速率和总量，将其在长期处置过程中对环境的影响降至最低程度。为达到上述目的所依赖的天然环境地质条件称为天然防护屏障，所采取的工程措施则称为工程防护屏障。

　　不同废物有不同的安全处置期要求。通常，城市生活垃圾填埋场的安全处置期在 30～40 年，而危险废物填埋场的安全处置期则大于 100 年。

1. 填埋场工程屏障评价

　　填埋场衬层是防止废物填埋处置污染环境的关键工程屏障。根据渗滤液收集系统、防渗系统和保护层、过滤层的不同组合，填埋场的衬层系统存在不同结构，例如单层衬层系统、复合衬层系统、双层衬层系统和多层衬层系统等。要求的安全填埋处置时间越长，所选用的衬层就应该越好。应重点评价填埋场所选用的衬层（类型、材料、结构）的防渗性能及其是否满足废物填埋需要的安全处置期内的可靠性；封闭渗滤液于填埋场之中，使其进入渗滤液收集系统；控制填埋场气体的迁移，使填埋场气体得到有控制的释放和收集；防止地下水进入填埋场中增加渗滤液的产生量。

　　渗滤液穿透衬层所需时间，一般要求应大于 30 年。这是用于评价填埋场衬层工程屏障性能的重要指标，可采用下述简单公式计算：

$$t = \frac{d}{v} \tag{9-10}$$

式中　d——衬层厚度，m；

　　　v——地下水运移速度，m/a。

2. 填埋场址地质屏障评价

　　一般来说，含水层中的强渗透性砂、砾、裂隙岩层等地质介质对有害物质具有一定的阻滞作用，但这些矿物质的表面吸附能力会因吸附量的增大而不断减弱。此外，由于地下水径流量的变化，对有害物质的阻滞作用不可能长时间存在，因而含水层介质不能被看作良好的地质屏障。只有渗透性非常低的黏土、黏结性松散岩石和裂隙不发育的坚硬岩石具备足够的屏障作用。包气带的地质屏障作用的大小取决于介质对渗滤液中污染物的阻滞能力和该污染物在地质介质中的物理衰变、化学或生物降解作用。

地质介质的屏障作用可分为以下三种不同类型。

① 隔断作用。地质介质的屏障作用可以将在不透水的深地层岩石层内处置的废物与环境隔断。

② 阻滞作用。对于在地质介质中只被吸附的污染物，虽然其在此地质介质中的迁移速率小于地下水的运移速率，所需的迁移时间比地下水的运移时间长，但此地质介质层的作用仅是延长该污染物进入环境的时间，所处置废物中的污染物最终仍会大量进入环境中。

③ 去除作用。对于在地质介质中既被吸附又会发生衰变或降解的污染物，只要该污染物在此地质介质层内有足够的停留时间，就可以使其穿透此介质后的浓度达到所要求的低浓度。

（八）生活垃圾填埋场评价采用的标准

生活垃圾填埋场评价采用的主要标准是《生活垃圾填埋场污染控制标准》（GB 16889—2008）。该标准规定了生活垃圾填埋场选址、设计、施工、填埋废物的入场条件、运行、封场、后期维护与管理的污染控制和监测等方面的要求，适用于生活垃圾填埋场建设、运行和封场后的维护和管理过程中的污染控制和监督管理。

其他相关的主要标准包括《海水水质标准》（GB 3097—1997）、《地表水环境质量标准》（GB 3838—2002）、《地下水质量标准》（GB/T 14848—2017）、《工业企业厂界环境噪声排放标准》（GB 12348—2008）、《恶臭污染物排放标准》（GB 14554—1993）等。以上标准均按修订的最新版本执行。

二、危险废物环境影响评价

（一）危险废物环境影响评价基本原则

1. 重点评价，科学估算

对于所有产生危险废物的建设项目，应科学估算产生危险废物的种类和数量等相关信息，将危险废物作为重点进行环境影响评价，并在环境影响报告书的相关章节中细化完善，环境影响报告表中的相关内容可适当简化。

2. 科学评价，降低风险

对建设项目产生的危险废物的种类、数量、利用或处置方式、环境影响以及环境风险等进行科学评价，并提出切实可行的污染防治对策措施。坚持无害化、减量化、资源化原则，妥善利用或处置产生的危险废物，保障环境安全。

3. 全程评价，规范管理

对建设项目危险废物的产生、收集、贮存、运输、利用、处置全过程进行分析评价，严格落实与危险废物管理相关的各项法律制度，提高建设项目危险废物环境影响评价的规范化水平，促进危险废物的规范化监督管理。

（二）危险废物环境影响评价技术要求

1. 工程分析

（1）基本要求

应结合建设项目主辅工程的原辅材料使用情况及生产工艺，全面分析各类固体废物的产生环节、主要成分、有害成分、理化性质及其产生、利用和处置量。

(2) 固体废物属性判定

根据《中华人民共和国固体废物污染环境防治法》、《固体废物鉴别标准　通则》(GB 34330—2017),对建设项目产生的物质(除目标产物,即产品、副产品外),依据产生来源、利用和处置过程鉴别属于固体废物并且作为固体废物管理的物质,应按照《国家危险废物名录》、《危险废物鉴别标准　通则》(GB 5085.7—2019)等进行属性判定。

① 列入《国家危险废物名录》的直接判定为危险废物。环境影响报告书(表)中应对照名录明确危险废物的类别、行业来源、代码、名称、危险特性。

② 未列入《国家危险废物名录》,但从工艺流程及产生环节、主要成分、有害成分等角度分析可能具有危险特性的固体废物,环评阶段可类比相同或相似的固体废物危险特性判定结果,也可选取具有相同或相似特性的样品,按照《危险废物鉴别技术规范》(HJ 298—2019)、《危险废物鉴别标准》(GB 5085.1~5085.7)等国家规定的危险废物鉴别标准和鉴别方法予以认定。该类固体废物产生后,应按国家规定的标准和方法再次开展危险特性鉴别,并根据其主要有害成分和危险特性确定所属废物类别,按照《国家危险废物名录》要求进行归类管理。

③ 环评阶段不具备开展危险特性鉴别条件的可能含有危险特性的固体废物,环境影响报告书(表)中应明确疑似危险废物的名称、种类、可能的有害成分,明确暂按危险废物从严管理,并要求在该类固体废物产生后开展危险特性鉴别,环境影响报告书(表)中应按《危险废物鉴别技术规范》(HJ 298—2019)、《危险废物鉴别标准　通则》(GB 5085.7—2019)等要求给出详细的危险废物特性鉴别方案建议。

2. 产生量核算方法

采用物料衡算法、类比法、实测法、产排污系数法等相结合的方法核算建设项目危险废物的产生量。

对于生产工艺成熟的项目,应通过物料衡算法分析估算危险废物产生量,必要时采用类比法、产排污系数法校正,并明确类比条件、提供类比资料;若无法按物料衡算法估算,可采用类比法估算,但应给出所类比项目的工程特征和产排污特征等类比条件;对于改、扩建项目,可采用实测法统计核算危险废物产生量。

3. 污染防治措施

工程分析应给出危险废物收集、贮存、运输、利用、处置环节采取的污染防治措施,并以表格的形式列明危险废物的名称、数量、类别、形态、危险特性和污染防治措施等内容,样表见表 9-3。

表 9-3　工程分析中危险废物信息汇总样表

序号	危险废物名称	危险废物类别	危险废物代码	产生量/(t/a)	产生工序及装置	形态	主要成分	有害成分	产废周期	危险特性	污染防治措施
1											
2											
...											

在项目生产工艺流程图中应标明危险废物的产生环节,在厂区布置图中应标明危险废物

贮存场所（设施）、自建危险废物处置设施的位置。

4. 环境影响分析

（1）基本要求

在工程分析的基础上，环境影响报告书（表）应从危险废物的产生、收集、贮存、运输、利用和处置等全过程以及建设期、运营期、服务期满后等全时段角度考虑，分析预测建设项目产生的危险废物可能造成的环境影响，进而指导危险废物污染防治措施的补充完善。

同时，应特别关注与项目有关的特征污染因子，按《环境影响评价技术导则 土壤环境（试行）》《环境影响评价技术导则 地下水环境》《环境影响评价技术导则 大气环境》等要求，开展必要的土壤、地下水、大气等环境背景监测，分析环境背景变化情况。

（2）危险废物贮存场所（设施）环境影响分析

危险废物贮存场所（设施）环境影响分析内容应包括：

① 按照《危险废物贮存污染控制标准》（GB 18597—2023），结合区域环境条件，分析危险废物贮存场选址的可行性。

② 根据危险废物产生量、贮存期限等，分析、判断危险废物贮存场所（设施）的能力是否满足要求。

③ 按环境影响评价相关技术导则的要求，分析预测危险废物贮存过程中对环境空气、地表水、地下水、土壤以及环境敏感保护目标可能造成的影响。

（3）运输过程的环境影响分析

分析危险废物从厂区内产生工艺环节运输到贮存场所或处置设施可能产生散落、泄漏所引起的环境影响。对运输路线沿线有环境敏感点的，应考虑其对环境敏感点的环境影响。

（4）利用或者处置的环境影响分析

利用或者处置危险废物的建设项目环境影响分析内容应包括：

① 按照《危险废物焚烧污染控制标准》（GB 18484—2020）、《危险废物填埋污染控制标准》（GB 18598—2019）等，分析论证建设项目危险废物处置方案选址的可行性。

② 应按建设项目建设和运营的不同阶段开展自建危险废物处置设施（含协同处置危险废物设施）的环境影响分析预测，分析对环境敏感保护目标的影响，并提出合理的防护距离要求。必要时，应开展服务期满后的环境影响评价。

③ 对综合利用危险废物的，应论证综合利用的可行性，并分析可能产生的环境影响。

（5）委托利用或者处置的环境影响分析

环评阶段已签订利用或者委托处置意向的，应分析危险废物利用或者处置途径的可行性。暂未委托利用或者处置单位的，应根据建设项目周边有资质的危险废物处置单位的分布情况、处置能力、资质类别等，给出建设项目产生危险废物的委托利用或处置途径建议。

5. 污染防治措施技术经济论证

（1）污染防治措施评价及完善

环境影响报告书（表）应对建设项目可研报告、设计等技术文件中的污染防治措施的技术先进性、经济可行性及运行可靠性进行评价，根据需要补充完善危险废物污染防治措施，明确危险废物贮存、利用或处置相关环境保护设施投资并纳入环境保护设施投资、"三同时"验收表。

（2）贮存场所（设施）污染防治措施

分析项目可研报告、设计等技术文件中危险废物贮存场所（设施）所采取的污染防治措施、运行与管理、安全防护与监测、关闭等要求是否符合有关要求，并提出环保优化建议。

危险废物贮存应关注"四防"（防风、防雨、防晒、防渗漏），明确防渗措施和渗滤液收集措施，以及危险废物堆放方式、警示标识等内容。

对同一贮存场所（设施）贮存多种危险废物的，应根据项目所产生危险废物的类别和性质，分析论证贮存方案与《危险废物贮存污染控制标准》（GB 18597—2023）中的贮存容器要求、相容性要求等的符合性，必要时，提出可行的贮存方案。

环境影响报告书（表）应列表明确危险废物贮存场所（设施）的名称、位置、占地面积、贮存方式、贮存能力、贮存周期等，样表见表 9-4。

表 9-4　建设项目危险废物贮存场所（设施）基本情况样表

序号	贮存场所（设施）名称	危险废物名称	危险废物类别	危险废物代码	位置	占地面积	贮存方式	贮存能力	贮存周期
1									
2									
...									

（3）运输过程的污染防治措施

按照《危险废物收集、贮存、运输技术规范》（HJ 2025—2012），分析危险废物收集和转运过程中采取的污染防治措施的可行性，并论证运输方式、运输线路的合理性。

（4）利用或者处置方式的污染防治措施

按照《危险废物焚烧污染控制标准》（GB 18484—2020）、《危险废物填埋污染控制标准》（GB 18598—2019）和《水泥窑协同处置固体废物污染控制标准》（GB 30485—2013）等，分析论证建设项目自建危险废物处置设施的技术、经济可行性，包括处置工艺、处理能力是否满足要求，装备（装置）水平的成熟、可靠性及运行的稳定性和经济合理性，污染物稳定达标的可靠性。

（5）其他要求

① 积极推行危险废物的无害化、减量化、资源化，提出合理、可行的措施，避免产生二次污染。

② 改扩建及异地搬迁项目需说明现有工程危险废物的产生、收集、贮存、运输、利用和处置情况及处置能力，存在的环境问题及拟采取的"以新带老"措施等内容，改扩建项目产生的危险废物与现有贮存或处置的危险废物的相容性等。涉及原有设施拆除及造成环境影响的分析，明确应采取的措施。

6. 环境风险评价

按照《建设项目环境风险评价技术导则》（HJ 169—2018）和地方生态环境部门有关规定，针对危险废物产生、收集、贮存、运输、利用、处置等不同阶段的特点，进行风险识别和源项分析并进行后果计算，提出危险废物的环境风险防范措施和应急预案编制意见，并纳入建设项目环境影响报告书（表）的突发环境事件应急预案专题。

7. 环境管理要求

按照危险废物相关评价技术导则、标准、技术规范等要求，严格落实危险废物环境管理与监测制度，对项目危险废物收集、贮存、运输、利用、处置各环节提出全过程环境监管要求。

列入《国家危险废物名录（2021年版）》附录《危险废物豁免管理清单》中的危险废物，在所列的豁免环节，且满足相应的豁免条件时，可以按照豁免内容的规定实行豁免管理。

对冶金、石化和化工行业中有重大环境风险，建设地点敏感，且持续排放重金属或者持久性有机污染物的建设项目，提出开展环境影响后评价的要求，并将后评价作为其改扩建、技改环评管理的依据。

8. 危险废物环境影响评价结论与建议

归纳建设项目产生危险废物的名称、类别、数量和危险特性，分析预测危险废物产生、收集、贮存、运输、利用、处置等环节可能造成的环境影响，提出预防和减缓环境影响的污染防治、环境风险防范措施以及环境管理等方面的改进建议。

另外，危险废物环境影响评价相关附件可包括：开展危险废物属性实测的，提供危险废物特性鉴别检测报告；改扩建项目附已建危险废物贮存、处理及处置设施照片等。

（三）危险废物的贮存原则

危险废物贮存容器指贮存危险废物的箱、桶、储罐、袋及经执行机关规定的容器。危险废物贮存容器应当符合标准；容器及材质要满足相应的强度要求；装载危险废物的容器必须完好无损；盛装危险废物的容器，材质和衬里要与危险废物相容（不相互反应）；液体危险废物可注入开孔直径<70mm并有放气孔的桶中。

（四）危险废物贮存设施的选址要求

2023年发布的《危险废物贮存污染控制标准》（GB 18597—2023）对危险废物贮存设施的选址要求做了以下明确规定：贮存设施选址应满足生态环境保护法律法规、规划和"三线一单"生态环境分区管控的要求，建设项目应依法进行环境影响评价；集中贮存设施不应选在生态保护红线区域、永久基本农田和其他需要特别保护的区域内，不应建在溶洞区或易遭受洪水、滑坡、泥石流、潮汐等严重自然灾害影响的地区；贮存设施不应选在江河、湖泊、运河、渠道、水库及其最高水位线以下的滩地和岸坡，以及法律法规规定禁止贮存危险废物的其他地点；贮存设施场址的位置以及其与周围环境敏感目标的距离应依据环境影响评价文件确定。

（五）危险废物填埋场的选址要求

2019年发布修订的《危险废物填埋污染控制标准》（GB 18598—2019）对危险废物填埋场的选址要求做了明确规定：

① 填埋场选址应符合环境保护法律法规及相关法定规划要求。

② 填埋场场址的位置及与周围人群的距离应依据环境影响评价结论确定。

在对危险废物填埋场场址进行环境影响评价时，应重点考虑危险废物填埋场渗滤液可能产生的风险、填埋场结构及防渗层长期安全性及其由此造成的渗漏风险等因素，根据其所在地区的环境功能区类别，结合该地区的长期发展规划和填埋场设计寿命期，重点评价其对周围地下水环境、居住人群的身体健康与日常生活和生产活动的长期影响，确定其与常住居民居住场所、农用地、地表水体以及其他敏感对象之间合理的位置关系。

③ 填埋场场址不应选在国务院和国务院有关主管部门及省、自治区、直辖市人民政府划定的生态保护红线区域、永久基本农田和其他需要特别保护的区域内。

④ 填埋场场址不得选在以下区域：破坏性地震及活动构造区，海啸及涌浪影响区；湿地；地应力高度集中，地面抬升或沉降速率快的地区；石灰溶洞发育带；废弃矿区、塌陷区；崩塌、岩堆、滑坡区；山洪、泥石流影响地区；活动沙丘区；尚未稳定的冲积扇、冲沟地区及其他可能危及填埋场安全的区域。

⑤ 填埋场选址的标高应位于重现期不小于 100 年一遇的洪水位之上，并在长远规划中的水库等人工蓄水设施淹没和保护区之外。

⑥ 填埋场场址地质条件应符合下列要求，刚性填埋场除外：

a. 场区的区域稳定性和岩土体稳定性良好，渗透性低，没有泉水出露；

b. 填埋场防渗结构底部应与地下水有记录以来的最高水位保持 3m 以上的距离。

⑦ 填埋场场址不应选在高压缩性淤泥、泥炭及软土区域，刚性填埋场选址除外。

⑧ 填埋场场址天然基础层的饱和渗透系数不应大于 1×10^{-5} cm/s，且其厚度不应小于 2m，刚性填埋场除外。

⑨ 填埋场场址不能满足⑥、⑦及⑧条的要求时，必须按照刚性填埋场要求建设。

第四节　固体废物污染控制及处理处置的常用技术方法

一、固体废物污染控制的主要原则

(一)"三化"原则

1. 减量化

通过适当的技术，减少固体废物的排出量和容量。可通过更换原料、采用清洁能源、利用二次资源、采用无废或低废工艺、提高产品质量、延长使用寿命，以及废物综合利用等途径实现。

2. 无害化

通过采用适当的工程技术对废物进行处理，达到不损害人体健康、不污染周围自然环境的目的。例如，采用卫生土地填埋、安全土地填埋及土地深埋技术等无害化处置技术。

3. 资源化

从固体废物中回收有用的物质和能源。固体废物资源化具有环境效益高、生产成本低、生产效率高、能耗低等优势，应积极寻求废物开发利用的途径，既消除对环境的污染，又能实现物尽其用。

(二)"全过程"原则

"全过程"原则指对固体废物的产生、收集、运输、综合利用、处理、储存和处置实行全面管理，在每一环节都将其作为污染源进行严格控制。

固体废物处理通常是指通过物理、化学、生物、物化及生化方法把固体废物转化为适于运输、储存、利用或处置的形态的过程。固体废物处理的目标是无害化、减量化、资源化。目前采用的主要方法包括压实、破碎、分选、固化、焚烧、生物处理等。

(三)"分类管理"原则

鉴于固体废物的成分、性质和危险性存在较大的差异，在管理上必须采取分别、分类管理的方法，针对不同的固体废物制定不同的对策和措施。

（四）"污染者负责"原则

产生、收集、贮存、运输、利用、处置固体废物的单位和个人，应当采取措施，防止或者减少固体废物对环境的污染，对所造成的环境污染依法承担责任。

二、固体废物的预处理技术

（一）分选技术

分选是将固体废物中可回收利用的或不利于后续处理和处置工艺要求的物料采用适当的工艺分离出来的过程。固体废物分选是实现固体废物资源化、减量化的重要手段。分选分为两种：一种是通过分选将有用的成分选出来加以利用，将有害的成分分离出来；另一种是将不同粒度级别的废弃物加以分离。分选的基本原理是利用物料在某些性质方面存在的差异将其分开。例如，利用废弃物的磁性和非磁性差别进行分离，利用粒径尺寸差别进行分离，利用密度差别进行分离，等等。根据不同性质，可以设计制造各种机械对固体废物进行分选。分选包括手工拣选、筛选、重力分选、磁力分选、涡电流分选、光学分选等方法。

（二）破碎技术

破碎是利用外力克服固体废物质点间的内聚力而使大块固体废物分裂成小块的过程。为了使进入焚烧炉、填埋场、堆肥系统等的废弃物的外形尺寸减小，必须预先对固体废物进行破碎处理。经过破碎处理的废物，由于消除了大的空隙，不仅尺寸大小均匀，而且质地均匀，在填埋过程中更容易压实。固体废物的破碎方法很多，主要包括冲击破碎、剪切破碎、挤压破碎、摩擦破碎等，此外还包括专用的低温破碎和湿式破碎等。

（三）压实技术

压实是一种通过对废物实行减容化，降低运输成本、延长填埋场寿命的预处理技术。压实是一种普遍采用的固体废物预处理方法。例如，汽车、易拉罐、塑料瓶等通常首先采用压实处理。适于采用压实减小体积处理方法的固体废物还包括生活垃圾、松散废物、纸袋、纸箱及某些纤维制品等。对于可能使压实设备损坏的废弃物不宜采用压实处理，某些可能引起操作问题的废弃物，如焦油、污泥或液体物料，一般也不宜进行压实处理。

（四）脱水技术

固体废物中的水分分为间隙水、毛细管结合水、表面吸附水和内部（结构）水。脱水主要分为两种方法：一种为浓缩脱水，又包含重力浓缩法、气浮浓缩法和离心浓缩法；另一种为机械脱水，是利用机械力将固体废物中的水分脱除的方法，其本质上属于过滤脱水范畴。

脱水处理常用于生化污泥的减量化处理。生化处理产生的剩余活性污泥、沉淀渣和气浮浮渣含水量通常在 99.8％ 以上，体积庞大，为了便于处置，应当对其进行脱水处理，使其体积缩小至原来的 2％～5％，以减少占地面积，降低处置费用。常用的脱水设备有板框压滤机、真空转鼓脱水机、带式压滤机、卧式螺旋离心机等。可根据污泥的含油浓度、含水量、处理量和处理后指标等进行设备选型，并应选择适当的药剂。

三、固体废物的一般处理技术

固体废物处理是通过不同的物化或生化技术，将固体废物转化为便于运输、贮存、利用以及最终处置的另一种形体结构的过程。

（一）固化处理技术

固化技术是通过向废弃物中添加固化基材，将有害固体废物固定或包容在惰性固化基材中的一种无害化处理过程。理想的固化产物应具有良好的抗渗透性，良好的机械特性，以及抗浸出性、抗干（湿）和抗冻（融）特性。这样的固化产物可直接在安全土地填埋场中处置，也可用作建筑的基础材料或道路的路基材料。固化处理的对象主要是有害废物和放射性废物。固化处理根据固化基材的不同可以分为混凝土固化、沥青固化、玻璃固化、自胶质固化等。固化处理常用于处理含有重金属和浓度过高的有毒废渣、放射性废物等，固化后的废物再进行填埋处理。

（二）化学处理技术

化学处理技术是根据废物的种类、性质，采用诸如化学焙烧、中和、转化、氧化还原、化学沉淀等处理方法，提取固体废物中的有用成分或将废物中某成分转化为另一种形式加以回收利用的过程。焙烧实质上是热分解或氧化还原反应，其目的是将废物中的有用成分转化为易于浸取的形式，同时经焙烧可分解一部分无用组分，缩小体积。焙烧后的废物以适当的浸取液浸取出所含有用成分，有些废物可直接浸取而不需要焙烧。浸取液采用化学沉淀、离子交换、吸附、膜分离等方法将有用成分与其他组分分离，再经精制得到成品。焙烧所产生的烟气中若有有害成分，也应当加以处理。

固体废物化学处理工艺设计的内容包括处理流程设计、各处理单元工艺计算、设备选型等。化学沉淀、化学转化等单元按有化学反应的反应器的计算方法进行工艺计算和设备选型，离子交换、吸附、膜分离、过滤、蒸发、蒸馏以及烟气处理的吸收、除尘等单元可按各自的计算方法进行工艺计算和设备选型。

（三）生物处理技术

生物处理技术是利用微生物对有机固体废物的分解作用使其无害化的过程。该技术可以使有机固体废物转化为能源、饲料和肥料，还可以用来从废品和废渣中提取金属，是固体废物资源化的有效技术方法。目前应用比较广泛的包括堆肥化、沼气化、废纤维素糖化、废纤维饲料化、生物浸出等。生物处理成本比较低，应用也普遍，但处理过程所需时间长，处理效果有时不够稳定。

四、固体废物的最终处置技术

固体废物处置是将已无回收价值或确属不能再利用的终态固体废物（包括对自然界及人身健康危害性极大的危险废物）长期置于与生物圈隔离地带的技术措施，也是解决固体废物最终归宿问题的手段。终态固体废物是因技术原因或其他原因还无法利用或处理的固态废物。终态固体废物的处置是控制固体废物污染的末端环节。处置的目的和技术要求是，使固体废物在环境中最大限度地与生物圈隔离，避免或减少其中的污染组分对环境的污染与危害。终态固体废物的处置可分为陆地处置和海洋处置。固体废物的最终处置技术还包括资源化处置。

（一）陆地处置

陆地处置的方法有多种，包括土地填埋、土地耕作、深井灌注等。土地填埋是从传统的堆放和填地处置发展起来的一项处置技术，是目前处置固体废物的主要方法。可分为卫生填埋法和安全填埋法。卫生土地填埋法是处置一般固体废物使之不会对公众健康及安全造成危害的一种处置方法，主要用来处置城市垃圾。通常把运到土地填埋场的废弃物在限定的区域内铺撒成一定厚度的薄层，然后压实以减少废弃物的体积，每层操作之后用土壤覆盖并压实。压实的废弃物和土壤覆盖层共同构成一个单元。具有同样高度的一系列相互衔接的单元构成一个升层。完整的卫生土地填埋场由一个或多个升层组成。在卫生填埋场地的选择、设计、建造、操作和封场过程中，应考虑防止浸出液的渗漏、降解气体的释出控制、臭味和病原菌的消除、场地的开发利用等问题。安全土地填埋法是卫生土地填埋法的改进，对场地的建造技术要求更为严格。土地填埋场必须设置人造或天然衬里；最下层的土地填埋物要位于地下水位之上；要采取适当的措施控制和引出地表水；要配备浸出液收集、处理及监测系统，采用覆盖材料或衬里控制可能产生的气体，以防止气体释出；要记录所处置的废弃物的来源、性质和数量，把不相容的废弃物分开处置。

（二）海洋处置

海洋处置主要分为海洋倾倒与远洋焚烧两种方法。海洋倾倒是将固体废物直接投入海洋的一种处置方法，依据是海洋是一个庞大的废弃物接受体，对污染物有极大的稀释能力。进行海洋倾倒时，首先要根据有关法律规定选择处置场地，然后根据处置区的海洋学特性、海洋保护水质标准、处置废弃物的种类及倾倒方式进行技术可行性研究和经济分析，最后按照设计的倾倒方案进行投弃。远洋焚烧是利用焚烧船对固体废物进行船上焚烧的处置方法。废弃物焚烧后产生的废气通过净化装置与冷凝器，冷凝液排入海中，气体排入大气，残渣倾入海洋。这种技术适于处置易燃性废物，例如含氯的有机废弃物。

（三）资源化处置

各类固体废物首先应考虑资源化，即通过厂内、区域和固废处理中心等方式，使生活和生产过程中产生的固体废物得到综合利用。实现资源化重要的一点是各类固废应分类收集、分类暂存、分类利用，环评中应提出明确的技术措施和管理要求。一些工业副产物中常含有各种无机、有机污染物甚至有毒有害物质，应通过物料平衡分析，给出其中各种污染物组分及含量，当污染物组分有可能在这些副产品综合利用过程中形成二次污染或污染物多介质转移时，应提出必要的净化措施，并应明确最终出售的产品中各种污染物组分的浓度控制要求。

由于某些固体废物组分存在不确定性，采用填埋法处理这些固体废物时，易造成对地下水、土壤的污染；采用焚烧法时则可能在高温条件下发生某些化学反应产生新的污染物，如二噁英等。因此，环评中应通过物料平衡分析，给出各类固体废物的组分，根据其物理化学性质，在综合利用的基础上提出妥善的最终处置方案。固体废物的最终处置方法如安全填埋、焚烧等，其处置费用均较高，因此，对于各类固体废物首先考虑资源化的目的之一就是减少最终处置费用，避免因为处置费用过高而使建设项目投运后由于经济效益低下而无法正常运行。

习 题

一、填空题

1. 根据《固体废物污染环境防治法》的规定，固体废物分为 _____、_____、

_____、_____和_____。

2. 固体废物对环境的危害具有_____、_____、_____。

3. 一般工程项目的固体废物环境影响评价，其内容主要包括_____、_____、_____、_____。

4. 垃圾填埋场的主要污染源是_____和_____。

5. 通常，城市生活垃圾填埋场的安全处置期在_____年，而危险废物填埋场的安全处置期则大于_____年。

6. 固体废物的"三化"原则是_____、_____和_____。

7. 固体废物的特性决定了从其产生到运输、处理、处置每一环节都必须妥善控制，使其不危害人类，即具有_____管理的特点。

8. 危险废物产生量采用_____、_____、_____、_____等相结合的方法核算。

9. 固体废物的预处理技术有_____、_____、_____和_____。

10. 终态固体废物的处置可分为_____和_____两大类。

二、选择题

1. 危险废物的主要来源是（   ）。

A. 工业　　　　　　B. 农业　　　　　　C. 商业　　　　　　D. 家居生活

2. 《固体废物鉴别标准　通则》适用于（   ）。

A. 液态废物鉴别　　　　　　　　B. 固体废物分类

C. 危险废物鉴别　　　　　　　　D. 放射性废物鉴别

3. 根据《固体废物鉴别标准　通则》，不作为固体废物管理的物质是（   ）。

A. 焚烧处置的农业废物

B. 填埋处置的生活垃圾

C. 倾倒、堆置的疏浚污泥

D. 回填采空区的符合要求的采矿废石

4. 根据《生活垃圾填埋场污染控制标准》，不得在生活垃圾填埋场中填埋处置的是（   ）。

A. 餐饮废物

B. 感染性医疗废物

C. 非本填埋场产生的渗滤液

D. 非本填埋场生活污水处理设施产生的污泥

5. 关于《生活垃圾焚烧污染控制标准》适用范围的说法，错误的是（   ）。

A. 适用于生活垃圾焚烧厂设计

B. 适用于生活垃圾焚烧厂环境影响评价

C. 适用于生活垃圾焚烧飞灰经处理后填埋的污染控制

D. 适用于生活污水处理设施产生污泥的专用焚烧炉的污染控制

6. 根据《生活垃圾焚烧污染控制标准》，确定生活垃圾焚烧厂厂址的位置及其与周围人群距离的依据是（   ）。

A. 可行性研究报告结论

B. 环境影响评价文件结论

C. 环境影响评价文件技术评估报告结论

D. 有审批权的生态环境主管部门出具的确认函

7. 根据《生活垃圾焚烧污染控制标准》和《生活垃圾填埋场污染控制标准》，关于生活垃圾焚烧厂排放控制要求的说法，错误的是（　　　）。

A. 生活垃圾焚烧飞灰可进入危险废物填埋场处置

B. 生活垃圾焚烧炉渣可进入危险废物填埋场处置

C. 生活垃圾焚烧飞灰与焚烧炉渣均可进入水泥窑处理

D. 生活垃圾焚烧飞灰与焚烧炉渣均可进入生活垃圾填埋场处置

8. 根据《危险废物贮存污染控制标准》，关于危险废物贮存设施选址要求的说法错误的是（　　　）。

A. 应避免建在溶洞区

B. 应避免选在生态保护红线区域

C. 应避免选在永久基本农田区域

D. 可选江河、湖泊、水库最高水位线以下的滩地和岸坡

9. 《危险废物填埋污染控制标准》不适用于（　　　）。

A. 危险废物填埋场的运行　　　　　　　B. 危险废物填埋场的建设

C. 危险废物贮存的污染控制　　　　　　D. 危险废物填埋场的监督管理

10. 《危险废物焚烧污染控制标准》不适用于（　　　）。

A. 医疗废物焚烧设施的环境影响评价

B. 放射性废物焚烧设施的环境影响评价

C. 易燃性危险废物焚烧设施的环境影响评价

D. 化工企业产生的蒸馏残渣焚烧设施的环境影响评价

三、简答题

1. 简述生活垃圾填埋场的主要环境影响。

2. 简述危险废物环境影响评价的基本原则。

3. 简述固体废物对环境的影响。

4. 简述危险废物贮存设施的选址要求。

5. 简述固体废物污染控制的主要原则。

四、计算题

对人口为 20 万人的某行政区的生活垃圾进行可燃垃圾和不可燃垃圾分类收集。对收集后的不可燃垃圾进行破碎分选，其中不可燃垃圾、可燃垃圾、资源垃圾分别占 40%、30%、30%。焚烧残渣（可燃垃圾的 10%）和不可燃垃圾（含分类收集及分选后的）进行填埋。垃圾产生系数为 1kg/(人·d)，其中可燃垃圾 0.7kg/(人·d)，不可燃垃圾 0.3kg/(人·d)。垃圾填埋场压实密度 900kg/m^3。求使用 20 年的垃圾填埋场的容量。

参考文献

[1] 胡辉，杨家宽. 环境影响评价 [M]. 武汉：华中科技大学出版社，2010.

[2] 钱瑜. 环境影响评价 [M]. 2 版. 南京：南京大学出版社，2012.

［3］　黄建平，宋新山．环境影响评价［M］．北京：化学工业出版社，2013.

［4］　柳知非．环境影响评价［M］．北京：中国电力出版社，2017.

［5］　赵丽．环境影响评价［M］．徐州：中国矿业大学出版社，2018.

［6］　章丽萍，张春晖．环境影响评价［M］．北京：化学工业出版社，2019.

［7］　环境保护部．建设项目危险废物环境影响评价指南［Z］．2017.

第十章

生态环境影响评价

学习内容

本章主要介绍生态环境影响评价中的生态环境影响的分类、特点及评价原则，现状调查与评价的方法，评价图件规范与要求，评价与预测，保护措施与代替方案。

学习目标

要求掌握生态环境影响的分类、生态环境影响的类型、影响区域的分类、评价工作的分级标准以及相关标准；理解生态现状调查和评价的方法、评价图件规范和要求、评价与预测的要求；了解生态环境保护措施和替代方案。

第一节　生态环境影响评价概述

一、生态影响的概念和术语

生态影响是指工程占用、施工活动干扰、环境条件改变、时间或空间累积作用等，直接或间接导致物种、种群、生物群落、生境、生态系统以及自然景观、自然遗迹等发生的变化。生态影响包括直接、间接和累积的影响。

直接生态影响：经济社会活动所导致的不可避免的、与该活动同时同地发生的生态影响。

间接生态影响：经济社会活动及其直接生态影响所诱发的、与该活动不在同一地点或不在同一时间发生的生态影响。

累积生态影响：经济社会活动各个组成部分之间或者该活动与其他相关活动（包括过去、现在、未来）之间相互叠加造成的生态影响。

生态监测是指运用物理、化学或生物等方法对生态系统或生态系统中的生物因子、非生物因子状况及其变化趋势进行的测定、观察。

生态敏感区包括法定生态保护区域、重要生境以及其他具有重要生态功能、对保护生物多样性具有重要意义的区域。其中，法定生态保护区域包括依据法律法规、政策等规范性文件划定或确认的国家公园、自然保护区、自然公园等自然保护地、世界自然遗产、生态保护

红线等区域；重要生境包括重要物种的天然集中分布区、栖息地，重要水生生物的产卵场、索饵场、越冬场和洄游通道，迁徙鸟类的重要繁殖地、停歇地、越冬地以及野生动物迁徙通道等。

生态影响评价的主要目的是认识区域生态系统的特点与环境服务功能，识别与预测开发建设项目对生态系统影响的性质、程度、范围以及生态系统对影响的反应和敏感程度；确定应采取的减少影响或改善生态环境的相应策略与保护措施，维持区域生态环境功能和自然资源的可持续利用；明确开发建设者的环境责任，为区域生态环境管理提供科学依据，为改善区域生态环境提供建设性的意见。

二、生态影响的特点

潜在性：人类活动以一种方式作用于生态系统时，表面上看无显著影响，或短期内没有表现，以隐蔽方式存在。当影响累积到一定量时，就会发生质的变化。有些生态影响的潜在时间可能很长，有些表现在人类活动对生态系统的间接影响上。

累积性：生态影响的变化有一个量变到质变的过程。项目建设对生态系统的影响往往是长期的、潜在的、间接的，当影响积累到一定程度，超过生态系统的承载能力时，生态系统的结构或功能将发生质变，开始退化，最终将导致生态系统不可逆的质的恶化或破坏。

阶段性：项目建设对生态环境的影响往往从规划设计开始就有表现，贯穿全过程，并且在不同建设阶段影响不同。因此，生态环境影响评价应从项目开始时介入，注重整个过程。

区域性和流域性：由于生态系统具有显著的地域特点，因此相同建设项目在不同区域和流域可能会产生不同的生态环境影响。这就要求在进行生态环境影响评价和影响分析以及提出相应措施时具有针对性，分析项目所在区域或流域的主要生态环境特点与问题。

高度相关性和综合性：生态因子间的关系错综复杂，生态系统的开放性也使得各系统之间彼此密切相关，项目建设通常会影响到所在地整个区域或流域的生态环境，即使只是直接影响其中一部分，也可能通过该部分直接或间接影响其余全部。因此，在进行生态环境影响评价时，应有整体论的观点，即不管影响到生态系统的何种因子，其影响效应都是系统综合的。

多样性：项目建设对生态系统的影响性质是多方面的，包括直接的、间接的、显见的、潜在的，长期的、短期的，暂时的、累积的，等等。有时间接影响比直接影响或潜在影响比显见影响更大。如大坝建设为发展水产养殖提供了良好条件，但同时淹没了大片土地，阻碍了河谷生命网络间的联系，影响了野生动植物原有生存、繁衍的生态环境，阻隔了鱼类的洄游通道，影响了物种交流；建坝改变了河流的洪泛特性，对洪泛区环境的不利影响主要表现在使洪泛区湿地景观减少、生物多样性减损、生态功能退化等。

三、生态影响评价原则

（一）总体原则

（1）坚持重点与全面相结合的原则

既要突出评价项目所涉及的重点区域、关键时段和主导生态因子，又要从整体上兼顾评价项目所涉及的生态系统和生态因子在不同时空等级尺度上结构与功能的完整性。

（2）坚持预防与恢复相结合的原则

预防优先，恢复补偿为辅。恢复、补偿等措施必须与项目所在地的生态功能区划的要求相适应。

（3）坚持定量与定性相结合的原则

生态影响评价应尽量采用定量方法进行描述和分析，当现有科学方法不能满足定量需要或因其他原因无法实现定量测定时，生态影响评价可通过定性或类比的方法进行描述和分析。

（二）基本原则

（1）可持续性原则

即生态环境影响评价应当保持生存环境资源和区域生态环境功能。

（2）科学性原则

生态环境影响评价应当遵循生态学和生态环境保护的基本原理。

（3）针对性原则

生态环境保护措施必须符合开发建设活动特点和环境具体条件。针对性是进行开发建设活动生态环境影响评价的灵魂，这主要是由环境的地域差异性所决定的。

（4）政策性原则

生态环境保护应当贯彻国家环境政策、实行法制管理。

（5）协调性原则

生态环境保护必须综合考虑环境与社会、经济的协调发展，特别注重人与自然的协调发展。

第二节　生态影响评价的程序、等级与范围

一、基本任务

在工程分析和生态现状调查的基础上，识别、预测和评价建设项目在施工期、运行期以及服务期满后（可根据项目情况选择）等不同阶段的生态影响，提出预防或者减缓不利影响的对策和措施，制定相应的环境管理和生态监测计划，从生态影响角度明确建设项目是否可行。

二、基本要求

建设项目选址选线应尽量避让各类生态敏感区，符合自然保护地、世界自然遗产、生态保护红线等管理要求以及国土空间规划、生态环境分区管控要求。建设项目生态影响评价应结合行业特点、工程规模以及对生态保护目标的影响方式，合理确定评价范围，按相应评价等级的技术要求开展现状调查、影响分析及预测工作。应按照避让、减缓、修复和补偿的次序提出生态保护对策措施，所采取的对策措施应有利于保护生物多样性，维持或修复生态系统功能。

三、工作程序

生态影响评价工作一般分为三个阶段，具体工作程序见图 10-1。

第一阶段，收集、分析建设项目工程技术文件以及所在区域国土空间规划、生态环境分

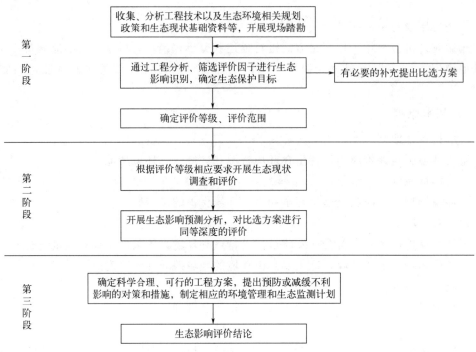

图 10-1　生态影响评价工作程序

区管控方案、生态敏感区以及生态环境状况等相关数据资料，开展现场踏勘，通过工程分析、筛选评价因子进行生态影响识别，确定生态保护目标，有必要的补充提出比选方案。确定评价等级、评价范围。

第二阶段，在充分的资料收集、现状调查、专家咨询基础上，根据不同评价等级的技术要求开展生态现状评价和影响预测分析。涉及有比选方案的，应对不同方案开展同等深度的生态环境比选论证。

第三阶段，根据生态影响预测和评价结果，确定科学合理、可行的工程方案，提出预防或减缓不利影响的对策和措施，制定相应的环境管理和生态监测计划，明确生态影响评价结论。

四、生态影响识别

（一）工程分析

① 按照 HJ 2.1 的要求开展工程分析，主要采用工程设计文件的数据和资料以及类比工程的资料，明确建设项目地理位置、建设规模、总平面及施工布置、施工方式、施工时序、建设周期和运行方式，各种工程行为及其发生的地点、时间、方式和持续时间，以及设计方案中的生态保护措施等。

② 结合建设项目特点和区域生态环境状况，分析项目在施工期、运行期以及服务期满后（可根据项目情况选择）可能产生生态影响的工程行为及其影响方式，判断生态影响性质和影响程度。重点关注影响强度大、范围广、历时长或涉及重要物种、生态敏感区的工程行为。

③ 工程设计文件中包括工程位置、工程规模、平面布局、工程施工及工程运行等不同

比选方案的，应对不同方案进行工程分析。现有方案均占用生态敏感区，或明显可能对生态保护目标产生显著不利影响的，还应补充提出基于减缓生态影响考虑的比选方案。

（二）评价因子筛选

① 在工程分析基础上筛选评价因子。生态影响评价因子筛选表参见表 10-1。

② 评价标准可参照国家、行业、地方或国外相关标准，无参照标准的可采用所在地区及相似区域生态背景值或本底值、生态阈值或引用具有时效性的相关权威文献数据等。

表 10-1 生态影响评价因子筛选表

受影响对象	评价因子	工程内容及影响方式	影响性质	影响程度
物种	分布范围、种群数量、种群结构、行为等			
生境	生境面积、质量、连通性等			
生物群落	物种组成、群落结构等			
生态系统	植被覆盖度、生产力、生物量、生态系统功能等			
生物多样性	物种丰富度、均匀度、优势度等			
生态敏感区	主要保护对象、生态功能等			
自然景观	景观多样性、完整性等			
自然遗迹	遗迹多样性、完整性等			
…	…	…	…	…

注：1. 应按施工期、运行期以及服务期满后（可根据项目情况选择）等不同阶段进行工程分析和评价因子筛选。

2. 影响性质主要包括长期与短期、可逆与不可逆生态影响。

3. 影响方式可分为直接、间接、累积生态影响，可依据以下内容进行判断。

① 直接生态影响：临时、永久占地导致生境直接破坏或丧失；工程施工、运行导致个体直接死亡；物种迁徙（或洄游）、扩散、种群交流受到阻隔；施工活动以及运行期噪声、振动、灯光等对野生动物行为产生干扰；工程建设改变河流、湖泊等水体天然状态等。

② 间接生态影响：水文情势变化导致生境条件、水生生态系统发生变化；地下水水位、土壤理化特性变化导致动植物群落发生变化；生境面积和质量下降导致个体死亡、种群数量下降或种群生存能力降低；资源减少及分布变化导致种群结构或种群动态发生变化；因阻隔影响造成种群间基因交流减少，导致小种群灭绝风险增加；滞后效应（例如，由于关键种的消失，捕食者和被捕食者的关系发生变化）等。

③ 累积生态影响：整个区域生境的逐渐丧失和破碎化；在景观尺度上生境的多样性减少；不可逆转的生物多样性下降；生态系统持续退化等。

4. 影响程度可分为强、中、弱、无四个等级，可依据以下原则进行初步判断。

① 强：生境受到严重破坏，水系开放连通性受到显著影响；野生动植物难以栖息繁衍（或生长繁殖），物种种类明显减少，种群数量显著下降，种群结构明显改变；生物多样性显著下降，生态系统结构和功能受到严重损害，生态系统稳定性难以维持；自然景观、自然遗迹受到永久性破坏；生态修复难度较大。

② 中：生境受到一定程度破坏，水系开放连通性受到一定程度影响；野生动植物栖息繁衍（或生长繁殖）受到一定程度干扰，物种种类减少，种群数量下降，种群结构改变；生物多样性有所下降，生态系统结构和功能受到一定程度破坏，生态系统稳定性受到一定程度干扰；自然景观、自然遗迹受到暂时性影响；通过采取一定措施上述不利影响可以得到减缓和控制，生态修复难度一般。

③ 弱：生境受到暂时性破坏，水系开放连通性变化不大；野生动植物栖息繁衍（或生长繁殖）受到暂时性干扰，物种种类、种群数量、种群结构变化不大；生物多样性、生态系统结构和功能以及生态系统稳定性基本维持现状；自然景观、自然遗迹基本未受到破坏；在干扰消失后可以修复或自然恢复。

④ 无：生境未受到破坏，水系开放连通性未受到影响；野生动植物栖息繁衍（或生长繁殖）未受到影响；生物多样性、生态系统结构和功能以及生态系统稳定性维持现状；自然景观、自然遗迹未受到破坏。

五、评价等级和评价范围确定

（一）评价等级判定

① 依据建设项目影响区域的生态敏感性和影响程度，评价等级划分为一级、二级和三级。

② 按以下原则确定评价等级：

a. 涉及国家公园、自然保护区、世界自然遗产、重要生境时，评价等级为一级；

b. 涉及自然公园时，评价等级为二级；

c. 涉及生态保护红线时，评价等级不低于二级；

d. 根据 HJ 2.3 判断属于水文要素影响型且地表水评价等级不低于二级的建设项目，生态影响评价等级不低于二级；

e. 根据 HJ 610、HJ 964 判断地下水水位或土壤影响范围内分布有天然林、公益林、湿地等生态保护目标的建设项目，生态影响评价等级不低于二级；

f. 当工程占地规模大于 $20km^2$ 时（包括永久和临时占用陆域和水域），评价等级不低于二级，改扩建项目的占地范围以新增占地（包括陆域和水域）确定；

g. 除本条 a、b、c、d、e、f 以外的情况，评价等级为三级；

h. 当评价等级判定同时符合上述多种情况时，应采用其中最高的评价等级。

③ 建设项目涉及经论证对保护生物多样性具有重要意义的区域时，可适当上调评价等级。

④ 建设项目同时涉及陆生、水生生态影响时，可针对陆生生态、水生生态分别判定评价等级。

⑤ 在矿山开采可能导致矿区土地利用类型明显改变，或拦河闸坝建设可能明显改变水文情势等情况下，评价等级应上调一级。

⑥ 线性工程可分段确定评价等级。线性工程地下穿越或地表跨越生态敏感区，在生态敏感区范围内无永久、临时占地时，评价等级可下调一级。

⑦ 涉海工程评价等级判定参照 GB/T 19485。

⑧ 符合生态环境分区管控要求且位于原厂界（或永久用地）范围内的污染影响类改扩建项目，位于已批准规划环评的产业园区内且符合规划环评要求、不涉及生态敏感区的污染影响类建设项目，可不确定评价等级，直接进行生态影响简单分析。

（二）评价范围确定

① 生态影响评价应能够充分体现生态完整性和生物多样性保护要求，涵盖评价项目全部活动的直接影响区域和间接影响区域。评价范围应依据评价项目对生态因子的影响方式、影响程度和生态因子之间的相互影响和相互依存关系确定。可综合考虑评价项目与项目区的气候过程、水文过程、生物过程等生物地球化学循环过程的相互作用关系，以评价项目影响区域所涉及的完整气候单元、水文单元、生态单元、地理单元界线为参照边界。

② 涉及占用或穿（跨）越生态敏感区时，应考虑生态敏感区的结构、功能及主要保护对象合理确定评价范围。

③ 矿山开采项目评价范围应涵盖开采区及其影响范围、各类场地及运输系统占地以及施工临时占地范围等。

④ 水利水电项目评价范围应涵盖枢纽工程建筑物、水库淹没、移民安置等永久占地、施工临时占地以及地库区坝上、坝下地表地下、水文水质影响河段及区域、受水区、退水影响区、输水沿线影响区等。

⑤ 线性工程穿越生态敏感区时，以线路穿越段向两端外延 1km、线路中心线向两侧外延 1km 为参考评价范围，实际确定时应结合生态敏感区主要保护对象的分布、生态学特征、项目的穿越方式、周边地形地貌等适当调整，主要保护对象为野生动物及其栖息地时，应进一步扩大评价范围，涉及迁徙、洄游物种的，其评价范围应涵盖工程影响的迁徙洄游通道范围；穿越非生态敏感区时，以线路中心线向两侧外延 300m 为参考评价范围。

⑥ 陆上机场项目以占地边界外延 3～5km 为参考评价范围，实际确定时应结合机场类型、规模、占地类型、周边地形地貌等适当调整。涉及有净空处理的，应涵盖净空处理区域。航空器爬升或进近航线下方区域内有以鸟类为重点保护对象的自然保护地和鸟类重要生境的，评价范围应涵盖受影响的自然保护地和重要生境范围。

⑦ 涉海工程的生态影响评价范围参照 GB/T 19485。

⑧ 污染影响类建设项目评价范围应涵盖直接占用区域以及污染物排放产生的间接生态影响区域。

第三节　生态现状调查与评价

一、生态环境现状调查

（一）生态环境现状调查的分类

1. 自然环境调查

评价区内气象气候因素，水资源，土壤资源，动、植物资源，珍稀濒危动、植物的分布和生理生态习性历史演化情况及发展趋势，评价区人类活动历史对生态环境的干扰方式和强度，自然灾害及其对生境的干扰破坏情况，生态环境演变的基本特征等。

2. 社会经济状况调查

社会结构情况调查，主要包括人口密度、人均资源量、人口年龄构成、人口发展状况，以及生活水平的历史和现状，科技和文化水平的历史和现状，评价区域生产的主要方式等等。

经济结构与经济增长方式，主要包括产业结构的历史、现状及发展，自然资源的利用方式和强度。

移民问题的调查，主要包括迁移规模、迁移方式、预计的产业情况，住区情况调查以及潜在的生态问题和敏感因素的分析。

自然资源量的调查，包括农业资源、气候资源、海洋资源、植被资源、矿产资源、土地资源等的储藏情况和开发利用情况。

（二）生态现状调查总体要求

① 生态现状调查应在充分收集资料的基础上开展现场工作，生态现状调查范围应不小于评价范围。

② 生态现状评价应坚持定性和定量相结合、尽量采用定量方法的原则。

③ 生态现状调查及评价工作成果应采用文字、表格和图件相结合的表现形式。

（三）生态现状调查方法

1. 资料收集法

收集现有的可以反映生态现状或生态背景的资料，分为现状资料和历史资料，包括相关文字、图件和影像等。引用资料应进行必要的现场校核。

2. 现场调查法

现场调查应遵循整体与重点相结合的原则，整体上兼顾项目所涉及的各个生态保护目标，突出重点区域和关键时段的调查，并通过实地踏勘，核实收集资料的准确性，以获取实际资料和数据。

3. 专家和公众咨询法

通过咨询有关专家，收集公众、社会团体和相关管理部门对项目的意见，发现现场踏勘中遗漏的相关信息。专家和公众咨询应与资料收集和现场调查同步开展。

4. 生态监测法

当资料收集、现场调查、专家和公众咨询获取的数据无法满足评价工作需要，或项目可能产生潜在的或长期累积影响时，可考虑选用生态监测法。生态监测应根据监测因子的生态学特点和干扰活动的特点确定监测位置和频次，有代表性地布点。生态监测方法与技术要求须符合国家现行的有关生态监测规范和监测标准分析方法；对于生态系统生产力的调查，必要时需现场采样、实验室测定。

5. 遥感调查法

当涉及区域范围较大或主导生态因子的空间等级尺度较大，通过人力踏勘较为困难或难以完成评价时，可采用遥感调查法。包括卫星遥感、航空遥感等方法。遥感调查应辅以必要的实地调查工作。

6. 陆生、水生动植物调查方法

陆生、水生动植物野外调查所需要的仪器、工具和常用的技术方法见 HJ 710.1～710.13。

7. 海洋生态调查方法

海洋生态调查方法见 GB/T 19485。

8. 淡水渔业资源调查方法

淡水渔业资源调查方法见 SC/T 9429。

9. 淡水浮游生物调查方法

淡水浮游生物调查方法见 SC/T 9402。

10. 生态调查统计表格

（1）植物群落调查（表 10-2）

表 10-2 植物群落调查结果统计表

植被型组	植被型	植被亚型	群系	分布区域	工程占用情况	
					占用面积/hm²	占用比例/%
I.××	一、××	（一）××	1.××群系			
			2.××群系			
			...			
		（二）××	1.××群系			
			2.××群系			
			...			
		...	...			

续表

植被型组	植被型	植被亚型	群系	分布区域	工程占用情况	
					占用面积/hm²	占用比例/%
Ⅰ.××	二、××	(一)××	1.××群系			
		...	...			
		...	...			
Ⅱ.××	一、××	(一)××	1.××群系			
		...	...			
	二、××	(一)××	1.××群系			
		...	...			
	...	...	...			
...	...	...	...			

（2）重要物种调查（表 10-3～表 10-5）

表 10-3　重要野生植物调查结果统计表

序号	物种名称 (中文名/拉丁名)	保护级别	濒危等级	特有种 (是/否)	极小种群野生植物 (是/否)	分布区域	资料来源	工程占用情况 (是/否)
1								
2								
...								

注：1. 保护级别根据国家及地方正式发布的重点保护野生植物名录确定。

2. 濒危等级、特有种根据《中国生物多样性红色名录》确定。

3. 资料来源包括环评现场调查、文献记录、历史调查资料及科考报告等。

4. 涉及占用的应说明具体工程内容和占用情况（如株数等），不直接占用的应说明与工程的位置关系。

表 10-4　重要野生动物调查结果统计表

序号	物种名称 (中文名/拉丁名)	保护级别	濒危等级	特有种(是/否)	分布区域	资料来源	工程占用情况 (是/否)
1							
2							
...							

注：1. 保护级别根据国家及地方正式发布的重点保护野生动物名录确定。

2. 濒危等级、特有种根据《中国生物多样性红色名录》确定。

3. 分布区域应说明物种分布情况以及生境类型。

4. 资料来源包括环评现场调查、文献记录、历史调查资料及科考报告等。

5. 说明工程占用生境情况。涉及占用的应说明具体工程内容和占用面积，不直接占用的应说明生境分布与工程的位置关系。

表 10-5　古树名木调查结果统计表

序号	树种名称(中文名/拉丁名)	生长状况	树龄	经纬度和海拔	工程占用情况 (是/否)
1					
2					
...					

注：涉及占用的应说明具体工程内容和占用情况，不直接占用的应说明与工程的位置关系。

（四）生态现状调查内容

① 陆生生态现状调查内容主要包括：评价范围内的植物区系、植被类型，植物群落结构及演替规律，群落中的关键种、建群种、优势种；动物区系、物种组成及分布特征；生态系统的类型、面积及空间分布；重要物种的分布、生态学特征、种群现状，迁徙物种的主要迁徙路线、迁徙时间，重要生境的分布及现状。

② 水生生态现状调查内容主要包括：评价范围内的水生生物、水生生境和渔业现状；重要物种的分布、生态学特征、种群现状以及生境状况；鱼类等重要水生动物调查包括种类组成、种群结构、资源时空分布，产卵场、索饵场、越冬场等重要生境的分布、环境条件以及洄游路线、洄游时间等行为习性。

③ 收集生态敏感区的相关规划资料、图件、数据，调查评价范围内生态敏感区主要保护对象、功能区划、保护要求等。

④ 调查区域存在的主要生态问题，如水土流失、沙漠化、石漠化、盐渍化、生物入侵和污染危害等。调查已经存在的对生态保护目标产生不利影响的干扰因素。

⑤ 对于改扩建、分期实施的建设项目，调查既有工程、前期已实施工程的实际生态影响以及采取的生态保护措施。

（五）生态现状调查要求

① 引用的生态现状资料其调查时间宜在 5 年以内，用于回顾性评价或变化趋势分析的资料可不受调查时间限制。

② 当已有调查资料不能满足评价要求时，应通过现场调查获取现状资料，现场调查遵循全面性、代表性和典型性原则。项目涉及生态敏感区时，应开展专题调查。

③ 工程永久占用或施工临时占用区域应在收集资料基础上开展详细调查，查明占用区域是否分布有重要物种及重要生境。

④ 陆生生态一级、二级评价应结合调查范围、调查对象、地形地貌和实际情况选择合适的调查方法。开展样线、样方调查的，应合理确定样线、样方的数量、长度或面积，涵盖评价范围内不同的植被类型及生境类型，山地区域还应结合海拔段、坡位、坡向进行布设。根据植物群落类型（宜以群系及以下分类单位为调查单元）设置调查样地，一级评价每种群落类型设置的样方数量不少于 5 个，二级评价不少于 3 个，调查时间宜选择植物生长旺盛季节；一级评价每种生境类型设置的野生动物调查样线数量不少于 5 条，二级评价不少于 3 条，除了收集历史资料外，一级评价还应获得近 1～2 个完整年度不同季节的现状资料，二级评价尽量获得野生动物繁殖期、越冬期、迁徙期等关键活动期的现状资料。

⑤ 水生生态一级、二级评价的调查点位、断面等应涵盖评价范围内的干流、支流、河口、湖库等不同水域类型。一级评价应至少开展丰水期、枯水期（河流、湖库）或春季、秋季（入海河口、海域）两期（季）调查，二级评价至少获得一期（季）调查资料，涉及显著改变水文情势的项目应增加调查强度。鱼类调查时间应包括主要繁殖期，水生生境调查内容应包括水域形态结构、水文情势、水体理化性状和底质等。

⑥ 三级评价现状调查以收集有效资料为主，可开展必要的遥感调查或现场校核。

⑦ 生态现状调查中还应充分考虑生物多样性保护的要求。

⑧ 涉海工程生态现状调查要求参照 GB/T 19485。

二、生态现状评价内容及要求

1. 一级、二级评价

一级、二级评价应根据现状调查结果选择以下全部或部分内容开展评价。

① 根据植被和植物群落调查结果，编制植被类型图，统计评价范围内的植被类型及面积，可采用植被覆盖度等指标分析植被现状，图示植被覆盖度空间分布特点。

② 根据土地利用调查结果，编制土地利用现状图，统计评价范围内的土地利用类型及面积。

③ 根据物种及生境调查结果，分析评价范围内的物种分布特点、重要物种的种群现状以及生境的质量、连通性、破碎化程度等，编制重要物种、重要生境分布图，迁徙、洄游物种的迁徙、洄游路线图；涉及国家重点保护野生动植物、极危和濒危物种的，可通过模型模拟物种适宜生境分布，图示工程与物种生境分布的空间关系。

④ 根据生态系统调查结果，编制生态系统类型分布图，统计评价范围内的生态系统类型及面积；结合区域生态问题调查结果，分析评价范围内的生态系统结构与功能状况以及总体变化趋势；涉及陆地生态系统的，可采用生物量、生产力、生态系统服务功能等指标开展评价；涉及河流、湖泊、湿地生态系统的，可采用生物完整性指数等指标开展评价。

⑤ 涉及生态敏感区的，分析其生态现状、保护现状和存在的问题；明确并图示生态敏感区及其主要保护对象、功能分区与工程的位置关系。

⑥ 可采用物种丰富度、香农-威纳多样性指数、Pielou 均匀度指数、Simpson 优势度指数等对评价范围内的物种多样性进行评价。

2. 三级评价

三级评价可采用定性描述或面积、比例等定量指标，重点对评价范围内的土地利用现状、植被现状、野生动植物现状等进行分析，编制土地利用现状图、植被类型图、生态保护目标分布图等图件。

3. 改扩建、分期实施的建设项目

对于改扩建、分期实施的建设项目，应对既有工程和前期已实施工程的实际生态影响、已采取的生态保护措施的有效性和存在问题进行评价。

4. 海洋生态现状评价

海洋生态现状评价还应符合 GB/T 19485 的要求。

第四节　生态影响预测与评价

一、总体要求

生态影响预测与评价内容应与现状评价内容相对应，根据建设项目特点、区域生物多样性保护要求以及生态系统功能等选择评价预测指标。生态影响预测与评价尽量采用定量方法进行描述和分析。

二、生态现状及影响评价方法

(一) 列表清单法

列表清单法是一种定性分析方法。该方法的特点是简单明了、针对性强。

1. 方法

将拟实施的开发建设活动的影响因素与可能受影响的环境因子分别列在同一张表格的行与列内，逐点进行分析，并逐条阐明影响的性质、强度等，由此分析开发建设活动的生态影响。

2. 应用

包括：进行开发建设活动对生态因子的影响分析；进行生态保护措施的筛选；进行物种或栖息地重要性或优先度比选。

(二) 图形叠置法

图形叠置法是把两个以上的生态信息叠合到一张图上，构成复合图，用以表示生态变化的方向和程度。该方法的特点是直观、形象，简单明了。图形叠置法有两种基本制作手段：指标法和3S叠图法。

1. 指标法

① 确定评价范围；

② 开展生态调查，收集评价范围及周边地区自然环境、动植物等信息；

③ 识别影响并筛选评价因子，包括识别和分析主要生态问题；

④ 建立表征评价因子特性的指标体系，通过定性分析或定量方法对指标赋值或分级，依据指标值进行区域划分；

⑤ 将上述区划信息绘制在生态图上。

2.3S叠图法

① 选用符合要求的工作底图，底图范围应大于评价范围；

② 在底图上描绘主要生态因子信息，如植被覆盖、动植物分布、河流水系、土地利用、生态敏感区等；

③ 进行影响识别与筛选评价因子；

④ 运用3S技术，分析影响性质、方式和程度；

⑤ 将影响因子图和底图叠加，得到生态影响评价图。

(三) 生态机理分析法

生态机理分析法是根据建设项目的特点和受影响物种的生物学特征，依照生态学原理分析、预测建设项目生态影响的方法。生态机理分析法的工作步骤如下：

① 调查环境背景现状，收集工程组成、建设、运行等有关资料；

② 调查植物和动物分布，动物栖息地和迁徙、洄游路线；

③ 根据调查结果分别对植物或动物种群、群落和生态系统进行分析，描述其分布特点、结构特征和演化特征；

④ 识别有无珍稀濒危物种、特有种等需要特别保护的物种；

⑤ 预测项目建成后该地区动物、植物生长环境的变化；

⑥ 根据项目建成后的环境变化，对照无开发项目条件下动物、植物或生态系统演替或变化趋势，预测建设项目对个体、种群和群落的影响，并预测生态系统演替方向。

评价过程中可根据实际情况进行相应的生物模拟试验，如环境条件、生物习性模拟试验、生物毒理学试验、实地种植或放养试验等；或进行数学模拟，如种群增长模型的应用。

该方法需要与生物学、地理学、水文学、数学及其他多学科合作评价，才能得出较为客观的结果。

（四）指数法与综合指数法

指数法是利用同度量因素的相对值来表明因素变化状况的方法。指数法的难点在于需要建立表征生态环境质量的标准体系并进行赋权和准确定量。综合指数法是从确定同度量因素出发，把不能直接对比的事物变成能够同度量的方法。

1. 单因子指数法

选定合适的评价标准，可进行生态因子现状或预测评价。例如，以同类型立地条件的森林植被覆盖率为标准，可评价项目建设区的植被覆盖现状情况；以评价区现状植被盖度为标准，可评价项目建成后植被盖度的变化率。

2. 综合指数法

① 分析各生态因子的性质及变化规律。

② 建立表征各生态因子特性的指标体系。

③ 确定评价标准。

④ 建立评价函数曲线，将生态因子的现状值（开发建设活动前）与预测值（开发建设活动后）转换为统一的量纲为1的生态环境质量指标，用1～0表示优劣（"1"表示最佳的、顶极的、原始或人类干预甚少的生态状况，"0"表示最差的、极度破坏的、几乎无生物性的生态状况），计算开发建设活动前后各因子质量的变化值。

⑤ 根据各因子的相对重要性赋予权重。

⑥ 将各因子的变化值综合，提出综合影响评价值。

$$\Delta E = \sum (E_{hi} - E_{qi}) \times W_i \qquad (10\text{-}1)$$

式中　ΔE——开发建设活动前后生态质量变化值；

　　　E_{hi}——开发建设活动后 i 因子的质量指标；

　　　E_{qi}——开发建设活动前 i 因子的质量指标；

　　　W_i——i 因子的权值。

3. 指数法应用

可用于生态因子单因子质量评价；可用于生态多因子综合质量评价；可用于生态系统功能评价。

4. 说明

建立评价函数曲线需要根据标准规定的指标值确定曲线的上、下限。对于大气、水环境等已有明确质量标准的因子，可直接采用不同级别的标准值作为上、下限；对于无明确标准的生态因子，可根据评价目的、评价要求和环境特点等选择相应的指标值，再确定上、下限。

（五）类比分析法

类比分析法是一种比较常用的定性和半定量评价方法，一般有生态整体类比、生态因子类比和生态问题类比等。

1. 方法

根据已有的建设项目的生态影响，分析或预测拟建项目可能产生的影响。选择类比对象（类比项目）是进行类比分析或预测评价的基础，也是该方法成败的关键。

类比对象的选择条件是：工程性质、工艺和规模与拟建项目基本相当，生态因子（地理、地质、气候、生物因素等）相似，项目建成已有一定时间，所产生的影响已基本全部显现。

类比对象确定后，需选择和确定类比因子及指标，并对类比对象开展调查与评价，再分析拟建项目与类比对象的差异。根据类比对象与拟建项目的比较，做出类比分析结论。

2. 应用

进行生态影响识别（包括评价因子筛选）；以原始生态系统作为参照，可评价目标生态系统的质量；进行生态影响的定性分析与评价；进行某一个或几个生态因子的影响评价；预测生态问题的发生与发展趋势及其危害；确定环保目标和寻求最有效、可行的生态保护措施。

（六）系统分析法

系统分析法是指把要解决的问题作为一个系统，对系统要素进行综合分析，找出解决问题的可行方案的咨询方法。具体步骤包括：限定问题、确定目标、调查研究、收集数据、提出备选方案和评价标准、备选方案评估和提出最可行方案。

系统分析法因其能妥善解决一些多目标动态性问题，已广泛应用于各行各业，尤其在进行区域开发或解决优化方案选择问题时，系统分析法显示出其他方法所不能达到的效果。

在生态系统质量评价中使用系统分析的具体方法有专家咨询法、层次分析法、模糊综合评判法、综合排序法、系统动力学、灰色关联等方法。

（七）生物多样性评价方法

生物多样性是生物（动物、植物、微生物）与环境形成的生态复合体以及与此相关的各种生态过程的总和，包括生态系统、物种和基因三个层次。

生态系统多样性指生态系统的多样化程度，包括生态系统的类型、结构、组成、功能和生态过程的多样性等。物种多样性指物种水平的多样化程度，包括物种丰富度和物种多度。基因多样性（或遗传多样性）指一个物种的基因组成中遗传特征的多样性，包括种内不同种群之间或同一种群内不同个体的遗传变异性。

物种多样性常用的评价指标包括物种丰富度、香农-威纳多样性指数、Pielou 均匀度指数、Simpson 优势度指数等。

物种丰富度（species richness）是调查区域内物种种数之和。

香农-威纳多样性指数（Shannon-Wiener diversity index）计算公式为：

$$H = -\sum_{i=1}^{S} P_i \ln P_i \qquad (10\text{-}2)$$

式中　H——香农-威纳多样性指数；

　　S——调查区域内物种种类总数；

　　P_i——调查区域内属于第 i 种的个体比例，如总个体数为 N，第 i 种个体数为 n_i，则

$$P_i = n_i / N。$$

Pielou 均匀度指数是反映调查区域各物种个体数目分配均匀程度的指数，计算公式为：

$$J = \frac{-\sum_{i=1}^{S} P_i \ln P_i}{\ln S} \tag{10-3}$$

式中 J——Pielou 均匀度指数；

S——调查区域内物种种类总数；

P_i——调查区域内属于第 i 种的个体比例。

Simpson 优势度指数与均匀度指数相对应，计算公式为：

$$D = 1 - \sum_{i=1}^{S} P_i^2 \tag{10-4}$$

式中 D——Simpson 优势度指数；

S——调查区域内物种种类总数；

P_i——调查区域内属于第 i 种的个体比例。

（八）生态系统评价方法

1. 植被覆盖度

植被覆盖度可用于定量分析评价范围内的植被现状。基于遥感估算植被覆盖度可根据区域特点和数据基础采用不同的方法，如植被指数法、回归模型、机器学习法等。植被指数法主要是通过对各像元中植被类型及分布特征的分析，建立植被指数与植被覆盖度的转换关系。采用归一化植被指数（NDVI）估算植被覆盖度的方法如下：

$$FVC = \frac{NDVI - NDVI_s}{NDVI_v - NDVI_s} \tag{10-5}$$

式中 FVC——所计算像元的植被覆盖度；

$NDVI$——所计算像元的 NDVI 值；

$NDVI_v$——纯植物像元的 NDVI 值；

$NDVI_s$——完全无植被覆盖像元的 NDVI 值。

2. 生物量

生物量是指一定地段面积内某个时期生存着的活有机体的重量。不同生态系统的生物量测定方法不同，可采用实测与估算相结合的方法。

地上生物量估算可采用植被指数法、异速生长方程法等方法进行计算。基于植被指数的生物量统计法是通过实地测量的生物量数据和遥感植被指数建立统计模型，在遥感数据的基础上反演得到评价区域的生物量。

3. 生产力

生产力是生态系统的生物生产能力，反映生产有机质或积累能量的速率。群落（或生态系统）初级生产力是单位面积、单位时间群落（或生态系统）中植物利用太阳能固定的能量或生产的有机质的量。净初级生产力（NPP）是从固定的总能量或产生的有机质总量中减去植物呼吸所消耗的量，直接反映了植被群落在自然环境条件下的生产能力，表征陆地生态系统的质量状况。

NPP 可利用统计模型（如 Miami 模型）、过程模型（如 BIOME-BGC 模型、BEPS 模型）和光能利用率模型（如 CASA 模型）进行计算。根据区域植被特点和数据基础确定具体方法。

通过 CASA 模型计算净初级生产力的公式如下：

$$NPP(x,t) = APAR(x,t) \times \varepsilon(x,t) \qquad (10\text{-}6)$$

式中　NPP——净初级生产力；

　　　APAR——植被所吸收的光合有效辐射；

　　　　　ε——光能转化率；

　　　　　t——时间；

　　　　　x——空间位置。

4. 生物完整性指数

生物完整性指数（index of biotic integrity，IBI）已被广泛应用于河流、湖泊、沼泽、海岸滩涂、水库等生态系统健康状况评价，指示生物类群也由最初的鱼类扩展到底栖动物、着生藻类、维管植物、两栖动物和鸟类等。生物完整性指数评价的工作步骤如下：

① 结合工程影响特点和所在区域水生态系统特征，选择指示物种；

② 根据指示物种种群特征，在指标库中确定指示物种状况参数指标；

③ 选择参考点（未开发建设、未受干扰的点或受干扰极小的点）和干扰点（已开发建设、受干扰的点），采集参数指标数据，通过对参数指标值的分布范围分析、判别能力分析（敏感性分析）和相关关系分析，建立评价指标体系；

④ 确定每种参数指标值以及生物完整性指数的计算方法，分别计算参考点和干扰点的指数值；

⑤ 建立生物完整性指数的评分标准；

⑥ 评价项目建设前所在区域水生态系统状况，预测分析项目建设后水生态系统变化情况。

5. 生态系统功能评价

陆域生态系统服务功能评价方法可参考 HJ 1173，根据生态系统类型选择适用指标。

（九）景观生态学评价方法

景观生态学主要研究宏观尺度上景观类型的空间格局和生态过程的相互作用及其动态变化特征。景观格局是指大小和形状不一的景观斑块在空间上的排列，是各种生态过程在不同尺度上综合作用的结果。景观格局变化对生物多样性产生直接而强烈的影响，其主要原因是生境丧失和破碎化。

景观变化的分析方法主要有三种：定性描述法、景观生态图叠置法和景观动态的定量化分析法。目前较常用的方法是景观动态的定量化分析法，主要是对收集的景观数据进行解译或数字化处理，建立景观类型图，通过计算景观格局指数或建立动态模型对景观面积变化和景观类型转化等进行分析，揭示景观的空间配置以及格局动态变化趋势。

景观指数是能够反映景观格局特征的定量化指标，分为三个级别，代表三种不同的应用尺度，即斑块级别指数、斑块类型级别指数和景观级别指数，可根据需要选取相应的指标，采用 FRAGSTATS 等景观格局分析软件进行计算分析。涉及显著改变土地利用类型的矿山开采、大规模的农林业开发以及大中型水利水电建设项目等可采用该方法对景观格局的现状及变化进行评价，公路、铁路等线性工程造成的生境破碎化等累积生态影响也可采用该方法进行评价。常用的景观指数及其含义见表 10-6。

表 10-6　常用的景观指数及其含义

景观指数名称	含义
斑块类型面积(class area,CA)	斑块类型面积是度量其他指标的基础,其值的大小影响以此斑块类型作为生境的物种数量及丰度
斑块所占景观面积比例(percent of landscape,PLAND)	某一斑块类型占整个景观面积的百分比,是确定优势景观元素的重要依据,也是决定景观中优势种和数量等生态系统指标的重要因素
最大斑块指数(largest patch index,LPI)	某一斑块类型中最大斑块占整个景观的百分比,用于确定景观中的优势斑块,可间接反映景观变化受人类活动的干扰程度
香农多样性指数(Shannon's diversity index,SHDI)	反映景观类型的多样性和异质性,对景观中各斑块类型非均衡分布状况较敏感,值增大表明斑块类型增加或各斑块类型呈均衡趋势分布
蔓延度指数(contagion index,CONTAG)	高蔓延度值表明景观中的某种优势斑块类型形成了良好的连接性,反之则表明景观具有多种要素的密集格局,破碎化程度较高
散布与并列指数(interspersion juxtaposition index,IJI)	反映斑块类型的隔离分布情况,值越小表明斑块与相同类型斑块相邻越多,而与其他类型斑块相邻的越少
聚集度指数(aggregation index,AI)	基于栅格数量测度景观或者某种斑块类型的聚集程度

(十) 生境评价方法

物种分布模型（species distribution models，SDMs）是基于物种分布信息和对应的环境变量数据对物种潜在分布区进行预测的模型，广泛应用于濒危物种保护、保护区规划、入侵物种控制及气候变化对生物分布区影响预测等领域。目前已发展了多种多样的预测模型，每种模型因其原理、算法不同而各有优势和局限，预测表现也存在差异。其中，基于最大熵理论建立的最大熵模型（maximum entropy model，MaxEnt），可以在分布点相对较少的情况下获得较好的预测结果，是目前使用频率最高的物种分布模型之一。基于 MaxEnt 模型开展生境评价的工作步骤如下：

① 通过近年文献记录、现场调查收集物种分布点数据，并进行数据筛选；将分布点的经纬度数据在 Excel 表格中汇总，统一为十进制的格式，保存用于 MaxEnt 模型计算。

② 选取环境变量数据以表现栖息生境的生物气候特征、地形特征、植被特征和人为影响程度，在 ArcGIS 软件中将环境变量统一边界和坐标系，并重采样为同一分辨率。

③ 使用 MaxEnt 软件建立物种分布模型，以受试者工作特征曲线下面积（area under the receiving operator curve，AUC）评价模型优劣；采用刀切法（Jackknife test）检验各个环境变量的相对贡献。根据模型标准及图层栅格出现概率重新分类，确定生境适宜性分级指数范围。

④ 将结果文件导入 ArcGIS，获得物种适宜生境分布图，叠加建设项目，分析对物种分布的影响。

(十一) 海洋生物资源影响评价方法

海洋生物资源影响评价技术方法参见 GB/T 19485 相关要求。

三、生态影响预测与评价内容及要求

(一) 一级、二级评价

一级、二级评价应根据现状评价内容选择以下全部或部分内容开展预测评价。

① 采用图形叠置法分析工程占用的植被类型、面积及比例；通过引起地表沉陷或改变地表径流、地下水水位、土壤理化性质等方式对植被产生影响的，采用生态机理分析法、类比分析法等方法分析植物群落的物种组成、群落结构等变化情况。

② 结合工程的影响方式预测分析重要物种的分布、种群数量、生境状况等变化情况；分析施工活动和运行产生的噪声、灯光等对重要物种的影响；涉及迁徙、洄游物种的，分析工程施工和运行对迁徙、洄游行为的阻隔影响；涉及国家重点保护野生动植物、极危和濒危物种的，可采用生境评价方法预测分析物种适宜生境的分布及面积变化、生境破碎化程度等，图示建设项目实施后的物种适宜生境分布情况。

③ 结合水文情势、水动力和冲淤、水质（包括水温）等影响预测结果，预测分析水生生境质量、连通性以及产卵场、索饵场、越冬场等重要生境的变化情况，图示建设项目实施后的重要水生生境分布情况；结合生境变化预测分析鱼类等重要水生生物的种类组成、种群结构、资源时空分布等变化情况。

④ 采用图形叠置法分析工程占用的生态系统类型、面积及比例；结合生物量、生产力、生态系统功能等变化情况预测分析建设项目对生态系统的影响。

⑤ 结合工程施工和运行引入外来物种的主要途径、物种生物学特性以及区域生态环境特点，参考 HJ 624 分析建设项目实施可能导致外来物种造成生态危害的风险。

⑥ 结合物种、生境以及生态系统变化情况，分析建设项目对所在区域生物多样性的影响；分析建设项目通过时间或空间的累积作用方式产生的生态影响，如生境丧失和退化及破碎化、生态系统退化、生物多样性下降等。

⑦ 涉及生态敏感区的，结合主要保护对象开展预测评价；涉及以自然景观、自然遗迹为主要保护对象的生态敏感区时，分析工程施工对景观、遗迹完整性的影响，结合工程建筑物、构筑物或其他设施的布局及设计，分析与景观、遗迹的协调性。

（二）三级评价

三级评价可采用图形叠置法、生态机理分析法、类比分析法等预测分析工程对土地利用、植被、野生动植物等的影响。

（三）评价重点

不同行业应结合项目规模、影响方式、影响对象等确定评价重点：

① 矿产资源开发项目应对开采造成的植物群落及植被覆盖度变化、重要物种的活动和分布及重要生境变化以及生态系统结构和功能变化、生物多样性变化等开展重点预测与评价；

② 水利水电项目应对河流、湖泊等水体天然状态改变引起的水生生境变化，鱼类等重要水生生物的分布及种类组成、种群结构变化，水库淹没、工程占地引起的植物群落、重要物种的活动、分布及重要生境变化，调水引起的生物入侵风险，以及生态系统结构和功能变化、生物多样性变化等开展重点预测与评价；

③ 公路、铁路、管线等线性工程应对植物群落及植被覆盖度变化，重要物种的活动、分布及重要生境变化，生境连通性及破碎化程度变化，生物多样性变化等开展重点预测与评价；

④ 农业、林业、渔业等建设项目应对土地利用类型或功能改变引起的重要物种的活动、分布及重要生境变化，生态系统结构和功能变化，生物多样性变化以及生物入侵风险等开展

重点预测与评价；

⑤ 涉海工程海洋生态影响评价应符合 GB/T 19485 的要求，对重要物种的活动、分布及重要生境变化，海洋生物资源变化，生物入侵风险以及典型海洋生态系统的结构和功能变化、生物多样性变化等开展重点预测与评价。

第五节　生态保护对策措施

一、总体要求

① 应针对生态影响的对象、范围、时段、程度，提出避让、减缓、修复、补偿、管理、监测、科研等对策措施，分析措施的技术可行性、经济合理性、运行稳定性、生态保护和修复效果的可达性，选择技术先进、经济合理、便于实施、运行稳定、长期有效的措施，明确措施的内容、设施的规模及工艺、实施位置和时间、责任主体、实施保障、实施效果等，编制生态保护措施平面布置图、生态保护措施设计图，并估算（概算）生态保护投资。

② 优先采取避让方案，源头防止生态破坏，包括通过选址选线调整或局部方案优化避让生态敏感区，施工作业避让重要物种的繁殖期、越冬期、迁徙洄游期等关键活动期和特别保护期，取消或调整产生显著不利影响的工程内容和施工方式等。优先采用生态友好的工程建设技术、工艺及材料等。

③ 坚持山水林田湖草沙一体化保护和系统治理的思路，提出生态保护对策措施。必要时开展专题研究和设计，确保生态保护措施有效。坚持尊重自然、顺应自然、保护自然的理念，采取自然的恢复措施或绿色修复工艺，避免生态保护措施自身的不利影响。不应采取违背自然规律的措施，切实保护生物多样性。

二、生态保护措施

① 项目施工前应对工程占用区域可利用的表土进行剥离，单独堆存，加强表土堆存防护及管理，确保有效回用。施工过程中，采取绿色施工工艺，减少地表开挖，合理设计高陡边坡支挡、加固措施，减少对脆弱生态的扰动。

② 项目建设造成地表植被破坏的，应提出生态修复措施，充分考虑自然生态条件，因地制宜，制定生态修复方案，优先使用原生表土和选用乡土物种，防止外来生物入侵，构建与周边生态环境相协调的植物群落，最终形成可自我维持的生态系统。生态修复的目标主要包括：恢复植被和土壤，保证一定的植被覆盖度和土壤肥力；维持物种种类和组成，保护生物多样性；实现生物群落的恢复，提高生态系统的生产力和自我维持力；维持生境的连通性等。生态修复应综合考虑物理（非生物）方法、生物方法和管理措施，结合项目施工工期、扰动范围，有条件的可提出"边施工、边修复"的措施要求。

③ 尽量减少对动植物的伤害和生境占用。项目建设对重点保护野生植物、特有植物、古树名木等造成不利影响的，应提出优化工程布置或设计、就地或迁地保护、加强观测等措施，具备移栽条件、长势较好的尽量全部移栽。项目建设对重点保护野生动物、特有动物及其生境造成不利影响的，应提出优化工程施工方案、运行方式，实施物种救护，划定生境保护区域，开展生境保护和修复，构建活动廊道或建设食源地等措施。采取增殖放流、人工繁

育等措施恢复受损的重要生物资源。项目建设产生阻隔影响的，应提出减缓阻隔、恢复生境连通的措施，如野生动物通道、过鱼设施等。项目建设和运行噪声、灯光等对动物造成不利影响的，应提出优化工程施工方案、设计方案或降噪遮光等防护措施。

④ 矿山开采项目还应采取保护性开采技术或其他措施控制沉陷深度和保护地下水的生态功能。水利水电项目还应结合工程实施前后的水文情势变化情况、已批复的所在河流生态流量（水量）管理与调度方案等相关要求，确定合适的生态流量，具备调蓄能力且有生态需求的，应提出生态调度方案。涉及河流、湖泊或海域治理的，应尽量塑造近自然水域形态、底质、亲水岸线，尽量避免采取完全硬化措施。

三、生态监测和环境管理

① 结合项目规模、生态影响特点及所在区域的生态敏感性，针对性地提出全生命周期、长期跟踪或常规的生态监测计划，提出必要的科技支撑方案。大中型水利水电项目、采掘类项目、新建 100km 以上的高速公路及铁路项目、大型海上机场项目等应开展全生命周期生态监测；新建 50～100km 的高速公路及铁路项目、新建码头项目、高等级航道项目、围填海项目以及占用或穿（跨）越生态敏感区的其他项目应开展长期跟踪生态监测（施工期并延续至正式投运后 5～10 年），其他项目可根据情况开展常规生态监测。

② 生态监测计划应明确监测因子、方法、频次、点位等。开展全生命周期和长期跟踪生态监测的项目，其监测点位以代表性为原则，在生态敏感区可适当增加调查密度、频次。

③ 施工期重点监测施工活动干扰下生态保护目标的受影响状况，如植物群落变化、重要物种的活动和分布变化、生境质量变化等，运行期重点监测对生态保护目标的实际影响、生态保护对策措施的有效性以及生态修复效果等。有条件或有必要的，可开展生物多样性监测。

④ 明确施工期和运行期环境管理原则与技术要求。可提出开展施工期工程环境监理、环境影响后评价等环境管理和技术要求。

习　题

一、填空题

1. 生态影响包括_____、_____、_____。

2. 生态敏感区包括_____、_____以及其他_____的区域。

3. 生态影响评价所遵循的五个基本原则分别是_____、_____、_____、_____、_____。

4. 生态影响评价应能够充分体现_____和_____保护要求，涵盖评价项目全部活动的_____和_____。

5. 矿山开采项目评价范围应涵盖_____、_____以及_____等。

6. 生态环境现状调查分为_____和_____。

7. 对于改扩建、分期实施的建设项目，调查_____、_____的实际生态影响以及_____。

8. 涉及陆地生态系统的，可采用_____、_____、_____等指标开展评价。

9. 类比分析法是生态现状及影响评价方法中一种比较常用的定性和半定量评价方法，一般有_____、_____和_____等。

二、选择题

1. 生态影响的特点有（　　　）。

A. 潜在性　　　　　B. 累积性　　　　　C. 阶段性　　　　　D. 区域性和流域性

2. 建设项目同时涉及陆生、水生生态影响时，可（　　　）。

A. 针对陆生生态、水生生态分别判定评价等级

B. 仅对陆生生态评定等级

C. 仅对水生生态评定等级

D. 评价等级上调一级

3. 项目涉及国家公园、自然保护区、世界自然遗产、重要生境时，评价等级为（　　　）。

A. 一级　　　　　B. 二级　　　　　C. 三级　　　　　D. 一级或二级

4. 某项目为陆上机场项目，以占地边界外延（　　　）km为参考评价范围。

A. 1~3　　　　　B. 3~5　　　　　C. 5~7　　　　　D. 7~9

5. 以下方法中不属于生态调查方法范畴的是（　　　）。

A. 资料收集法　　　B. 现场调查法　　　C. 专家和公众咨询法　　D. 生物监测法

6. 下列环境因素中，不属于环境敏感区范围的是（　　　）。

A. 国家重点文物保护单位

B. 珍稀动植物栖息地或特殊生态系统

C. 人口密集区、文教区、党政机关集中的办公地点

D. 城市规划中的工业区

7. 当项目可能产生潜在的或长期累积效应时，生态现状调查可考虑选用（　　　）。

A. 生态监测法　　　B. 现场调查法　　　C. 遥感调查法　　　D. 资料收集法

8. 当涉及区域范围较大或主导生态因子的空间等级尺度较大，通过人力踏勘较为困难或难以完成评价时，生态现状调查可采用（　　　）。

A. 生态监测法　　　B. 现场调查法　　　C. 遥感调查法　　　D. 资料收集法

9. 生态影响评价中，类比分析法类比对象的选择条件是（　　　）。

A. 工程投资与拟建项目基本相当

B. 工程性质、工艺和规模与拟建项目基本相当

C. 生态因子相似

D. 项目建成已经有一定时间，所产生的影响已基本全部显现

10. 生态监测计划应明确的要求包括（　　　）。

A. 监测因子　　　B. 监测方法　　　C. 监测频次　　　D. 监测点位

三、简答题

1. 简述生态环境影响评价的基本任务。

2. 生态环境影响评价的工作一般分为几个阶段？每个阶段的工作应该如何安排？

3. 简述生态现状调查的总体要求。

4. 水生生态现状调查内容主要包括哪些方面？

5. 针对已经产生的生态影响，有哪些生态保护措施？

参考文献

[1] 生态环境部. 环境影响评价技术导则　生态影响：HJ 19—2022［S］. 2022.

第十一章

碳排放影响评价和管理

 学习内容

本章主要介绍碳影响评价中碳排放的基本概念，碳排放评价纳入环评的重要意义，碳评价的工作内容和程序，典型行业温室气体排放的核算方法。

学习目标

要求掌握碳排放影响评价中碳排放的基本概念及适用范围；理解碳排放评价的工作程序、内容及温室气体排放核算方法；了解碳排放管理与监测计划。

第一节　碳排放环境影响评价背景

在《巴黎协定》的指导下，世界各国达成了将全球平均气温升幅控制在工业化前水平以上 2℃之内的共同目标，同时寻求将气温升幅控制在 1.5℃以内的措施。为共同解决全球气候问题，彰显大国责任与担当，2020 年 9 月 22 日，国家主席习近平在第 75 届联合国大会一般性辩论上庄严宣告"中国将提高国家自主贡献力度，采取更加有力的政策和措施，二氧化碳排放力争于 2030 年前达到峰值，努力争取 2060 年前实现碳中和"，展现了中国作为负责任大国对建设人类命运共同体的担当，并将在经济、能源和环境方面给中国乃至世界带来深刻的影响。

《关于统筹和加强应对气候变化与生态环境保护相关工作的指导意见》（环综合〔2021〕4 号）提出，推动评价管理统筹融合，"将应对气候变化要求纳入'三线一单'（生态保护红线、环境质量底线、资源利用上线和生态环境准入清单）生态环境分区管控体系，通过规划环评、项目环评推动区域、行业和企业落实煤炭消费削减替代、温室气体排放控制等政策要求，推动将气候变化影响纳入环境影响评价。组织开展重点行业温室气体排放与排污许可管理相关试点研究，加快全国排污许可证管理信息平台功能改造升级，推进企事业单位污染物和温室气体排放相关数据的统一采集、相互补充、交叉校核"。

《国务院关于加快建立健全绿色低碳循环发展经济体系的指导意见》（国发〔2021〕4 号）指出：要全面贯彻习近平生态文明思想，认真落实党中央、国务院决策部署，坚定不移

贯彻新发展理念，全方位全过程推行绿色规划、绿色设计、绿色投资、绿色建设、绿色生产、绿色流通、绿色生活、绿色消费，使发展建立在高效利用资源、严格保护生态环境、有效控制温室气体排放的基础上，统筹推进高质量发展和高水平保护，建立健全绿色低碳循环发展的经济体系，确保实现碳达峰、碳中和目标，推动我国绿色发展迈上新台阶。

2021年5月，生态环境部印发了《关于加强高耗能、高排放建设项目生态环境源头防控的指导意见》。该指导意见提出，将碳排放影响评价纳入环境影响评价体系。各级生态环境部门和行政审批部门积极推进"两高"项目环评开展试点工作，衔接落实有关区域和行业碳达峰行动方案、清洁能源替代、清洁运输、煤炭消费总量控制等政策要求。在环评工作中，统筹开展污染物和碳排放的源项识别、源强核算、减污降碳措施可行性论证及方案比选，提出协同控制最优方案。鼓励有条件的地区、企业探索实施减污降碳协同治理和碳捕集、封存、综合利用工程试点、示范。

第二节　碳排放环境影响评价基本概念

一、基本概念

碳排放（carbon emission）是关于温室气体排放的一个总称或简称，主要包括水汽（H_2O）、氟利昂、二氧化碳（CO_2）、氧化亚氮（N_2O）、甲烷（CH_4）、臭氧（O_3）、氢氟碳化物、全氟碳化物、六氟化硫等。温室气体所带来的温室效应会使全球气温上升，威胁人类生存。因此，控制温室气体排放已成为全人类面临的一个主要问题。

碳排放量（carbon emission amount）是指项目在生产运行阶段煤炭、石油、天然气等化石燃料（包括自产和外购）燃烧活动和工业生产过程等活动，以及因使用外购的电力和热力等所导致的温室气体排放量，包括建设项目正常和非正常工况，以及有组织和无组织的温室气体排放量，计量单位为"吨/年"。

碳达峰（emission peak）是指地区的温室气体排放（以年为单位）在一段时间内达到最高峰值不再增长，之后逐步回落。碳达峰是温室气体排放量由增转降的历史拐点，标志着碳排放与经济发展实现脱钩，达峰目标包括达峰年份和峰值。由于经济因素、极端气象自然因素等，视情况可以适度允许地区在平台期内出现碳排放上升的情况，但不能超过峰值碳排放量。

碳中和（carbon neutrality）最早是一个商业策划概念，由英国未来森林公司（Future Forests）在1997年提出，主要从能源技术角度关注在交通旅游、家庭生活和个人行为等领域实现碳中和的路径，通过购买经认证的碳信用来抵消碳排放（carbon offset）。碳中和是指企业、团体或个人测算在一定时间内，直接或间接产生的温室气体排放总量，通过植树造林、节能减排等形式，抵消自身产生的二氧化碳排放，实现二氧化碳的"零排放"。

碳排放绩效（carbon emission efficiency）指建设项目在生产运行阶段单位原料、产品（或主产品）或工业产值碳排放量。

二、碳排放评价纳入环评的重要意义

钢铁、水泥、有色、石化、化工是温室气体的主要排放行业，排放量合计占全国70%

以上，五年增长27%。未来我国电力和部分工业领域需求仍有增长空间。因此，将碳排放评价纳入环境影响评价对碳减排、实现碳达峰碳中和目标具有重要意义：

① 将碳排放纳入生态环境管理体系，可以在法律法规、制度体系、监管管理、任务举措、执法等多方面协同应对气候变化与污染防治。

② 可以从决策、规划等宏观源头层面考虑降碳目标。将空间布局、产业优化、结构调整、排放调控等多尺度因素统筹纳入排放源微观管理。

③ 提高源管理的约束力和精细化水平，以严控新增量为切入点，对排放源的能源消费、工艺过程、节能技术、降碳措施等方面实现全方位、全过程管控。

相关政策和制度的相继完善、技术体系的不断健全、对建设项目实现全源项减污降碳协同管控具有天然优势以及实现多层次多维度碳排放全过程管控体系的完备，确保了碳排放评价的切实可行性。

企业对建设项目实现全源项减污降碳协同管控具有天然的优势，具体体现在以下几个方面。

① 污染物与温室气体具有同根、同源和同过程的特点（形成二氧化碳与污染物产生、治理、排放全过程协同管理技术体系）。

② 基本可实现对建设项目温室气体排放源项（能源消耗、工艺过程、火炬等直接排放，以及净购电和热等间接排放）的全覆盖识别和梳理。

③ 综合现行行业各源项碳排放管控技术和相应源项污染治理措施应用效果情况，支撑建设项目各源项减污降碳协同控制的措施手段。

④ 排污许可体系作为衔接环评的固定源核心管理制度可充分落实重点行业碳排放全覆盖监管。

通过规划环评、项目环评推动区域、行业和企业落实煤炭消费削减替代、温室气体排放控制等政策要求，推动将气候变化影响纳入环境影响评价。将碳排放因素纳入环评，进行项目层面的控制，有利于促进碳减排和低碳经济的发展，对助力我国实现碳达峰碳中和目标具有重要的意义。

第三节　碳评价的工作内容和程序

一、适用范围

适用于电力、钢铁、建材、有色、石化和化工等六大重点行业中需编制环境影响报告书的建设项目二氧化碳排放环境影响评价。适用的具体行业范围见表11-1。其他行业的建设项目碳排放环境影响评价可参照使用。

表 11-1　重点行业及代码

行业	国民经济行业分类代码（GB/T 4754）	类别名称
电力	44	电力、热力生产和供应业
	4411	火力发电
	4412	热电联产

续表

行业	国民经济行业分类代码(GB/T 4754)	类别名称
钢铁	31	黑色金属冶炼和压延加工业
	3110	炼铁
	3120	炼钢
	3130	钢压延加工
建材	30	非金属矿物制品业
	3011	水泥制造
	3041	平板玻璃制造
有色	32	有色金属冶炼和压延加工业
	3216	铝冶炼
	3211	铜冶炼
石化	25	石油、煤炭及其他燃料加工业
	2511	原油加工及石油制品制造
	2522	煤制合成气生产
	2523	煤制液体燃料生产
化工	26	化学原料和化学制品制造业
	2614	有机化学原料制造

二、工作程序

在环境影响报告书中增加碳排放环境影响评价专章，分析碳排放是否满足相关政策要求，明确二氧化碳产生节点，开展碳减排及二氧化碳与污染物协同控制措施可行性论证，核算二氧化碳产生和排放量，分析二氧化碳排放水平，提出建设项目碳排放环境影响评价结论。工作程序如图11-1所示。

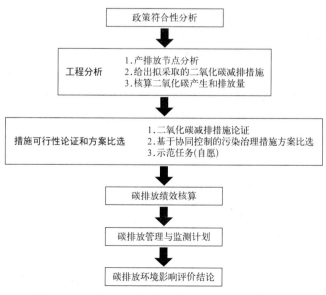

图 11-1　建设项目碳排放环境影响评价工作程序图

三、评价内容

（一）建设项目碳排放政策符合性分析

分析建设项目碳排放与国家、地方和行业碳达峰行动方案，生态环境分区管控方案和生态环境准入清单，相关法律、法规、政策，相关规划和规划环境影响评价等的相符性。

① 与碳达峰行动方案符合性分析。分析项目碳排放与国家、省及行业碳达峰行动方案的符合性。

② 分析与生态环境分区管控方案和生态环境准入清单的符合性。省、地级市三线一单中是否有碳排放管控相关要求。

③ 分析与相关规划和规划环境影响评价内容的符合性。与本项目有关的规划和规划环境影响评价中是否有碳排放管控相关要求。

（二）碳排放分析

1. 碳排放影响因素分析

全面分析二氧化碳产生节点，在工艺流程图中增加二氧化碳产生、排放情况（包括正常工况、开停工及维修等非正常工况）和排放形式。二氧化碳产生、排放环节主要包括燃料煤燃烧、生产过程中原材料碳酸盐分解（包括熟料段对应的碳酸盐分解排放、窑头排放和旁路排放）、生料中非燃料碳煅烧后排放和购入电力产生的排放，其中燃料燃烧排放主要是燃烧煤产生的碳排放和工艺过程排放量。

明确建设项目化石燃料燃烧源中的燃料种类、消费量、含碳量、低位发热量和燃烧效率等，涉及碳排放的工业生产环节原料、辅料及其他物料的种类、使用量和含碳量，烧焦过程中的烧焦量、烧焦效率、残渣量及烧焦时间等，火炬燃烧环节火炬气流量、组成及碳氧化率等参数，以及净购入电力和热力量等数据。说明二氧化碳源头防控、过程控制、末端治理、回收利用等减排措施状况。

2. 二氧化碳源强核算

根据二氧化碳产生环节、产生方式和治理措施，开展钢铁、水泥和煤制合成气等建设项目工艺过程生产运行阶段二氧化碳产生和排放量的核算。此外，有条件的建设项目也可核算非正常工况及无组织二氧化碳产生和排放量。

改扩建及异地搬迁建设项目还应包括现有项目的二氧化碳产生量、排放量和碳减排潜力分析等内容。对改扩建项目的碳排放量的核算，应分别按现有、在建、改扩建项目实施后等几种情形汇总二氧化碳产生量、排放量及其变化量，核算改扩建项目建成后最终碳排放量，鼓励有条件的改扩建及异地搬迁建设项目核算非正常工况及无组织二氧化碳产生和排放量。

3. 产能置换和区域削减项目二氧化碳排放变化量核算

对于涉及产能置换、区域削减的建设项目，还应核算被置换项目及污染物减排量出让方碳排放量变化情况。

（三）减污降碳措施及其可行性论证

1. 总体原则

环境保护措施中增加碳排放控制措施内容，并从环境、技术等方面统筹开展减污降碳措施可行性论证和方案比选。

2. 碳减排措施可行性论证

给出建设项目拟采取的节能降耗措施。有条件的项目应明确拟采取的能源结构优化，工艺产品优化，碳捕集、利用与封存（CCUS）等措施，分析论证拟采取措施的技术可行性、经济合理性，其有效性判定应以同类或相同措施的实际运行效果为依据，没有实际运行经验的，可提供工程化实验数据。采用碳捕集和利用措施的，还应明确所捕集二氧化碳的利用去向。

3. 污染治理措施比选

在环境影响报告书环境保护措施论证及可行性分析章节，开展基于碳排放量最小的废气和废水污染治理设施和预防措施的多方案比选，即：对于环境质量达标区，在保证污染物能够达标排放，并使环境影响可接受前提下，优先选择碳排放量最小的污染防治措施方案；对于环境质量不达标区（环境质量细颗粒物 $PM_{2.5}$ 因子对应污染源因子二氧化硫 SO_2、氮氧化物 NO_x、颗粒物 PM 和挥发性有机物 VOCs，环境质量臭氧 O_3 因子对应污染源因子 NO_x 和 VOCs），在保证环境质量达标因子能够达标排放，并使环境影响可接受前提下，优先选择碳排放量最小的针对达标因子的污染防治措施方案。

四、碳排放绩效水平核算

参照表 11-2，核算建设项目的二氧化碳排放绩效。

改扩建、异地搬迁项目，还应核算现有工程二氧化碳排放绩效，并核算建设项目整体二氧化碳排放绩效水平。

在表 11-3 中明确建设项目和改扩建、异地搬迁项目的二氧化碳排放绩效水平。

五、碳排放管理与监测计划

编制建设项目二氧化碳排放清单，明确其排放的管理要求。

提出建立碳排放量核算所需参数的相关监测和管理台账的要求，按照核算方法中所需参数，明确监测、记录信息和频次。

六、评价结论

对建设项目碳排放政策符合性、碳排放情况、减污降碳措施及其可行性、碳排放水平、碳排放管理与监测计划等内容进行概括总结。

表 11-2　重点行业碳排放绩效类型选取表

重点行业		排放绩效（以原料质量计）/(t/t)[①]	排放绩效（以产品质量计）/(t/t)	排放绩效（以工业产值计）/(t/万元)	排放绩效（以工业增加值计）/(t/万元)
电力	燃煤发电、燃气发电	√		√	√
钢铁	炼铁		√[②]	√	√
	炼钢		√[③]	√	√
	钢压延加工		√[④]	√	√
建材	水泥制造		√[⑤]	√	√
	平板玻璃制造		√[⑥]	√	√
有色	铝冶炼		√	√	√
	铜冶炼		√	√	√

续表

重点行业		排放绩效(以原料质量计)/(t/t)[①]	排放绩效(以产品质量计)/(t/t)	排放绩效(以工业产值计)/(t/万元)	排放绩效(以工业增加值计)/(t/万元)
石化	原油加工及石油制品制造	√		√	√
	煤制合成气生产	√	√	√	√
	煤制液体燃料生产	√	√	√	√
化工	有机化学原料制造[⑦]		√	√	√

①原料按折标计算。②产品为烧结矿、球团矿、生铁。③产品为石灰、粗钢。④产品为钢材。⑤产品为熟料。⑥产品为玻璃水。⑦环氧乙烷产品按当量计算。

表 11-3　二氧化碳排放情况汇总表

序号	排放口[①]编号	排放形式[②]	二氧化碳排放浓度[③]/(mg/m³)	碳排放量[④]/(t/a)	碳排放绩效[⑤](以原料质量计)/(t/t)	碳排放绩效[⑤][⑥](以产品质量计)/(t/t)	碳排放绩效[⑤](以工业产值计)/(t/万元)	碳排放绩效[⑤](以产值增加量计)/(t/万元)
排放口合计								

① 同时排放二氧化碳和污染物的排放口统一编号,只排放二氧化碳的排放口按照相应规则另行编号。

② 有组织或无组织。

③ 无组织排放源不需要填写。

④ 各排放口和排放口合计都需要填写。

⑤ 填写排放口合计,排放绩效具体填报类型参见表11-2。

⑥ 电力行业建设项目单位为 t/(kW·h)。

第四节　典型行业温室气体排放核算方法

一、钢铁、水泥和煤制合成气项目工艺过程二氧化碳源强核算方法

(一) 钢铁项目

钢铁高炉使用焦炭产生的二氧化碳排放量可以能源作为原材料(还原剂)进行计算,公式如下:

$$E_{原材料}=AD_{还原剂}\times EF_{还原剂} \tag{11-1}$$

式中　$E_{原材料}$——能源作为原材料用途导致的二氧化碳排放量,t;

　　　$EF_{还原剂}$——能源作为还原剂用途的二氧化碳排放因子,推荐值为2.862,量纲为1;

　　　$AD_{还原剂}$——活动水平,即能源作为还原剂的消耗量,t。

(二) 水泥项目

水泥熟料窑的二氧化碳排放量可按物料衡算法计算,公式如下:

$$D=\left[\sum_{i=1}^{n}\left(m_i\times\frac{S_{m_i}}{100}\right)+\sum_{i=1}^{n}\left(f_i\times\frac{S_{f_i}}{100}\right)+\sum_{i=1}^{n}\left(g_i\times S_{g_i}\times10^{-5}\right)-\sum_{i=1}^{n}\left(p_i\times\frac{S_{p_i}}{100}\right)\right]\times\frac{44}{12}$$

$$\tag{11-2}$$

式中 D——核算时段内二氧化碳排放量，t；

m_i——核算时段内第 i 种入窑物料使用量，t；

S_{m_i}——核算时段内第 i 种入窑物料含碳率，%；

f_i——核算时段内第 i 种固体燃料使用量，t；

S_{f_i}——核算时段内第 i 种固体燃料含碳率，%；

g_i——核算时段内第 i 种入炉气体燃料使用量，$10^4 m^3$；

S_{g_i}——核算时段内第 i 种入炉气体燃料碳含量，mg/m^3；

p_i——核算时段内第 i 种产物产生量，t；

S_{p_i}——核算时段内第 i 种产物含碳率，%。

(三) 煤制合成气项目

煤制合成气建设项目二氧化碳排放量可按物料衡算法计算，公式如下：

$$E_{CO_2煤制合成气}=(Q_煤 \times CC_煤 + Q_{燃料气} \times CC_{燃料气} \times 10^{-9} - Q_{净化气} \times CC_{净化气} \times 10^{-9} -$$

$$Q_{气化渣} \times CC_{气化渣} - Q_{低价排放气} \times CC_{低价排放气\text{-}CO} \times 28/12) \times \frac{44}{12} \tag{11-3}$$

式中 $E_{CO_2煤制合成气}$——煤制合成气工段产生的 CO_2 排放量，t；

$Q_煤$——煤炭使用量，t；

$CC_煤$——煤炭中含碳质量分数，t/t；

$Q_{燃料气}$——粉煤气化、硫回收等装置燃料气用量（标准状况，下同），m^3；

$CC_{燃料气}$——燃料气碳含量，mg/m^3；

$Q_{净化气}$——净化气流量，m^3；

$CC_{净化气}$——净化气碳含量，mg/m^3；

$Q_{气化渣}$——气化灰渣设计产生量，t；

$CC_{气化渣}$——气化灰渣中碳的质量分数，t/t；

$Q_{低价排放气}$——低温甲醇洗尾气流量，m^3；

$CC_{低价排放气\text{-}CO}$——低温甲醇洗尾气的 CO 含量，mg/m^3。

二、造纸行业温室气体排放源强核算方法

《造纸和纸制品生产企业温室气体排放核算方法与报告指南（试行）》适用于以造纸和纸制品生产为主营业务的企业温室气体排放量的核算和报告。

(一) 化石燃料燃烧排放

指煤炭、燃气、柴油等燃料在各种类型的固定或移动燃料设备（如锅炉、窑炉、内燃机等）中与氧气充分燃烧产生的二氧化碳排放。计算公式如下：

$$E_{燃烧}=\sum_{i=1}^{n}(AD_i \times EF_i) \tag{11-4}$$

$$AD_i = NCV_i \times FC_i \times 10^{-6} \tag{11-5}$$

$$EF_i = CC_i \times OF_i \times \frac{44}{12} \tag{11-6}$$

式中 $E_{燃烧}$——核算和报告年度内化石燃料产生的 CO_2 排放量，t；

AD_i——核算和报告年度内第 i 种化石燃料的活动水平，GJ；

EF_i——第 i 种化石燃料的二氧化碳排放因子，t/GJ；

i——化石燃料类型代号；

NCV_i——第 i 种燃料的平均低位发热量；

FC_i——第 i 种燃料的净消耗量；

CC_i——第 i 种燃料的单位热值含碳量；

OF_i——第 i 种化石燃料的碳氧化率。

（二）过程排放

企业消耗的石灰石（主要成分为碳酸钙）发生分解反应导致的二氧化碳排放量，计算如下：

$$E_{过程}=L\times EF_{石灰} \tag{11-7}$$

式中　$E_{过程}$——核算和报告年度内过程排放量，t；

L——核算和报告年度内石灰石原料消耗量，t；

$EF_{石灰}$——石灰石分解的二氧化碳排放因子，t/t，采用推荐值为 0.405。

（三）净购入热力产生的排放

企业净购入的热力消费所对应的热力生产换算为二氧化碳排放量，计算如下：

$$E_{热}=AD_{热}\times EF_{热} \tag{11-8}$$

式中　$AD_{热}$——净外购热力，为企业购买的总热力扣减企业外销的热力；

$EF_{热}$——二氧化碳排放因子，可取推荐值 0.11t/GJ 或采用政府主管部门发布的官方数据。

（四）热水

以质量单位计量的热水可按下式转换为热量单位，计算如下：

$$AD_{热水}=M_w\times(T_w-20)\times4.1868\times10^{-3} \tag{11-9}$$

式中　$AD_{热水}$——热水的热量，GJ；

M_w——热水的质量，t；

T_w——热水温度，℃；

4.1868——水在常温常压下的比热容，kJ/(kg·℃)。

（五）蒸汽

以质量单位计量的蒸汽可按下式转换为热量单位，计算如下：

$$AD_{蒸汽}=M_{st}\times(E_{st}-83.74)\times10^{-3} \tag{11-10}$$

式中　$AD_{蒸汽}$——蒸汽的热量，GJ；

M_{st}——蒸汽的质量，t；

E_{st}——蒸汽所对应的温度、压力下每千克蒸汽的热焓，kJ/kg。

（六）废水厌氧处理的甲烷排放

制浆造纸企业采用厌氧技术处理高浓度有机废水时产生的甲烷排放，计算如下：

$$E_{GHG废水}=E_{CH_4废水}\times GWP_{CH_4}\times10^{-3} \tag{11-11}$$

$$E_{CH_4废水}=(TOW-S)\times EF-R \tag{11-12}$$

式中　$E_{GHG废水}$——废水厌氧处理过程产生的二氧化碳排放当量，t；

$E_{CH_4废水}$——废水厌氧处理过程甲烷排放量，kg；

GWP_{CH_4}——甲烷的全球变暖潜值（GWP），取值 21；

TOW——废水厌氧处理去除的有机物总量（以 COD 计，kg），来源于企业统计数据，若无直接统计则按 $TOW = W \times (COD_{in} - COD_{out})$ 计算，W 为厌氧处理过程中产生的废水量（m^3），COD_{in} 为厌氧处理系统进口废水中化学需氧量浓度（kg/m^3，采用企业检测值的平均值），COD_{out} 为厌氧处理系统出口废水中化学需氧量浓度（kg/m^3，采用企业检测值的平均值）；

S——以污泥方式清除掉的有机物总量（以 COD 计，kg），采用企业计量数据，可使用缺省值 0；

EF——甲烷排放因子（kg/kg），采用 $EF = Bo \times MCF$ 计算，Bo 为厌氧处理废水系统的甲烷最大生产能力（kg/kg），MCF 为甲烷修正因子，量纲为 1，表示不同处理和排放的途径或系统达到的甲烷最大产生能力的程度，也反映了系统的厌氧程度；

R——甲烷回收量（kg），采用企业计量数据，如企业台账、统计报表。

三、化工行业温室气体排放源强核算方法

《中国化工生产企业温室气体排放核算方法与报告指南（试行）》适用于从事化工产品生产活动的企业温室气体排放量的核算和报告。

（一）化石燃料燃烧排放

化工行业化石燃料燃烧排放相关计算见式(11-4) 与式(11-6)。

（二）过程排放

1. 化工企业工业生产温室气体排放

$$E_{GHG过程} = E_{CO_2过程} + E_{N_2O过程} \times GWP_{N_2O} \tag{11-13}$$

$$E_{CO_2过程} = E_{CO_2原料} + E_{CO_2碳酸盐} \tag{11-14}$$

$$E_{N_2O过程} = E_{N_2O硝酸} + E_{N_2O己二酸} \tag{11-15}$$

式中　$E_{GHG过程}$——工业生产温室气体排放量；

$E_{CO_2原料}$——化石燃料和其他碳氢化合物用作原材料产生的 CO_2 排放；

$E_{CO_2碳酸盐}$——碳酸盐使用过程产生的 CO_2；

$E_{N_2O硝酸}$——硝酸生产过程的 N_2O 排放；

$E_{N_2O己二酸}$——己二酸生产过程的 N_2O 排放；

GWP_{N_2O}——N_2O 相比 CO_2 的全球变暖潜势（GWP）值，根据 IPCC 报告，为 310。

2. 化石燃料和其他碳氢化合物用作原材料产生的 CO_2 排放

$$E_{CO_2原料} = \left\{ \sum_r (AD_r \times CC_r) - \left[\sum_p (AD_p \times CC_p) + \sum_w (AD_w \times CC_w) \right] \right\} \times \frac{44}{12} \tag{11-16}$$

式中　$E_{CO_2原料}$——化石燃料和其他碳氢化合物用作原材料产生的 CO_2 排放，t；

r——进入企业边界的原材料种类（碳酸盐除外）；

AD_r——原材料的投入量，固体或液体为 t，气体为 $10^4 m^3$；

CC$_r$——原料的含碳量，固体或液体为 t/t，气体为 t/10^4m^3；

AD$_p$——含碳产品 p 的产量，固体或液体为 t，气体为 10^4m^3；

CC$_p$——含碳产品 p 的含碳量，固体或液体为 t/t，气体为 t/10^4m^3；

AD$_w$——含碳废物 w 的流出量（未计入产品范畴如炉渣、粉尘、污泥等含碳废物），t；

CC$_w$——含碳废物 w 的含碳量，t/t。

3. 碳酸盐使用过程中产生的 CO_2 排放

$$E_{CO_2碳酸盐} = \sum_i (AD_i \times EF_i \times PUR_i) \tag{11-17}$$

式中 $E_{CO_2碳酸盐}$——碳酸盐使用过程中产生的 CO_2 排放；

i——碳酸盐的种类；

AD$_i$——碳酸盐用于原材料、助熔剂和脱硫剂的总消费量，t；

EF$_i$——碳酸盐 i 的 CO_2 排放因子，t/t；

PUR$_i$——碳酸盐 i 的纯度，%。

4. 硝酸生产过程中产生的 N_2O 排放

$$E_{N_2O硝酸} = \sum_{j,k} [AD_j \times EF_j \times (1 - \eta_k \times \mu_k) \times 10^{-3}] \tag{11-18}$$

式中 $E_{N_2O硝酸}$——硝酸生产过程中 N_2O 排放量；

j——硝酸生产的技术类型；

k——NO_x/N_2O 尾气处理设备类型；

AD$_j$——生产技术类型 j 的硝酸产量；

EF$_j$——生产技术类型 j 的 N_2O 生成因子；

η_k——尾气处理设备 k 的 N_2O 去除效率；

μ_k——尾气处理设备类型 k 的使用率，%。

5. 己二酸生产过程中 N_2O 排放量

与硝酸生产过程 N_2O 排放量计算方法相同。

(三) 企业边界 CO_2 回收利用

企业边界包括主要生产系统、辅助生产系统、附属生产系统，在企业边界范围内 CO_2 的回收利用，计算如下：

$$R_{CO_2回收} = Q \times PUR_{CO_2} \times 19.7 \tag{11-19}$$

式中 $R_{CO_2回收}$——企业边界的 CO_2 回收利用量；

Q——企业边界回收且外供的 CO_2 气体体积，10^4m^3；

PUR$_{CO_2}$——外供 CO_2 气体的纯度，%；

19.7——CO_2 气体的密度，t/10^4m^3。

第五节   碳排放核算案例

一、企业基本情况

某化工企业主要生产硝酸，燃烧天然气。电力和蒸汽分别从电网和热力厂购买。

二、排放源识别

排放源包括直接排放和间接排放，见表11-4。

表 11-4　排放源识别

排放类别	排放源	主要项目	排放设施
直接排放	化石燃料(含碳燃料)燃烧	天然气燃烧产生的CO_2排放	加热燃烧设备
	生产过程排放	硝酸生产N_2O排放	硝酸装置
间接排放	外购电力引起的CO_2排放		生产活动、辅助生产、办公照明
	外购热力引起的CO_2排放		生产活动

三、核算

分别计算直接排放和间接排放的CO_2排放量，具体如表11-5所示。

表 11-5　碳排放核算

排放类别	排放源	主要项目	排放量/t
直接排放	化石燃料(含碳燃料)燃烧	天然气燃烧产生的CO_2排放	300000
		柴油燃烧产生的CO_2排放	
	生产过程排放	硝酸生产N_2O排放	50000
间接排放	外购电力引起的CO_2排放		600000
	外购热力引起的CO_2排放		10000
汇总			960000

习题

1. 简述碳排放环境影响评价的意义。
2. 简述碳排放环境影响评价的工作程序和评价内容。
3. 简述典型重点行业的碳排放源强计算方法。

参考文献

[1] 国务院.国务院关于加快建立健全绿色低碳循环发展经济体系的指导意见：国发〔2021〕4号 [Z].2021.

[2] 生态环境部.关于加强高耗能、高排放建设项目生态环境源头防控的指导意见：环环评〔2021〕45 号 [Z].2021.

[3] 生态环境部.重点行业建设项目碳排放环境影响评价试点技术指南（试行）：环办环评函〔2021〕346 号 [Z].2021.

[4] 生态环境部.关于统筹和加强应对气候变化与生态环境保护相关工作的指导意见：环综合〔2021〕4 号 [Z].2021.

[5] 环境保护部.建设项目环境影响评价技术导则　总纲：HJ 2.1—2016 [S].2016.

[6] 张以晖，乐融融，林逢春.建设项目碳排放评价技术方法及案例研究 [J].环境科学与管理，2014，

39 (7)：166-171.

[7]　工业企业温室气体排放核算和报告通则：GB/T 32150—2015 [S] .2015.

[8]　国家发展改革委 . 中国石油化工企业温室气体排放核算方法与报告指南（试行）：发改办气候〔2014〕2920 号 [Z] .2014.

[9]　国家发展改革委 . 其他有色金属冶炼和压延加工业企业温室气体排放核算方法与报告指南（试行）：发改办气候〔2015〕1722 号 [Z] .2015.

[10]　生态环境部 . 企业温室气体排放报告核查指南（试行）：环办气候函〔2021〕130 号 [Z] .2021.

[11]　国家发展改革委 . 造纸和纸制品生产企业温室气体排放核算方法与报告指南（试行）：发改办气候〔2015〕1722 号 [Z] .2015.

[12]　国家发展改革委 . 中国化工生产企业温室气体排放核算方法与报告指南（试行）：发改办气候〔2015〕1722 号 [Z] .2015.

第十二章
规划环境影响评价

 学习内容

　　本章主要介绍规划环境影响评价中的基本概念，评价目的、原则与范围，评价的工作程序与内容。

　　学习目标

　　要求掌握规划环境影响评价的概念、目的、原则与范围；理解规划环境影响评价的文件编制要求以及评价的工作程序与内容。

第一节　规划环境影响评价概述

一、规划环境影响评价的概念

　　随着我国经济的迅速发展，各种人类活动和工业活动给环境造成了破坏，国家越来越注重规划环境影响评价在环境保护工作中的作用。规划环境影响评价是指在规划编制阶段，对规划实施可能造成的环境影响进行分析、预测和评价，提出预防或者减轻不良环境影响的对策和措施，并进行跟踪监测的方法与制度，是在规划编制和决策过程中协调环境与发展的一种途径，隶属于战略环境影响评价范畴。规划环境影响评价是一种可以起到环境保护作用的技术手段，也是一个相对科学的理论。它能够对城市规划中出现的各类环境问题进行预测和识别，并提出相应的保护措施。

　　《中华人民共和国环境影响评价法》对规划环境影响评价做了专门规定：对"一地"（土地利用）、"三域"（区域、流域、海域）规划和"十个专项"（工业、农业、畜牧业、林业、能源、水利、交通、城市建设、旅游和自然资源开发）规划需要进行环境影响评价。

二、规划环境影响评价的目的、原则与范围

（一）评价目的

　　以改善环境质量和保障生态安全为目标，论证规划方案的生态环境合理性和环境效益，提出规划优化调整建议；明确不良生态环境影响的减缓措施，提出生态环境保护建议和管控

要求，为规划决策和规划实施过程中的生态环境管理提供依据。

（二）评价原则

规划环境影响评价需要遵循以下原则。

早期介入、过程互动。评价应在规划编制的早期阶段介入，在规划前期研究和方案编制、论证、审定等关键环节和过程中充分互动，不断优化规划方案，提高环境合理性。

统筹衔接、分类指导。评价工作应突出不同类型、不同层级规划及其环境影响特点，充分衔接"三线一单"成果，分类指导规划所包含建设项目的布局和生态环境准入。

客观评价、结论科学。根据现有知识水平和技术条件对规划实施可能产生的不良反应环境影响的范围和程度进行客观分析，评价方法应成熟可靠，数据资料完整可信，结论建议应具体明确且具有可操作性。

（三）评价范围

规划环境影响评价按照规划实施的时间跨度和可能影响的空间尺度确定评价范围。评价范围在时间跨度上，一般应包括整个规划周期。对于中、长期规划，可将规划近期作为评价的重点时段；必要时，也可根据规划方案的建设时序选择评价的重点时段。评价范围在空间跨度上，应包括规划空间范围以及可能受到规划实施影响的周边区域。周边区域确定应考虑各环境要素评价范围，兼顾区域流域污染物传输扩散特征、生态系统完整性和行政边界。确定规划环境影响评价的空间范围一般应同时考虑三个方面的因素：①规划的环境影响可能达到的地域范围；②自然地理单元、气候单元、水文单元、生态单元等的完整性；③行政边界或已有的管理区界，如自然保护区界、饮用水水源保护区界等。

三、规划环境影响评价文件编制要求

规划环境影响评价文件主要包括规划环境影响报告书和规划环境影响篇章或说明。要求图文并茂、数据翔实、论据充分、结构完整、重点突出、结论和建议明确。

（一）规划环境影响报告书

内容主要包括：总则、规划分析、环境现状调查与评价、环境影响识别与评价指标体系构建、环境影响预测与评价、公众参与、评价结论，同时应附必要的图、表和文件。

① 总则。概述任务由来，明确评价依据、评价目的与原则、评价范围、评价重点、执行的环境标准、评价流程等。

② 规划分析。介绍规划不同阶段目标、发展规模、布局、结构、建设时序，以及规划包含的具体建设项目的建设计划等可能对生态环境造成影响的规划内容；给出规划与法规政策、上层位规划、区域"三线一单"管控要求、同层位规划在环境目标、生态保护、资源利用等方面的符合性和协调性分析结论，重点明确规划之间的冲突与矛盾。

③ 现状调查与评价。通过调查评价区域资源利用状况、环境质量现状、生态状况及生态功能等，说明评价区域内的环境敏感区、重点生态功能区的分布情况及其保护要求，分析区域水资源、土地资源、能源等各类自然资源现状利用水平和变化趋势，评价区域环境质量达标情况和演变趋势，区域生态系统结构与功能状况和演变趋势，明确区域主要生态环境问题、资源利用和保护问题及成因。对已开发区域进行环境影响回顾性分析，说明区域生态环境问题与上一轮规划实施的关系。明确提出规划实施的资源、生态、环境制约因素。

④ 环境影响识别与评价指标体系构建。识别规划实施可能影响的资源、生态、环境要

素及其范围和程度，确定不同规划时段的环境目标，建立评价指标体系，给出评价指标值。

⑤ 环境影响预测与评价。设置多种预测情景，估算不同情景下规划实施对各类支撑性资源的需求量和主要污染物的产生量、排放量，以及主要生态因子的变化量。预测与评价不同情景下规划实施对生态系统结构和功能、环境质量、环境敏感区的影响范围与程度，明确规划实施后能否满足环境目标的要求。根据不同类型规划及其环境影响特点，开展人群健康风险分析、环境风险预测与评价。评价区域资源与环境对规划实施的承载能力。

⑥ 规划方案综合论证和优化调整建议。根据规划环境目标可达性论证规划的目标、规模、布局、结构等规划内容的环境合理性，以及规划实施的环境效益。介绍规划环评与规划编制互动情况。明确规划方案的优化调整建议，并给出调整后的规划布局、结构、规模、建设时序。

⑦ 环境影响减缓对策和措施。给出减缓不良生态环境影响的环境保护方案和管控要求。

⑧ 如规划方案中包含具体的建设项目，应给出重大建设项目环境影响评价的重点内容要求和简化建议。

⑨ 环境影响跟踪评价计划。说明拟定的跟踪监测与评价计划。

⑩ 说明公众意见、会商意见回复和采纳情况。

⑪ 评价结论。归纳总结评价工作成果，明确规划方案的环境合理性，以及优化调整建议和调整后的规划方案。

(二) 规划环境影响篇章或说明

内容主要包括：环境影响分析依据、环境现状调查与评价、环境影响预测与评价、环境影响减缓措施。根据评价需要，在篇章（或说明）中附必要的图、表。

① 环境影响分析依据。重点明确与规划相关的法律法规、政策、规划和环境目标、标准。

② 现状调查与评价。通过调查评价区域资源利用状况、环境质量现状、生态状况及生态功能等，分析区域水资源、土地资源、能源等各类资源现状利用水平，评价区域环境质量达标情况和演变趋势，区域生态系统结构与功能状况和演变趋势等，明确区域主要生态环境问题、资源利用和保护问题及成因。明确提出规划实施的资源、生态、环境制约因素。

③ 环境影响预测与评价。分析规划与相关法律法规、政策、上层位规划和同层位规划在环境目标、生态保护、资源利用等方面的符合性和协调性。预测与评价规划实施对生态系统结构和功能、环境质量、环境敏感区的影响范围与程度。根据规划类型及其环境影响特点，开展环境风险预测与评价。评价区域资源与环境对规划实施的承载能力，以及环境目标的可达性。给出规划方案的环境合理性论证结果。

④ 环境影响减缓措施。给出减缓不良生态环境影响的环境保护方案和环境管控要求。针对主要环境影响提出跟踪监测和评价计划。

第二节　规划环境影响评价的程序与内容

一、规划环境影响评价的工作程序

规划环境影响评价的技术流程见图 12-1。

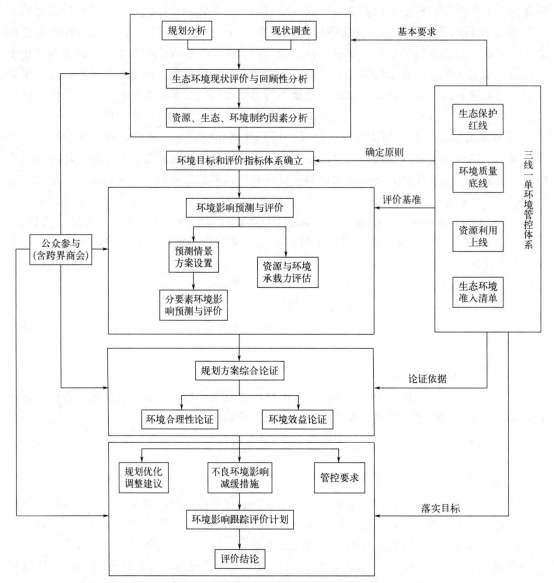

图 12-1　规划环境影响评价的技术流程

二、规划环境影响评价方法

表 12-1 列出了目前规划环境影响评价各个评价阶段常用的方法。开展具体评价工作时可根据需要选用，也可选用其他已广泛应用、可验证的技术方法。

表 12-1　规划环境影响评价的常用方法

评价环节	评价方法名称
规划分析	核查表、叠图分析、矩阵分析、专家咨询（如智暴法、德尔菲法等）、情景分析、类比分析、系统分析
现状调查	收集资料、现场踏勘、环境监测、生态调查、问卷调查、访谈、座谈会。环境要素的调查方式和监测方法可参考 HJ 2.2、HJ 2.3、HJ 2.4、HJ 19、HJ 610、HJ 623、HJ 964 和有关监测规范执行

续表

评价环节	评价方法名称
现状分析与评价	专家咨询,指数法(单指数、综合指数),类比分析,叠图分析,生态学分析法(生态系统健康评价法、生物多样性评价法、生态机理分析法、生态系统服务功能评价方法、生态环境敏感性评价方法、景观生态学法等,以下同),灰色系统分析法
环境影响识别与评价指标确定	核查表、矩阵分析、网络分析、系统流图、叠图分析、灰色系统分析法、层次分析、情景分析、专家咨询、类比分析、压力-状态-响应分析
规划实施生态环境压力分析	专家咨询、情景分析、负荷分析(估算单位国内生产总值物耗、能耗和污染物排放量等)、趋势分析、弹性系数法、类比分析、对比分析、供需求平衡分析
环境影响预测与评价	类比分析、对比分析、负荷分析(估算单位国内生产总值物耗、能耗和污染物排放量等)、弹性系数法、趋势分析、系统动力学法、投入产出分析、供需平衡分析、数值模拟、环境经济学分析(影子价格、支付意愿、费用效益分析等)、综合指数法、生态学分析法、灰色系统分析法、叠图分析、情景分析、相关性分析、剂量-反应关系评价 环境要素影响预测与评价的方式和方法可参考 HJ 2.2、HJ 2.3、HJ 2.4、HJ 19、HJ 610、HJ 623、HJ 964 执行
环境风险评价	灰色系统分析法、模糊数学法、数值模拟、风险概率统计、事件树分析、生态学分析法、类比分析 可参考 HJ 169 执行

三、规划分析

(一) 基本要求

规划分析包括规划概述和规划协调性分析。规划概述应明确可能对生态环境造成影响的规划内容;规划协调性分析应明确规划与相关法律、法规、政策的相符性,以及规划在空间布局、资源保护与利用、生态环境保护等方面的冲突和矛盾。

(二) 规划概述

介绍规划编制背景和定位,结合图、表梳理分析规划的空间范围和布局,规划不同阶段目标、发展规模、布局、结构(包括产业结构、能源结构、资源利用结构等)、建设时序,配套基础设施等可能对生态环境造成影响的规划内容,梳理规划的环境目标、环境污染治理要求、环保基础设施建设、生态保护与建设等方面的内容。如规划方案包含的具体建设项目有明确的规划内容,应说明其建设时段、内容、规模、选址等。

(三) 规划的协调性分析

① 筛选出与本规划相关的生态环境保护法律法规、环境经济政策、环境技术政策、资源利用和产业政策,分析本规划与其相关要求的符合性。

② 分析规划规模、布局、结构等规划内容与上层位规划、区域"三线一单"管控要求、战略或规划环境影响评价成果的符合性,识别并明确在空间布局以及资源保护与利用、生态环境保护等方面的冲突和矛盾。

③ 筛选出在评价范围内与本规划同层位的自然资源开发利用或生态环境保护相关规划,分析与同层位规划在关键资源利用和生态环境保护等方面的协调性,明确规划与同层位规划间的冲突和矛盾。

四、现状调查与评价

环境现状调查在环评中扮演着非常重要的角色,可以为环境影响评价工作提供区域环境质量参数值，很大程度上影响着环评结论的真实性与有效性。

（一）基本要求

开展资源利用和生态环境现状调查、环境影响回顾性分析，明确评价区域资源利用水平和生态功能、环境质量现状、污染物排放状况，分析主要生态环境问题及成因，梳理规划实施的资源、生态、环境制约因素。

（二）现状调查的内容

调查应包括自然地理状况、环境质量现状、生态状况及生态功能、环境敏感区和重点生态功能区、资源利用现状、社会经济概况、环保基础设施建设及运行情况等内容。实际工作中应根据规划环境影响特点和区域生态环境保护要求，从下述内容中选择相应内容开展调查和资料收集，并附相应图件。

1. 自然地理状况调查

内容主要包括地形地貌，河流、湖泊（水库）、海湾的水文状况，环境水文地质状况，气候与气象特征等。

2. 环境质量现状调查

内容主要包括地表水环境、地下水环境、大气环境、声环境和土壤环境。

① 地表水环境：水功能区划、海洋功能区划、近岸海域环境功能区划、保护目标及各功能区水质达标情况；主要水污染因子和特征污染因子、水环境控制单元主要污染物排放现状、环境质量改善目标要求；地表水控制断面位置及达标情况、主要水污染源分布和污染贡献率（包括工业、农业、生活污染源和移动源）、单位国内生产总值废水及主要水污染物排放量；附水功能区划图、控制断面位置图、海洋功能区划图、近岸海域环境功能区划图、水环境控制单元图、主要水污染源排放口分布图和现状监测点位图。

② 地下水环境：环境水文地质条件，包括含（隔）水层结构及分布特征、地下水补径排条件，地下水流场等；地下水利用现状，地下水水质达标情况，主要污染因子和特征污染因子；附环境水文地质相关图件，现状监测点位图。

③ 大气环境：大气环境功能区划、保护目标及各功能区环境空气质量达标情况；主要大气污染因子和特征污染因子、大气环境控制单元主要污染物排放现状、环境质量改善目标要求；主要大气污染源分布和污染贡献率（包括工业、农业和生活污染源）、单位国内生产总值主要大气污染物排放量；附大气环境功能区划图、大气环境管控分区图、重点污染源分布图和现状监测点位图。

④ 声环境：声环境功能区划、保护目标及各功能区声环境质量达标情况，附声环境功能区划图和现状监测点位图。

⑤ 土壤环境：土壤主要理化特征，主要土壤污染因子和特征污染因子，土壤中污染物含量，土壤污染风险防控区及防控目标，附土壤现状监测点位图；海洋沉积物质量达标情况。

3. 生态状况及生态功能的现状调查

主要包括：生态保护红线与管控要求；生态功能区划、主体功能区划；生态系统的类型（森林、草原、荒漠、冻原、湿地、水域、海洋、农田、城镇等）及其结构、功能和过程；植物区系与主要植被类型，珍稀、濒危、特有、狭域野生动植物的种类、分布和生境状况；

主要生态问题的类型、成因、空间分布、发生特点等；附生态保护红线图、生态空间图、重点生态功能区划图及野生动植物分布图等。

4. 环境敏感区和重点生态功能区的现状调查

包括：环境敏感区的类型、分布、范围、敏感性（或保护级别）、主要保护对象及相关环境保护要求等，与规划布局空间位置关系，附相关图件；重点生态功能区的类型、分布、范围和生态功能，与规划布局空间位置关系，附相关图件。

5. 资源利用现状调查

包括土地资源、水环境、能源、矿产资源、旅游资源、岸线和滩涂资源、重要生物资源和固体废物。

① 土地资源：主要用地类型、面积及其分布，土地资源利用上线及开发利用状况，土地资源重点管控区，附土地利用现状图。

② 水资源：水资源总量、时空分布，水资源利用上线及开发利用状况和耗用状况（包括地表水和地下水），海水与再生水利用状况，水资源重点管控区，附有关的水系图及水文地质相关图件。

③ 能源：能源利用上线及能源消费总量、能源结构及利用效率。

④ 矿产资源：矿产资源类型与储量、生产和消费总量、资源利用效率等，附矿产资源分布图。

⑤ 旅游资源：旅游资源和景观资源的地理位置、范围和开发利用状况等，附相关图件。

⑥ 岸线和滩涂资源：滩涂、岸线资源及其利用状况，附相关图件。

⑦ 重要生物资源：重要生物资源（如林地资源、草地资源、渔业资源、海洋生物资源）和其他对区域经济社会发展有重要价值的资源地理分布、储量及其开发利用状况，附相关图件。

6. 社会经济概况调查

内容一般包括：评价范围内的人口规模、分布，经济规模与增长率，交通运输结构、空间布局等；重点关注评价区域的产业结构、主导产业及其布局、重大基础设施布局及建设情况等，附相应图件。

7. 环保基础设施建设及运行情况调查

内容一般包括：评价范围内的污水处理设施（含管网）规模、分布、处理能力和处理工艺、服务范围；集中供热、供气情况；大气、水、土壤污染综合治理情况；区域噪声污染控制情况；一般工业固体废物与危险废物利用处置方式和利用处置设施情况（包括规模、分布、处理能力、处理工艺、服务范围和服务年限等）；现有生态保护工程及实施效果；环保投诉情况等。

现状调查应立足于收集和利用评价范围内已有的常规现状资料，并说明资料来源和有效性。有常规监测资料的区域，资料原则上包括近 5 年或更长时间段资料，能够说明各项调查内容的现状和变化趋势。对其中的环境监测数据，应给出监测点位名称、监测点位分布图、监测因子、监测时段、监测频次及监测周期等，分析说明监测点位的代表性。

当已有资料不能满足评价要求，或评价范围内有需要特别保护的环境敏感区时，可利用相关研究成果，必要时进行补充调查或监测，补充调查样点或监测点位应具有针对性和代表性。

（三）现状评价与回顾性分析

1. 资源利用现状评价

明确与规划实施相关的自然资源、能源种类，结合区域资源禀赋及其合理利用水平或上线要求，分析区域水资源、土地资源、能源等各类资源利用的现状水平和变化趋势。

2. 环境与生态现状评价

① 结合各类环境功能区划及其目标质量要求，评价区域水、大气、土壤、声等环境要素的质量现状和演变趋势，明确主要和特征污染因子，并分析其主要来源；分析区域环境质量达标情况、主要环境敏感区保护等方面存在的问题及成因，明确需解决的主要环境问题。

② 结合区域生态系统的结构与功能状况，评价生态系统的重要性和敏感性，分析生态状况和演变趋势及驱动因子。当评价区域涉及环境敏感区和重点生态功能区时，应分析其生态现状、保护现状和存在的问题等；当评价区域涉及受保护的关键物种时，应分析该物种种群与重要生境的保护现状和存在问题。明确需解决的主要生态保护和修复问题。

3. 环境影响回顾性分析

结合上一轮规划实施情况或区域发展历程，分析区域生态环境演变趋势和现状生态环境问题与上一轮规划实施或发展历程的关系，调查分析上一轮规划环境影响评价及审查意见落实情况和环境保护措施的效果。提出本次评价应重点关注的生态环境问题及解决途径。

（四）制约因素分析

分析评价区域资源利用水平、生态状况、环境质量等现状与区域资源利用上线、生态保护红线、环境质量底线等管控要求的关系，明确提出规划实施的资源、生态、环境制约因素。

五、环境影响识别与评价指标体系构建

（一）基本要求

识别规划实施可能产生的资源、生态、环境影响，初步判断影响的性质、范围和程度，确定评价重点，明确环境目标，建立评价的指标体系。

（二）基本原则

规划环境影响评价指标体系对生态环境保护和经济社会协调发展具有重要的促进作用。在确定规划环境影响评价指标体系时，要坚持以下原则。一是要坚持科学性和前瞻性原则，评价指标能够从客观和实际角度出发，确保指标清晰、准确，对未来环境变化要有预见性。二是坚持全面性原则，评价指标要能够覆盖规划方案的全部方面，根据实际，确定不同指标权重，明确其中的关键指标。三是要坚持可操作性原则，指标信息资料和数据获取要较为便利，并能够遵循指标体系要求表达出来。四是要坚持动态性原则，指标体系本身具有相对稳定性，但由于规划环境影响评价的复杂性和实施场景的不同，必须针对具体情况进行细节方面的修正。

（三）环境影响识别

① 根据规划方案的内容、年限，识别和分析评价期内规划实施对资源、生态、环境造成影响的途径、方式，以及影响的性质、范围和程度。识别规划实施可能产生的主要生态环境影响和风险。

② 对于可能产生具有易生物蓄积、长期接触对人群和生物产生危害作用的无机和有机

污染物、放射性污染物、微生物等的规划，还应识别规划实施产生的污染物与人体接触的途径以及可能造成的人群健康风险。

③ 对资源、生态、环境要素的重大不良影响，可从规划实施是否导致区域环境质量下降和生态功能丧失、资源利用冲突加剧、人居环境明显恶化等三个方面进行分析与判断。结合以下因素，判断和识别规划实施是否会产生重大不良生态环境影响。导致区域环境质量、生态功能恶化的重大不良生态环境影响，主要包括规划实施使评价区域的环境质量下降（环境质量降级）或导致生态保护红线、重点生态功能区的组成、结构、功能发生显著不良变化或导致其功能丧失。导致资源利用、环境保护严重冲突的重大不良生态环境影响，主要包括规划实施与规划范围内或相邻区域内的其他资源开发利用规划和环境保护规划等产生的显著冲突，规划实施可能导致的跨行政区、跨流域以及跨国界的显著不良影响。导致人居环境发生显著不利变化的重大不良生态环境影响，主要包括规划实施导致具有易生物蓄积、长期接触对人体和生物产生危害作用的无机和有机污染物、放射性污染物、微生物等在水、大气和土壤等人群主要环境暴露介质中污染水平显著增加，农牧渔产品污染风险、人群健康风险显著增加，规划实施导致人居生态环境发生显著不良变化。

④ 通过环境影响识别，筛选出受规划实施影响显著的资源、生态、环境要素，作为环境影响预测与评价的重点。

（四）环境目标与评价指标确定

① 确定环境目标。分析国家和区域可持续发展战略、生态环境保护法规与政策、资源利用法规与政策等的目标及要求，重点依据评价范围涉及的生态环境保护规划、生态建设规划以及其他相关生态环境保护管理规定，结合规划协调性分析结论，衔接区域"三线一单"成果，设定各评价时段有关生态功能保护、环境质量改善、污染防治、资源开发利用等的具体目标及要求。

② 建立评价指标体系。结合规划实施的资源、生态、环境等制约因素，从环境质量、生态保护、资源利用、污染排放、风险防控、环境管理等方面构建评价指标体系。评价指标应符合评价区域生态环境特征，体现环境质量和生态功能不断改善的要求，体现规划的属性、特点及主要环境影响特征。

③ 确定评价指标值。评价指标应易于统计、比较和量化，指标值符合相关产业政策、生态环境保护政策、相关标准中规定的限值要求，如国内政策、标准中没有相应的规定，也可参考国际标准来确定；对于不易量化的指标，可参考相关研究成果或经专家论证，给出半定量的指标值或定性说明。

六、环境影响预测与评价

任何开发建设项目和规划都不可避免地会造成生态环境的改变，或影响局部生态环境功能正常发挥。环境影响评价的根本目的就是在项目建设和规划实施前，进行一系列的估算，明确开发施工建设和规划会造成哪些生态环境功能的损失，明确开发者的环境责任，并促使其采取相应的保护、恢复、补偿、建设等措施，维护生态环境功能，保障人类可持续的生存和发展。

（一）基本要求

① 主要针对环境影响识别出的资源、生态、环境要素，开展多情景的影响预测与评价，一般包括预测情景设置、规划实施生态环境压力分析，环境质量、生态功能的影响预测与评

价，对环境敏感区和重点生态功能区的影响预测与评价，环境风险预测与评价，资源与环境承载力评估等内容。

② 环境影响预测与评价应给出规划实施对评价区域资源、生态、环境的影响程度和范围，叠加环境质量、生态功能和资源利用现状，分析规划实施后能否满足环境目标要求，评估区域资源与环境承载能力。

③ 应充分考虑不同层级和属性规划的环境影响特征以及决策需求，采用定性和定量相结合的方式开展评价。对主要环境要素的影响预测和评价可参考相应的环境影响评价技术导则（HJ 2.2、HJ 2.3、HJ 2.4、HJ 19、HJ 169、HJ 610、HJ 623、HJ 964 等）来进行。

（二）环境影响预测与评价的内容

1. 预测情景设置

应结合规划所依托的资源环境和基础设施建设条件、区域生态功能维护和环境质量改善要求等，从规划规模、布局、结构、建设时序等方面，设置多种情景开展环境影响预测与评价。

2. 规划实施生态环境压力分析

① 依据环境现状评价和回顾性分析结果，考虑技术进步等因素，估算不同情景下水、土地、能源等规划实施支撑性资源的需求量和主要污染物（包括常规污染物和特征污染物）的产生量、排放量。

② 依据生态现状评价和回顾性分析结果，考虑生态系统演变规律及生态保护修复等因素，评估不同情景下主要生态因子［如生物量、植被覆盖度（率）、重要生境面积等］的变化量。

3. 影响预测与评价

① 水环境影响预测与评价。预测不同情景下规划实施导致的区域水资源、水文情势、海洋水文动力环境和冲淤环境、地下水补径排状况等的变化，分析主要污染物对地表水和地下水、近岸海域水环境质量的影响，明确影响的范围、程度，评价水环境质量的变化能否满足环境目标要求，绘制必要的预测与评价图件。

② 大气环境影响预测与评价。预测不同情景下规划实施产生的大气污染物对环境空气质量的影响，明确影响范围、程度，评价大气环境质量的变化能否满足环境目标要求，绘制必要的预测与评价图件。

③ 土壤环境影响预测与评价。预测不同情景下规划实施的土壤环境风险，评价土壤环境的变化能否满足相应环境管控要求，绘制必要的预测与评价图件。

④ 声环境影响预测与评价。预测不同情景下规划实施对声环境质量的影响，明确影响范围、程度，评价声环境质量的变化能否满足相应的功能区目标，绘制必要的预测与评价图件。

⑤ 生态影响预测与评价。预测不同情景下规划实施对生态系统结构、功能的影响范围和程度，评价规划实施对生物多样性和生态系统完整性的影响，绘制必要的预测与评价图件。

⑥ 环境敏感区影响预测与评价。预测不同情景下规划实施对评价范围内生态保护红线、自然保护区等环境敏感区的影响，评价其是否符合相应的保护和管控要求，绘制必要的预测与评价图件。

⑦ 人群健康风险分析。对可能产生易生物蓄积、长期接触对人群和生物产生危害作用的无机和有机污染物、放射性污染物、微生物等的规划，根据上述特定污染物的环境影响范围，估算暴露人群数量和暴露水平，开展人群健康风险分析。

⑧ 环境风险预测与评价。对于涉及重大环境风险源的规划，应进行风险源及源强、风险源叠加、风险源与受体响应关系等方面的分析，开展环境风险评价。

4．资源与环境承载力评估

① 资源与环境承载力分析。分析规划实施支撑性资源（水资源、土地资源、能源等）可利用（配置）上线和规划实施主要环境影响要素（大气、水等）污染物允许排放量，结合现状利用和排放量、区域削减量，分析各评价时段剩余可利用的资源量和剩余污染物允许排放量。

② 资源与环境承载状态评估。根据规划实施新增资源消耗量和污染物排放量，分析规划实施对各评价时段剩余可利用资源量和剩余污染物允许排放量的占用情况，评估资源与环境对规划实施的承载状态。

七、规划方案的综合论证和优化调整建议

（一）基本要求

以改善环境质量和保障生态安全为核心，综合环境影响预测与评价结果，论证规划目标、规模、布局、结构等规划内容的环境合理性以及评价设定的环境目标的可达性，分析判定规划实施的重大资源、生态、环境制约的程度、范围、方式等，提出规划方案的优化调整建议并推荐环境可行的规划方案。如果规划方案优化调整后资源、生态、环境仍难以承载，不能满足资源利用上线和环境质量底线要求，应提出规划方案的重大调整建议。

（二）规划方案的综合论证

规划方案的综合论证包括环境合理性论证和环境效益论证两部分内容。前者从规划实施对资源、生态、环境综合影响的角度，论证规划内容的合理性；后者从规划实施对区域经济、社会与环境发挥的作用，以及协调当前利益与长远利益之间关系的角度，论证规划方案的合理性。

1．规划方案的环境合理性论证

① 基于区域发展与环境保护的综合要求，结合规划协调性分析结论，论证规划目标与发展定位的合理性。

② 基于资源与环境承载力评估结论，结合区域节能减排和总量控制等要求，论证规划规模的环境合理性。

③ 基于规划与重点生态功能区、环境功能区划、环境敏感区的空间位置关系，以及对环境保护目标和环境敏感区的影响程度，结合环境风险评价的结论，论证规划布局的环境合理性。

④ 基于区域环境管理和循环经济发展要求，以及清洁生产水平的评价结果，重点结合规划重点产业的环境准入条件，论证规划的能源结构、产业结构的环境合理性。

⑤ 基于规划实施环境影响评价结果，重点结合环境保护措施的经济技术可行性，论证环境保护目标与评价指标的可达性。

2. 规划方案的环境效益论证

分析规划实施在维护生态功能、改善环境质量、提高资源利用效率、减少温室气体排放、保障人居安全、优化区域空间格局和产业结构等方面的环境效益。

3. 不同类型规划方案的综合论证重点

① 进行综合论证时，应针对不同类型和不同层级规划的环境影响特点，选择论证方向，突出重点。

② 对于资源、能源消耗量大，污染物排放量高的行业规划，应重点从区域资源、环境对规划的支撑能力，规划实施对敏感环境保护目标与节能减排目标的影响程度，清洁生产水平，人群健康影响状况等方面，论述规划确定的发展规模、布局（及选址）和产业结构的环境合理性。

③ 对于土地利用的有关规划和区域、流域、海域的建设、开发利用规划，以及农业、畜牧业、林业、能源、水利、旅游、自然资源开发专项规划，应重点从规划实施对生态系统及环境敏感区的组成、结构、功能所造成的影响，以及潜在的生态风险等方面，论述规划方案的合理性。

④ 对于公路、铁路、航运等交通类规划，应重点从规划实施对生态系统组成、结构、功能所造成的影响，规划布局与评价区域生态功能区划、景观生态格局之间的协调性，以及规划的能源利用和资源占用效率等方面，论述交通设施结构、布局等的合理性。

⑤ 对于开发区及产业园区等规划，应重点从区域资源、环境对规划实施的支撑能力，规划的清洁生产与循环经济水平，规划实施可能造成的事故性环境风险与人群健康影响状况等方面，综合论述规划选址及各规划要素的合理性。

⑥ 对于城市规划、国民经济与社会发展规划等综合类规划，应重点从区域资源、环境及城市基础设施对规划实施的支撑能力能否满足可持续发展要求、改善人居环境质量、优化城市景观生态格局、促进两型社会建设和生态文明建设等方面，综合论述规划方案的合理性。

（三）规划方案的优化调整建议

根据规划方案的环境合理性和环境效益论证结果，对规划内容提出明确的、具有可操作性的优化调整建议，出现以下情形时需要进行调整：

① 规划的主要目标、发展定位不符合上层位主体功能区规划、区域"三线一单"等要求。

② 规划空间布局和包含的具体建设项目选址、选线不符合生态保护红线、重点生态功能区，以及其他环境敏感区的保护要求。

③ 规划开发活动或包含的具体建设项目不满足区域生态环境准入清单要求、属于国家明令禁止的产业类型或不符合国家产业政策、环境保护政策。

④ 规划方案中配套的生态保护、污染防治和风险防控措施实施后，区域的资源、生态、环境承载力仍无法支撑规划实施，环境质量无法满足评价目标，或仍可能造成重大的生态破坏和环境污染，或仍存在显著的环境风险。

⑤ 规划方案中有依据现有科学水平和技术条件，无法或难以对其产生的不良环境影响的程度或范围作出科学、准确判断的内容。

应明确优化调整后的规划布局、规模、结构、建设时序，给出相应的优化调整图、表，说明优化调整后的规划方案具备资源、生态和环境方面的可支撑性。将优化调整后的规划方案，作为评价推荐的规划方案。说明规划环评与规划编制的互动过程、互动内容和各时段向规划编制机关反馈的建议及其被采纳情况等互动结果。

八、环境影响减缓对策和措施

规划的环境影响减缓对策和措施是针对评价推荐的规划方案实施后可能产生的不良环境影响，在充分评估规划方案中已明确的环境污染防治、生态保护、资源能源增效等相关措施的基础上，提出的环境保护方案和管控要求。

环境影响减缓对策和措施应具有针对性和可操作性，能够指导规划实施中的生态环境保护工作，有效预防重大不良生态环境影响的产生，并促进环境目标在相应的规划期限内可以实现。

环境影响减缓对策和措施一般包括生态环境保护方案和管控要求。主要内容包括：

① 提出现有生态环境问题解决方案，规划区域整体性污染治理、生态修复与建设、生态补偿等环境保护方案，以及与周边区域开展联防联控等预防和减缓环境影响的对策措施。

② 提出规划区域资源能源可持续开发利用、环境质量改善等目标、指标性管控要求。

③ 对于产业园区等规划，从空间布局约束、污染物排放管控、环境风险防控、资源开发利用等方面，以清单方式列出生态环境准入要求。

九、规划所包含建设项目的环评要求

如规划方案中包含具体的建设项目，应针对建设项目所属行业特点及其环境影响特征，提出建设项目环境影响评价的重点内容和基本要求，并依据规划环评的主要评价结论提出建设项目的生态环境准入要求（包括选址或选线、规模、资源利用效率、污染物排放管控、环境风险防控和生态保护要求等）、污染防治措施建设要求等。

对符合规划环评环境管控要求和生态环境准入清单的具体建设项目，应将规划环评结论作为重要依据，其环评文件中选址选线、规模分析内容可适当简化。当规划环评资源、环境现状调查与评价结果仍具有时效性时，规划所包含的建设项目环评文件中现状调查与评价内容可适当简化。

十、环境影响跟踪评价与公众参与

（一）环境影响跟踪评价

《规划环境影响评价条例》第 24 条明确规定，"对环境有重大影响的规划实施后，规划编制机关应当及时组织规划环境影响的跟踪评价，将评价结果报告规划审批机关，并通报环境保护等有关部门"。

结合规划实施的主要生态环境影响，拟定跟踪评价计划，监测和调查规划实施对区域环境质量、生态功能、资源利用等的实际影响，以及不良生态环境影响减缓措施的有效性。跟踪评价取得的数据、资料和结果应能够说明规划实施带来的生态环境质量实际变化，反映规划优化调整建议、环境管控要求和生态环境准入清单等对策措施的执行效果，并为后续规划实施、调整、修编，完善生态环境管理方案和加强相关建设项目环境管理等提供依据。跟踪评价计划应包括工作目的、监测方案、调查方法、评价重点、执行单位、实施安排等内容。主要包括：

① 明确需重点调查、监测、评价的资源生态环境要素，提出具体监测计划及评价指标，

以及相应的监测点位、频次、周期等。

② 提出调查和分析规划优化调整建议、环境影响减缓措施、环境管控要求和生态环境准入清单落实情况和执行效果的具体内容和要求，明确分析和评价不良生态环境影响预防和减缓措施有效性的监测要求和评价准则。

③ 提出规划实施对区域环境质量、生态功能、资源利用等的阶段性综合影响，环境影响减缓措施和环境管控要求的执行效果，后续规划实施调整建议等跟踪评价结论的内容和要求。

（二）公众参与

对可能造成不良环境影响并直接涉及公众环境权益的专项规划，应当公开征求有关单位、专家和公众对规划环境影响报告书的意见，依法需要保密的除外。同时应公开的环境影响报告书的主要内容包括：规划概况、规划的主要环境影响、规划的优化调整建议和预防或者减轻不良环境影响的对策与措施、评价结论。

公众参与可采取调查问卷、座谈会、论证会、听证会等形式进行。对于政策性、宏观性较强的规划，参与的人员可以规划涉及的部门代表和专家为主；对于内容较为具体的开发建设类规划，参与的人员还应包括直接环境利益相关群体的代表。

处理公众参与的意见和建议时，对于已采纳的，应在环境影响报告书中明确说明修改的具体内容；对于不采纳的，应说明理由。

十一、评价结论

评价结论是对整个评价工作成果的归纳总结，应力求文字简洁、论点明确、结论清晰准确。在评价结论中应明确给出以下内容。

① 区域生态保护红线、环境质量底线、资源利用上线，区域环境质量现状和演变趋势，资源利用现状和演变趋势，生态状况和演变趋势，区域主要生态环境问题、资源利用和保护问题及成因，规划实施的资源、生态、环境制约因素。

② 规划实施对生态、环境影响的程度和范围，区域水、土地、能源等各类资源要素和大气、水等环境要素对规划实施的承载能力，规划实施可能产生的环境风险，规划实施环境目标可达性分析结论。

③ 规划的协调性分析结论，规划方案的环境合理性和环境效益论证结论，规划优化调整建议等。

④ 减缓不良环境影响的生态环境保护方案和管控要求。

⑤ 规划包含的具体建设项目环境影响评价的重点内容和简化建议等。

⑥ 规划实施环境影响跟踪评价计划的主要内容和要求。

⑦ 公众意见、会商意见的回复和采纳情况。

习 题

一、填空题

1. 规划环境影响评价需遵循的原则有 _____ 、 _____ 、 _____ 。

2. 根据《中华人民共和国环境影响评价法》，需要对 _____ 、 _____ 、 _____ 规划进行环境影响评价。

二、选择题

1. 在生态影响型项目环境影响评价时，不属于工程分析对象的是（　　）。

A. 总投资　　　　　　　　　　　　B. 施工组织设计

C. 项目组成和建设地点　　　　　　D. 国民经济评价和财务评价

2. 不属于水库渔业资源调查内容是（　　）。

A. 底栖动物　　　B. 潮间带生物　　　C. 大型水生植物　　　D. 浮游植物叶绿素

3. 污染型扩建项目现有工程污染源源强的确定方法包括（　　）。

A. 实测法　　　　B. 物料衡算法　　　C. 类比法　　　D. 查阅参考资料

4. 下列区域在制定生态保护措施时必须提出可靠的避让措施或生境替代方案的有（　　）。

A. 自然保护区　　　　　　　　　　B. 森林公园

C. 水生生物自然产卵场　　　　　　D. 天然渔场

5. 某项目所在区域空气质量不达标，下列属于建设项目环保措施可行性论证内容的有（　　）。

A. 环境保护措施的可靠性　　　　　B. 项目实施对区域环境质量的改善

C. 环境保护措施在国内外的先进性　D. 项目实施对区域环境质量目标贡献

6. 根据《规划环境影响评价技术导则　总纲》，对资源、环境要素的重大不良影响进行分析与判断时，可不包括的内容是（　　）。

A. 规划实施是否导致区域环境功能变化

B. 规划实施是否导致区域资源与环境利用严重冲突

C. 规划实施是否导致区域人群健康状况发生显著变化

D. 规划实施是否导致区域产业布局与结构发生显著变化

7. 根据《规划环境影响评价技术导则　总纲》，下列内容中，不属于规划不确定性分析的内容是（　　）。

A. 规划基础条件的不确定性分析　　B. 规划区域环境政策分析

C. 规划具体方案的不确定性分析　　D. 规划不确定性的应对分析

8. 根据《规划环境影响评价技术导则　总纲》，下列措施中，属于环境预防对策和措施的是（　　）。

A. 污染控制设施建设方案　　　　　B. 清洁能源与资源替代等措施

C. 发布管理规章和制度　　　　　　D. 清洁生产和循环经济实施方案

9. 根据《规划环境影响评价技术导则　总纲》，不属于规划方案的综合论证结论内容的是（　　）。

A. 规划的协调性分析结论　　　　　B. 规划的可持续发展论证结论

C. 环境保护措施的可达性结论　　　D. 规划要素的优化调整建议

10. 根据《规划环境影响评价技术导则　总纲》，下列内容中，不属于环保基础设施建设及运行情况调查内容的是（　　）。

A. 拟建生态保护工程设计的情况　　B. 区域噪声污染控制情况

C. 已发生的环境风险事故情况　　　D. 清洁能源利用

11.《规划环境影响评价技术导则　总纲》规定的评价原则包括（　　）、一致性、整体性、层次性和科学性。

A. 全程互动　　　　B. 可操作性　　　　C. 重点突出　　　　D. 广泛参与

12.《规划环境影响评价技术导则　总纲》推荐的资源与环境承载力主要评估的方式和方法不包括（　　）。

A. 情景分析法　　　B. 供需平衡分析法　C. 系统动力学法　　D. 灰色系统分析法

13. 某园区的主导产业为冶金化工，辅助产业为新材料，配套仓储物流，根据《规划环境影响评价技术导则　总纲》，评价范围内涉及的下列区域中，需要开展生态风险评价的是（　　）。

A. 重点开发区域　　B. 重点生态功能区　C. 基本农田保护区　D. 饮用水水源保护区

14. 根据《规划环境影响评价技术导则　总纲》，开发区及产业园区规划方案综合论证的重点不包括（　　）。

A. 区域资源对规划实施的支撑能力　　　B. 区域环境对规划实施的支撑能力
C. 规划的清洁生产与循环经济水平　　　D. 规划项目的污染防治措施可靠性

15. 根据《规划环境影响评价技术导则　总纲》，对规划方案中具体建设项目提出的环境准入要求不包括（　　）。

A. 建设项目规模　　　　　　　　　　B. 建设项目总量控制
C. 建设项目选址或选线　　　　　　　D. 建设项目污染防治措施

三、简答题

1. 什么是规划环境影响评价？
2. 规划环境影响评价工作中现状调查的内容有哪些？
3. 简述规划环境影响评价的工作程序。

参考文献

[1]　生态环境部. 规划环境影响评价技术导则　总纲：HJ 130—2019［S］. 2019.
[2]　吴俊. 规划环境影响评价在环境保护工作中的重要性［J］. 皮革制作与环保科技，2021，2（4）：21-22.
[3]　李森，刘岳雄. 规划环境影响评价指标体系构建研究［J］. 黑龙江环境通报，2020，33（2）：42-43.
[4]　臧磊，邹诚，张豪. 生态环境影响预测与评价专题［J］. 海峡科技与产业，2017（8）：194-195.
[5]　梁慧，滕志坤. 中国环境影响评价现状调查研究及对策探析［J］. 环境科学与管理，2018，43（9）：6-8，40.

第十三章

排污许可管理

 学习内容

　　本章主要介绍排污许可制度的发展进程、排污许可的管理条例及排污单位基本情况填报。

 学习目标

　　要求掌握排污许可制度的实施范围、排污单位的分类管理、排污许可证的申请与审批以及排污单位基本情况填报；理解排污许可管理条例的排污管理、监督管理以及排污许可制度与环评制度的衔接；了解排污许可制度的发展进程。

第一节　排污许可概念

　　排污许可是指生态环境主管部门依排污单位的申请和承诺，通过发放排污许可证法律文书形式，依法依规规范和限制排污单位排污行为并明确环境管理要求，依据排污许可证对排污单位实施监管执法的环境管理制度。企事业排污单位是我国污染物排放的主要来源之一，控制和减少企事业单位排污，对于降低污染物排放总量至关重要。

　　《控制污染物排放许可制实施方案》中指出控制污染物排放许可制（简称排污许可制）是依法规范企事业单位排污行为的基础性环境管理制度，环境保护部门通过对企事业单位发放排污许可证并依法监管实施排污许可制。改革完善和实施好控制污染物排放许可制，使之成为固定污染源环境管理的核心制度，有利于全面落实排污者主体责任，有效控制污染物排放，持续提升环境治理能力和水平，加快改善生态环境质量。

第二节　排污许可制度发展进程

　　我国从 20 世纪 80 年代中后期开始实行排污许可，颁布了一系列与排污许可管理相关的法律法规、管理制度等。1988 年至今我国排污许可制度发展过程如图 13-1 所示。2016

年至今，生态环境部先后印发《排污许可证管理暂行规定》、《固定污染源排污许可分类管理名录》、《排污许可管理办法（试行）》、《排污许可证申请与核发技术规范总则》及各行业所发排污许可证申请与核发技术规范、《排污许可制全面支撑打好污染防治攻坚战工作方案》等。

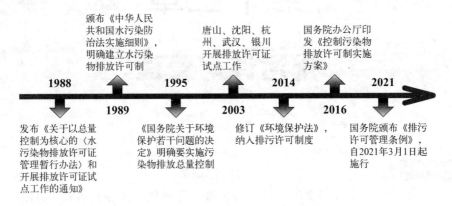

图 13-1   排污许可制度发展过程

第三节   排污许可管理主要内容

依照法律规定实行排污许可管理的企业事业单位和其他生产经营者（排污单位），应当依照《排污许可管理条例》规定申请取得排污许可证；未取得排污许可证的，不得排放污染物。

排污许可证是对排污单位进行生态环境监管的主要依据。排污单位无证不得排污，实施按证排污、按证监管。排污许可证执行报告中报告的污染物排放量可以作为环境统计、总量考核、排放清单编制的依据。

一、排污许可制实施范围

排污许可制是覆盖所有固定污染源的环境管理基础制度，排污许可证是排污单位生产运营期排放行为的唯一行政许可。下列排污单位应当实行排污许可管理：

① 排放工业废气或者排放国家规定的有毒有害大气污染物的企业事业单位。

② 集中供热设施的燃煤热源生产运营单位。

③ 直接或间接向水体排放工业废水和医疗污水的企业事业单位。

④ 城镇或工业污水集中处理设施的运营单位。

⑤ 设有污水排放口的规模化畜禽养殖场。

⑥ 依法应当实行排污许可管理的其他排污的单位。

在《水污染防治法》《大气污染防治法》的法律框架下，生态环境部制定固定污染源排污许可分类管理名录（以下简称名录），在名录范围内的企业将纳入排污许可管理。名录主要包括实施许可证的行业、实施时间。排污许可分类管理名录将根据法律法规的最新要求和环境管理的需要进行动态更新。

名录以《国民经济行业分类》为基础，按照污染物产生量、排放量以及环境危害程度的大小，明确哪些行业实施排污许可，以及这些行业中的哪些类型的企业可实施简化管理。名录还规定国家按行业推动排污许可证核发的时间安排；对于国家暂不推动的行业，地方可依据改善环境质量的要求，优先纳入排污许可管理。名录的制定将向社会公开征求意见。对于移动污染源、农业面源，不按固定污染源排污许可制进行管理。

二、排污单位的分类管理

污染物产生量、排放量或者对环境的影响程度较大的排污单位，实行排污许可重点管理；污染物产生量、排放量和对环境的影响程度都较小的排污单位，实行排污许可简化管理。

污染物产生量、排放量和对环境的影响程度都很小的排污单位，应当填报排污登记表，不需要申请排污许可证。

三、申请与审批

（一）申请方式

排污单位可以通过全国排污许可证管理信息平台等方式提交排污许可证申请表，向其生产经营场所所在地设区的市级以上生态环境主管部门提出申请。其中排污单位若有两个以上生产经营场所排放污染物的，应当按照生产经营场所分别申请取得排污许可证。

（二）核发条件

审批部门应当对排污单位提交的申请材料进行审查，并可以对排污单位的生产经营场所进行现场核查。对具备以下四个条件的排污单位，颁发排污许可证，有效期5年。

① 依法取得建设项目环境影响报告书（表）批准文件，或者已经办理环境影响登记表备案手续。

② 污染物排放符合污染物排放标准要求，重点污染物排放符合排污许可证申请与核发技术规范、环境影响报告书（表）批准文件、重点污染物排放总量控制要求；其中，排污单位生产经营场所位于未达到国家环境质量标准的重点区域、流域的，还应当符合有关地方人民政府关于改善生态环境质量的特别要求。

③ 采用污染防治设施可以达到许可排放浓度要求或者符合污染防治可行技术。

④ 自行监测方案的监测点位、指标、频次等符合国家自行监测规范。

（三）重新申领情形

在排污许可证有效期内，排污单位有以下三种情形之一的，应当重新申请取得排污许可证：

① 新建、改建、扩建排放污染物的项目；

② 生产经营场所、污染物排放口位置或者污染物排放方式、排放去向发生变化；

③ 污染物排放口数量或者污染物排放种类、排放量、排放浓度增加。

（四）变更情形

排污单位适用的污染物排放标准、重点污染物总量控制要求发生变化，需要对排污许可证进行变更的，审批部门可以依法对排污许可证相应事项进行变更。

四、排污管理

排污单位应当遵守排污许可证规定，按照生态环境管理要求运行和维护污染防治设施，建立环境管理制度，严格控制污染物排放，落实各项排污管理主体责任。禁止伪造、变造、转让排污许可证。

① 规范排污口：排污单位应当按照生态环境主管部门的规定建设规范化污染物排放口，并设置标志牌。

② 自行监测：排污单位应当按照排污许可证规定开展自行监测，依法安装使用和维护在线监测设备，并保存原始监测记录。原始监测记录保存期限不得少于5年。

③ 台账记录：排污单位应当建立环境管理台账记录制度，按照排污许可证规定的格式、内容和频次，如实记录主要生产设施、污染防治设施运行情况以及污染物排放浓度、排放量。环境管理台账记录保存期限不得少于5年。

④ 执行报告：排污单位应当按照排污许可证规定的内容、频次和时间要求，向审批部门提交排污许可证执行报告，如实报告污染物排放行为、排放浓度、排放量等。

⑤ 信息公开：排污单位应当按照排污许可证规定，如实在全国排污许可证管理信息平台上公开污染物排放信息。

五、监督管理

根据《排污许可管理条例》规定，生态环境部门依规执法，按证监管，依法处罚。

（一）年度执法计划

生态环境主管部门应当加强对排污许可的事中事后监管，将排污许可执法检查纳入生态环境执法年度计划，根据排污许可管理类别、排污单位信用记录和生态环境管理需要等因素，合理确定检查频次和检查方式。

（二）检查方式

生态环境主管部门可以通过全国排污许可证管理信息平台监控、资料核查、现场监测等方式开展监督检查。

（三）检查内容

生态环境主管部门可对排污单位的污染物排放浓度和排放量、污染防治设施运行和维护情况以及自行监测、台账记录、执行报告等主体责任落实情况是否符合排污许可证的规定进行监测检查。

（四）社会监督

任何单位和个人对排污单位违反《排污许可管理条例》规定的行为，均有举报的权利。生态环境主管部门应当依法处理，并为举报人保密。

对于许可证监管工作，理想状态为公众参与广泛、政府监督有效以及企业积极履行自身责任。据此可以将许可证监管工作划分为社会利益、自愿参与以及信息效率三个阶段，见图13-2。

六、排污许可制与环评制度的衔接

环境影响评价是建设项目的环境准入门槛，排污许可制是企事业单位生产运营期排污的

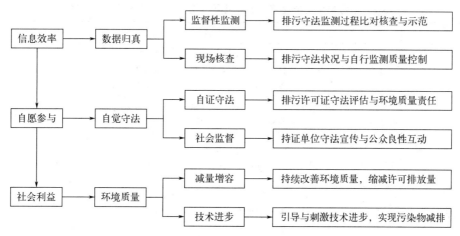

图 13-2 排污许可证实施监管的三个阶段

法律依据，两者都是我国污染源管理的重要制度。如何实现环评制度和排污许可制度的有效衔接是排污许可制改革的重点。通过改革实现对固定污染源从污染预防到污染管控的全过程监管，环评侧重于准入，排污许可侧重于运营。

环评制度重点关注新建项目选址布局、项目可能产生的环境影响和拟采取的污染防治措施。排污许可与环评在污染物排放上进行衔接。在时间节点上，新建污染源必须在产生实际排污行为之前申领排污许可证；在内容要求上，环境影响评价审批文件中与污染物排放相关的内容要纳入排污许可证；在环境监管上，对需要开展环境影响后评价的，排污单位排污许可证执行情况应作为环境影响后评价的主要依据。

生态环境主管部门结合排污许可证申请与核发技术规范，对建设项目环境影响报告书（表）进行审查，严格核定排放口数量、位置以及每个排放口的污染物种类、允许排放浓度和允许排放量、排放方式、排放去向、自行监测计划等与污染物排放相关的主要内容。

2015 年 1 月 1 日及以后取得建设项目环境影响评价审批意见的排污单位，环境影响评价文件及审批意见中与污染物排放相关的主要内容，应当纳入排污许可证。排污许可证核发部门按照污染物排放标准、总量控制要求、环境影响报告书（表）以及审批文件，从严确定其许可排放量。

第四节　排污许可申报内容和管理

许可证主要内容包括基本信息、许可事项和管理要求三方面。

一、基本信息

主要包括：排污单位名称、地址、法定代表人或主要负责人、社会统一信用代码，排污许可证有效期限、发证机关、证书编号、二维码，以及排污单位的主要生产装置、产品产能、污染防治设施和措施、与确定许可事项有关的其他信息等。

（一）主要产品及产能

在填报"主要产品及产能"时，需选择所属行业类别。排污单位主要生产单元、主要工艺、生产设施以及设施参数填报内容见表 13-1。

表 13-1   排污单位主要生产单元、主要工艺、生产设施及设施参数表

主要生产单元	主要工艺	生产设施	设施参数
主体工程	主要生产线	与排放废气和废水密切相关的主要生产设施,包括工业炉窑、化工类排污单位的反应设备、包装印刷设备、工业涂装工序生产设施等	设计生产能力、功率、尺寸、面积、额定蒸发量、额定功率、压力、流量、设计处理能力、设计排气量、储量、容积、周转量等
公用工程	发电、供热系统等公用系统	与排放废气和废水密切相关的生产设施,包括锅炉、汽轮机、发电机等	
辅助工程	污水处理系统等其他为生产线配套服务的系统	与排放废气和废水密切相关的生产设施或污染治理设施,包括污水处理站等	
储运工程	储运系统	与排放废气和废水密切相关的生产设施,包括物料的存储、运输设施如储罐、仓库、固体废物储存间、转运站等	

(二) 排污许可证编码

排污许可证的编码体系由固定污染源编码、生产设施编码、污染物处理设施编码、排污口编码 4 大部分共同组成 (图 13-3)。

固定污染源编码与企业实现一一对应,主要用于标识环境责任主体,它由主码和副码组成,其中主码包括 18 位统一社会信用代码、3 位顺序码和 1 位校验码;副码为 4 位数的行业类别代码标识,主要用于区分同一个排污许可证代码下污染源所属行

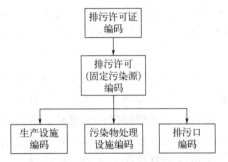

图 13-3   排污许可编码体系框架图

业,当一个固定污染源包含两个及以上行业类别时,将对应多个副码。

生产设施编码是指在固定污染源编码基础上,增加生产设施标识码和流水顺序码,实现企业内部设施编码的唯一性。生产设施标识码用 MF 表示,流水顺序码由 4 位阿拉伯数字构成。若排污单位有内部生产设施编号,也可按照内部生产设施编号进行填写。

污染物处理设施编码和排污口编码由标识码、环境要素标识符 (排污口类别代码) 和流水顺序码 3 个部分共 5 位字母和数字混合组成,并与固定污染源代码一起赋予该处理设施或排污口全国唯一的编码。

(三) 主要原辅材料及燃料信息

按原料、辅料、燃料种类分别填写具体物质名称。涉及化学品的,填报化学品名称及 CAS 编号。

原料包括产品生产加工过程所需的主要原材料以及所有有毒有害化学品原材料;辅料包括产品生产加工过程中添加的主要辅料和污染治理过程中添加的化学品;燃料种类包括固体燃料、液体燃料、气体燃料。为优先控制化学品名录、污染物排放标准中的 "第一类污染物" 以及有关文件中规定的有毒有害物质或元素,及其在原辅料中的成分占比,应按设计值或上一年生产实际值填写,原辅料中不含有毒有害物质或元素的可不填写。

二、许可事项

主要包括:排污口位置和数量、排放方式、排放去向;排放污染物种类、许可排放浓

度、许可排放量；重污染天气或枯水期等特殊时期许可排放浓度和许可排放量。

其中废气和废水污染物许可排放浓度，按照国家和地方污染物排放标准确定排污单位许可排放浓度时，应依据排污单位执行的国家和地方污染物排放标准从严确定。按照国务院生态环境主管部门或省级人民政府规定执行大气、水污染物特别排放限值的区域，应按照规定的行政区域范围、时间，执行相关排放标准的污染物特别排放限值。

(一) 废气

污染物种类为排放标准中的各污染物项目，依据国家和地方污染物排放标准确定。排放形式分为有组织排放和无组织排放两种。废气污染治理设施分为除尘系统、脱硫系统、脱硝系统、有机废气收集治理系统、恶臭治理系统、其他废气收集处理系统等。

废气排放口分为主要排放口、一般排放口和其他排放口。

主要排放口包括主体工程中的工业炉窑、化工类排污单位的主要反应设备、公用工程中10t/h 及以上的燃料锅炉、燃气轮机组、10t/h 及以上的燃料锅炉和燃气轮机组排放污染物相当的污染源对应的排放口。一般排放口包括主体工程、辅助工程、储运工程中污染物排放量相对较小的污染源对应的排放口。其他排放口包括公用工程中的火炬、放空管等污染物排放标准中未明确污染物排放浓度限值要求的排放口。

以排放口为单位确定有组织主要排放口和一般排放口许可排放浓度，以生产设施、生产单元或厂界为单位确定无组织许可排放浓度。主要排放口逐一计算许可排放量；一般排放口和无组织废气不许可排放量；其他排放口不许可排放浓度和排放量。

通常对颗粒物、二氧化硫、氮氧化物、挥发性有机物（石化、化工、包装印刷、工业涂装等重点行业）、重金属（有色冶炼等重点行业）等污染物许可排放量。废气许可排放量包括年许可排放量和特殊时段许可排放量。废气年许可排放量为各废气主要排放口许可排放量之和。

(二) 废水

废水类别分为对应工艺（工序）的生产废水、综合废水、生活污水、初期雨水、循环冷却水等。污染物种类为排放标准中的各污染物项目，依据国家和地方污染物排放标准确定。排放方式分为间接排放、直接排放和不外排三种。

污染治理设施包括设施编号、名称、工艺、是否为可行技术，污染治理设施应与废水类别相对应。废水污染治理设施名称包括工艺（工序）的生产废水预处理设施、综合废水处理设施、生活污水处理设施、其他。

排污单位应明确废水排放去向及排放规律，见表 13-2。其中对于工艺、工序产生的废水，"不外排"指全部在工序内部循环使用，"排至厂内综合污水处理站"指工序废水经处理后排至综合污水处理站；对于综合污水处理站，"不外排"指全厂废水经处理后全部回用不向环境排放。

表 13-2 排污单位废水排放去向及排放规律

排放去向	排放规律
不外排	连续排放,流量稳定
排至厂内综合污水处理站	连续排放,流量不稳定,但有周期性规律
直接进入海域	连续排放,流量不稳定,但有规律,且不属于周期性规律

续表

排放去向	排放规律
直接进入江、湖、库等水环境	连续排放，流量不稳定，属于冲击型排放
进入城市下水道（再入江河、湖、库）	连续排放，流量不稳定且无规律，但不属于冲击型排放
进入城市下水道（再入沿海海域）	间接排放，排放期间流量稳定
进入城市污水处理厂	间接排放，排放期间流量不稳定，但有周期性规律
进入其他单位	间接排放，排放期间流量不稳定，但有规律，且不属于非周期性规律
进入工业废水集中处理厂	间接排放，排放期间流量不稳定，属于冲击型排放
其他	间接排放，排放期间流量不稳定且无规律，但不属于冲击型排放

以排放口为单位确定主要排放口许可排放浓度和排放量，一般排放口仅许可排放浓度。单独排入城镇集中污水处理设施的生活污水仅说明排放去向。

（三）实际排放量的确定

实际排放量是判断企业是否按照许可证排污的重要内容，也是排污收费（环境保护税）、环境统计、污染源清单等工作的数据基础，确定实际排放量的基本原则是"企业自行核算为主、生态环境部门监管执法为准、公众社会监督为补充"。具体如下。

企业自行核算为主：生态环境部门制定发布实际排放量核算技术规范，既指导企业自主核算实际排放量，又规范生态环境部门校核实际排放量，同时也可为社会公众监督提供参考。实际排放量核定方法采用的优先顺序依次包括在线监测法、手工监测法、物料衡算及排放因子法。对于应当安装而未安装在线监测设备的污染源及污染因子，以及数据缺失的情形，在实际排放量核算技术规范中，制定惩罚性的核算方法，鼓励企业按规定安装和维护在线监测设备。企业在线监测数据可以作为生态环境部门监管执法的依据。生态环境部正在按行业制定排污单位自行监测指南，规范排污单位自行监测点位、频次、因子、方法、信息记录等要求。企业根据许可证要求，按期核算实际排放量，并定期申报、公开。

生态环境部门监管执法为准：采用同一计算方法，当监督性监测核算的实际排放量与符合要求的企业在线监测、手工监测等核算的实际排放量不一致时，相应时段实际排放量以监督性监测为准。

公众社会监督为补充：生态环境部制定的实际排放量核算技术规范以及企业实际排放量信息向社会公开（涉密的除外），公众可以根据掌握的信息，对认为存在问题的进行核算、举报、提供线索。

三、管理要求

主要包括：自行监测方案、台账记录、执行报告等要求；排污许可证执行情况报告等的信息公开要求；企业应承担的其他法律要求。

（一）自行监测

排污单位应查清所有污染源，确定主要污染源及主要监测指标，制定监测方案。监测方案内容包括：单位基本情况、监测点位及示意图、监测指标、执行标准及其限值、监测频次、采样和样品保存方法、监测分析方法和仪器、质量保证与质量控制等。新建排污单位应当在投入生产或使用并产生实际排污行为之前完成自行监测方案的编制及相关准备工作。

污染物排放监测包括废气污染物（有组织、无组织）、废水污染物（直接排放、排入公共污水处理系统）及噪声污染等。

1. 废气排放监测

根据 HJ 819 确定主要污染源和主要排放口。对于主要排放口监测点位的监测指标，符合以下条件的为主要监测指标：

① 二氧化硫、氮氧化物、颗粒物（或烟尘/粉尘）、挥发性有机物中排放量较大的污染物指标；

② 能在环境或动植物体内蓄积对人类产生长远不良影响的有毒污染物指标（存在有毒有害或优先控制污染物相关名录的，以名录中的污染物指标为准）；

③ 排污单位所在区域环境质量超标的污染物指标。

外排口监测点位最低监测频次按照表 13-3 执行。废气烟气参数和污染物浓度应同步监测。监测技术包括手工监测、自动监测两种。对于相关管理规定要求采用自动监测的指标，应采用自动监测技术；对于监测频次高、自动监测技术成熟的监测指标，应优先选用自动监测技术；其他监测指标，可选用手工监测技术。

表 13-3　废气监测指标的最低监测频次

排污单位级别	主要排放口		其他排放口的监测指标
	主要监测指标	其他监测指标	
重点排污单位	月～季度	半年～年	半年～年
非重点排污单位	半年～年	年	年

注：为最低监测频次的范围，分行业排污单位自行监测技术指南中依据此原则确定各监测指标的最低监测频次。

废气手工采样方法的选择参照相关污染物排放标准及 GB/T 16157、HJ/T 397 等执行。废气自动监测参照 HJ/T 75、HJ/T 76 执行。

存在废气无组织排放源的，应设置无组织排放监测点位，具体要求按相关污染物排放标准及 HJ/T 55、HJ 733 等执行。

2. 废水排放监测

在污染物排放标准规定的监控位置设置监测点位。符合以下条件的为各废水外排口监测点位的主要监测指标：

① 化学需氧量、五日生化需氧量、氨氮、总磷、总氮、悬浮物、石油类中排放量较大的污染物指标；

② 污染物排放标准中规定的监控位置为车间或生产设施废水排放口的污染物指标，以及有毒有害或优先控制污染物相关名录中的污染物指标；

③ 排污单位所在流域环境质量超标的污染物指标。

外排口监测点位最低监测频次按照表 13-4 执行。各排放口废水流量和污染物浓度同步监测。监测技术包括手工监测、自动监测两种。对于相关管理规定要求采用自动监测的指标，应采用自动监测技术；对于监测频次高、自动监测技术成熟的监测指标，应优先选用自动监测技术；其他监测指标，可选用手工监测技术。

表 13-4　废水监测指标的最低监测频次

排污单位级别	主要监测指标	其他监测指标
重点排污单位	日～月	季度～半年
非重点排污单位	季度	年

注：为最低监测频次的范围，分行业排污单位自行监测技术指南中依据此原则确定各监测指标的最低监测频次。

废水手工采样方法的选择参照相关污染物排放标准及 HJ/T 91、HJ/T 92、HJ 493、HJ 494、HJ 495 等执行，根据监测指标的特点确定采样方法为混合采样方法或瞬时采样方法，单次监测采样频次按相关污染物排放标准和 HJ/T 91 执行。污水自动监测采样方法参照 HJ 353、HJ 354、HJ 355、HJ 356 执行。

3. 厂界环境噪声监测

厂界环境噪声的监测点位置具体要求按照 GB 12348 执行。厂界环境噪声每季度至少开展一次监测，夜间生产的要监测夜间噪声。

（二）台账记录

排污单位根据排污许可证的规定，对自行监测、落实各项环境管理要求等行为的具体记录，包括电子台账和纸质台账两种。

排污单位应建立环境管理台账记录制度，落实环境管理台账记录的责任单位和责任人，明确工作职责，并对环境管理台账的真实性、完整性和规范性负责。一般按日或按批次进行记录，异常情况应按次记录。实施简化管理的排污单位，其环境管理台账内容可适当缩减，至少记录污染防治设施运行管理信息和监测记录信息，记录频次可适当降低。

基本内容包括：基本信息、生产设施运行管理信息、污染防治设施运行管理信息、监测记录信息及其他环境管理信息等。生产设施、污染防治设施、排放口编码应与排污许可证副本中载明的编码一致。

记录频次的具体要求按照 HJ 944 执行。纸质台账和电子台账保存时间原则上不低于3年。

（三）执行报告

排污单位根据排污许可证和相关规范的规定，对自行监测、污染物排放及落实各项环境管理要求等行为的定期报告，包括电子报告和书面报告两种。按报告周期分为年度执行报告、季度执行报告和月度执行报告。

年度执行报告包括排污单位基本情况、污染防治设施运行情况、自行监测执行情况、环境管理台账执行情况、实际排放情况及合规判定分析、信息公开情况、排污单位内部环境管理体系建设与运行情况、其他排污许可证规定的内容执行情况、其他需要说明的问题、结论、附图附件等。对于排污单位信息有变化和违证排污等情形，应分析与排污许可证内容的差异，并说明原因。年度执行报告编制流程见图 13-4。

季度/月度执行报告至少包括污染物实际排放浓度和排放量、合规判定分析、超标排放或污染防治设施异常情况说明等内容。其中季度执行报告还应包括各月度生产小时数、主要产品及其产量、主要原料及其消耗量、新水用量及废水排放量、主要污染物排放量等信息。

实行简化管理的排污单位，应提交年度执行报告与季度执行报告，其中年度执行报告内容应至少包括排污单位基本情况、污染防治设施运行情况、自行监测执行情况、环境管理台

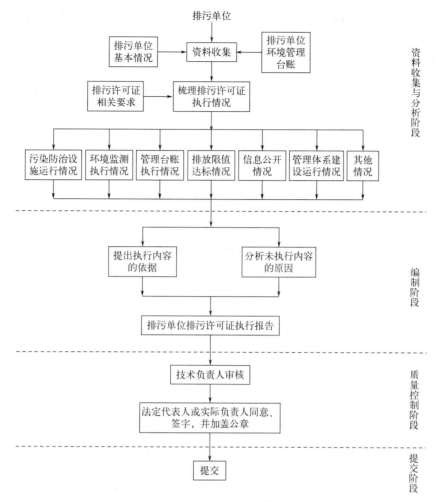

图 13-4　排污许可证年度执行报告编制流程

账执行情况、实际排放情况及合规判定分析、结论等；季度执行报告至少包括污染物实际排放浓度和排放量、合规判定分析、超标排放或污染防治设施异常情况说明等内容。

(四) 信息公开

排污单位在提交申请前，应当将承诺书、基本信息、登记事项以及拟申请的许可事项通过全国排污许可证管理信息平台等向社会公开，公开时间不得少于 5 个工作日。信息公开结束后，应对收到反馈意见逐条修改回应，并填写排污许可证申请前信息公开情况说明表。纳入排污许可简化管理以及排污登记管理的排污单位，无须进行申请前信息公开。

按照强制公开和自愿公开相结合的原则，及时、如实地公开排污单位环境信息。排污单位应当建立健全环境信息公开制度，指定机构负责本单位环境信息公开日常工作。涉及国家秘密、商业秘密或者个人隐私的，依法可以不公开，法律、法规另有规定的，从其规定。

第五节　污染物许可排放量计算案例

某食品公司主要从事方便食品制造，试计算其水污染物许可排放量。根据方便食品、食品及饲料添加剂制造工业排污许可证申请与核发技术规范中要求，化学需氧量、氨氮、总氮需进行许可排放量申请。

计算方法1：绩效法

某种水污染物年许可排放量（t/a）＝主要产品产能（t/a）×单位产品水污染物排放量限值（g/t）×10^{-6}，具体见表13-5。

表13-5　水污染物年许可排放量计算结果

污染物项目	主要产品	小麦挂面间接排放限值/(g/t)	乌冬面间接排放限值/(g/t)	许可排放量/(t/a)
化学需氧量	小麦挂面、乌冬面	65	1900	3.897
氨氮		—	—	—
总氮		—	—	—

计算方法2：环评量

《××食品有限公司环境影响评价报告表》中主要水污染物预测排放量见表13-6。

表13-6　水污染物预测排放量

污染物种类	总排放量/(t/a)
化学需氧量	4.850
氨氮	2.475
总氮	3.850

根据取严原则，在实测法和环评量的计算结果中进行取严，最终核定的年许可排放量见表13-7。

表13-7　水污染物许可排放量

污染物种类	总许可量/(t/a)	备注
化学需氧量	3.897	取自绩效法
氨氮	2.475	取自环评量
总氮	3.850	取自环评量

习　题

一、填空题

1. 核发部门应当根据国家和地方规定，确定排污单位排放口或无组织排放源相应污染物的_____。

2. 对污染物产生量大、排放量大、危害度高的单位要实行_____，其他单位排污实行_____。

3. 实行排污许可管理的排污单位的具体范围依照_____分类管理名录规定执行。

4. 国务院_____负责指导全国排污许可制度的实施和监督。

5. 新规划实施排污许可管理的行业，该地区_____应当报生态环境部备案后实施，并向社会公告。

　　6. 排污单位应当在_____或实际排污之前申请排污许可证。

　　7. 台账保存期限不得少于_____。

　　8. 核发部门应自受理申请之日起_____个工作日内作出是否准予许可的决定。

　　9. 实行简化管理的排污单位应向_____申请排污许可证。

　　10. 根据《排污许可管理条例》规定，排污单位应当按照生态环境主管部门的规定建设规范化污染物排放口，并设置_____。

二、选择题

　　1. 为了加强排污许可管理，规范企业事业单位和其他生产经营者排污行为，控制污染物排放，保护和改善生态环境，根据《中华人民共和国环境保护法》等有关法律，国务院制定了（　　）。

　　A.《排污许可管理条例》　　　　　　B.《排污许可管理办法》

　　C.《水污染防治法》　　　　　　　　D.《排污费征收使用管理条例》

　　2. 国务院生态环境主管部门负责全国排污许可的统一监督管理，（　　）以上地方人民政府生态环境主管部门负责本行政区域排污许可的监督管理。

　　A. 县级　　　　　B. 乡级　　　　　C. 省级　　　　　D. 设区的市级

　　3. 对实行排污许可简化管理的排污单位，审批部门应当自受理申请之日起（　　）内作出审批决定；对符合条件的颁发排污许可证，对不符合条件的不予许可并书面说明理由。

　　A. 20 日　　　　　B. 30 日　　　　　C. 10 日　　　　　D. 15 日

　　4. 国务院生态环境主管部门应当加强（　　）建设和管理，提高排污许可在线办理水平。

　　A. 全国排污许可证管理信息平台　　B. 生态环境部官网

　　C. 排污信息网　　　　　　　　　　D. 排污许可证管理平台

　　5. 下列情形，核发机关不可以依法办理排污许可证注销手续的是（　　）。

　　A. 超越法定职权核发排污许可证的

　　B. 排污许可证有效期届满，未延续的

　　C. 排污单位以欺骗、贿赂等不正当手段取得排污许可证的

　　D. 违法法定程序核发排污许可证的

　　6. 以下属于排污许可自行监测方案要求的是（　　）。

　　A. 使用的监测分析方法　　　　　　B. 使用的监测仪器型号

　　C. 使用的采样方法　　　　　　　　D. 监测数据记录、整理、存档要求

　　7.《固定污染源排污许可分类管理名录（2019 年版）》涵盖了（　　）个二级行业类别。

　　A. 108　　　　　　　　　　　　　　B. 108 个二级行业＋4 个通用工序

　　C. 80　　　　　　　　　　　　　　D. 32

　　8. 违反排污许可管理条例规定，排污单位（　　）的，由生态环境主管部门责令改正，处每次 5000 元以上 20000 元以下的罚款；法律另有规定的，从其规定。

　　A. 未建立环境管理台账记录制度，或者未按照排污许可证规定记录

　　B. 未如实记录主要生产设施及污染防治设施运行情况或者污染物排放浓度、排放量

　　C. 未按照排污许可证规定提交排污许可证执行报告

D. 未如实报告污染物排放行为或者污染物排放浓度、排放量

9. 排污单位应当建立环境管理台账记录制度，按照排污许可证规定的格式、内容和频次，如实记录（　　）。

A. 主要生产设施　B. 污染防治设施运行情况　C. 污染物排放浓度　D. 污染物排放量

10. 下列要求中，（　　）不在排污许可证正本中载明。

A. 排污单位名称　　　　　　　B. 台账记录

C. 排污许可证有效期限　　　　D. 证书编号

三、简答题

1. 由排污单位申请，经核发部门审核后，在排污许可证副本中进行规定的事项有哪些？

2. 需要核发部门根据排污单位的申请材料等，在排污许可证副本中进行规定的事项有哪些？

3. 排污单位编制自行监测方案应当包括哪些内容？

4. 排污单位的台账记录主要包括哪些内容？

5. 哪些情形属于违反许可证排污？

参考文献

[1] 伍思扬，田梓，卢然，等. 中美工业废水排污许可制度研究 [J]. 现代化工，2022，42（1）：13-15.

[2] 孙捷. 排污许可证实施的监督管理的探究 [J]. 皮革制作与环保科技，2021，2（19）：141-142.

[3] 王璇，郭红燕，郝亮，等.《排污许可管理条例》与相关环境管理法律制度衔接的研究分析 [J]. 环境与可持续发展，2021，46（5）：122-127.

[4] 卢瑛莹，楼乔奇，刘柏辰. 基于"三线一单"的排污许可精细化管理设想 [J]. 环境污染与防治，2021，43（10）：1325-1328.

[5] 许邦远. 环评技术评估中环境影响评价制度与排污许可制的衔接研究 [J]. 皮革制作与环保科技，2021，2（19）：165-166.

[6] 倪珊. 分析环境影响评价制度与排污许可制度的衔接路径 [J]. 皮革制作与环保科技，2021，2（17）：160-161.

[7] 排污许可证申请与核发技术规范　总则：HJ 942—2018 [S]. 2018.

[8] 排污单位自行监测技术指南　总则：HJ 819—2017 [S]. 2017.

[9] 排污单位环境管理台账及排污许可证执行报告技术规范　总则（试行）：HJ 944—2018 [S]. 2018.